高等职业教育土木建筑类专业新形态教材

建筑工程事故分析与处理
（第3版）

主　编　王枝胜　王鳌杰　崔彩萍
副主编　王　群　包忠有　杨红楼

北京理工大学出版社
BEIJING INSTITUTE OF TECHNOLOGY PRESS

内容提要

本书共分为九章，主要内容包括建筑工程事故综述、地基工程事故分析与处理、基础工程质量事故分析与处理、砌体结构工程事故分析与处理、钢筋混凝土结构工程事故分析与处理、钢结构工程事故分析与处理、防水工程事故分析与处理、地面工程事故分析与处理和建筑工程灾害事故及倒塌事故等。

本书可作为高职高专院校建筑工程技术等相关专业的教材，也可作为建筑工程施工技术及管理人员参考用书。

版权专有　侵权必究

图书在版编目（CIP）数据

建筑工程事故分析与处理/王枝胜，王鳌杰，崔彩萍主编. —3版. —北京：北京理工大学出版社，2023.2重印

ISBN 978-7-5682-6305-4

Ⅰ.①建… Ⅱ.①王… ②王… ③崔… Ⅲ.①建筑工程—工程事故—事故分析—高等学校—教材 ②建筑工程—工程事故—事故处理—高等学校—教材 Ⅳ.①TU712

中国版本图书馆CIP数据核字（2018）第208499号

出版发行 /	北京理工大学出版社有限责任公司	
社　　址 /	北京市海淀区中关村南大街5号	
邮　　编 /	100081	
电　　话 /	（010）68914775（总编室）	
	（010）82562903（教材售后服务热线）	
	（010）68944723（其他图书服务热线）	
网　　址 /	http://www.bitpress.com.cn	
经　　销 /	全国各地新华书店	
印　　刷 /	北京紫瑞利印刷有限公司	
开　　本 /	787毫米×1092毫米　1/16	
印　　张 /	15.5	责任编辑 / 赵　岩
字　　数 /	365千字	文案编辑 / 赵　岩
版　　次 /	2023年2月第3版第6次印刷	责任校对 / 周瑞红
定　　价 /	45.00元	责任印制 / 边心超

图书出现印装质量问题，请拨打售后服务热线，本社负责调换

第3版前言

随着我国建筑工程事业的蓬勃发展，各种现代化建筑如雨后春笋般快速出现，与此同时，各种工程事故也时有发生，给国家财产造成重大损失并危及人民的生命财产安全。学习本课程的目的在于从工程事故中吸取教训，以改进设计、施工和管理工作，从而防止同类事故的发生。因设计和施工的失误或管理不善而引起的事故，是工程技术人员经常遇到的，如何正确处理事故，对事故原因进行分析等问题与设计和建造新建筑有较大不同，因此，掌握这方面的知识和技术是非常必要的。

本书的学习内容包括建筑工程事故的概念、分类、检测方法，地基与基础工程、主体结构工程、建筑防水工程、地面工程事故的分析与处理及火灾、地震灾害、雷电灾害、燃爆灾害等对工程的影响，以理论联系实际，注重事故概念、基本原理、工程实例分析相结合，深入分析事故产生的原因。

本书第1、2版出版发行以来，经相关高职高专院校教学使用，得到了广大师生的认可和喜爱，编者倍感荣幸。随着时间的推移，一些相关规范的内容已经陈旧过期，对此，我们组织有关专家学者结合近年来高等职业教育教学改革动态，依据最新规范、规程对本书进行了修订。本次修订后的教材具有如下特点：

（1）根据最新标准规范对教材内容进行了修改，强化了教材的实用性，使修订后的教材能更好地满足高等院校教学工作的需要。

（2）引用了大量的工程实例，从各类事故中吸取教训，深入分析产生的原因，并提出切实可行的治理和加固措施。

（3）让学生在学到正面的结构设计和施工等方面知识的同时，学到一些反面的知识，从而具备了比较完整的知识结构。

本书由吕梁学院王枝胜、江西工程学院土木工程学院王鳌杰、吕梁学院崔彩萍担任主编，由西安欧亚学院人居环境学院王群、华东交通大学理工学院包忠有、鄂尔多斯职业学院杨红楼担任副主编。具体编写分工为：王枝胜编写绪论、第一章、第二章、第七章，王鳌杰编写第五章，崔彩萍编写第三章、第八章，王群编写第九章，包忠有编写第四章，杨红楼编写第六章。

在本书修订过程中，参阅了国内同行的多部著作，部分高职高专院校的老师提出了很多宝贵的意见供我们参考，在此表示衷心的感谢！

本书虽经反复讨论修改，但限于编者的学识及专业水平和实践经验，修订后的图书仍难免有疏漏和不妥之处，恳请广大读者指正。

编 者

第2版前言

建筑工程事故分析与处理是高等职业教育建筑工程技术专业的一门重要的专业选修课程，主要分析建筑工程质量事故形成的原因，论述我国质量管理的思想、体系、方法和手段，提出质量缺陷的防治措施。本课程的教学目的是让学生掌握建筑工程施工过程中的质量控制的方法，熟悉国家现行的法规及标准，以此为依据，采取预防、分析、处理等办法，切实学会具体问题具体对待，从各个环节抓好建筑工程的质量管理。

本教材第1版自出版发行以来，经有关院校教学使用，反映较好。随着建筑工程施工领域大量新材料、新技术、新工艺、新设备的广泛使用，建筑工程施工规范及施工质量验收规范也陆续颁布或修订实施，教材中的部分内容已不能满足目前高职高专教学工作的需求。为此，根据各高职高专院校使用者的建议，结合建筑工程质量验收与管理的最新标准规范，我们对教材中相关内容进行了必要的修改与补充。

教材的修订秉承第1版的编写主旨，修订时依据国家最新标准规范，针对建筑工程典型质量事故进行分析并提出相应的处理措施，帮助学生熟悉修复加固等知识与技能，并使学生得到综合运用所学知识处理工程质量问题的训练，从而进一步强化了教材的实用性和可操作性，能更好地满足高职高专院校教学工作的需要。

本次修订主要进行了以下工作：

1. 结合高职高专院校教学工作的需要，对建筑工程质量事故典型案例进行了适当的增加和补充，从而进一步提高了教材的实用性和可操作性。

2. 考虑到建筑工程施工技术的快速发展，本次修订时对工程结构检测的内容进行了全面的更新与补充，对一些实用性不强的理论知识或现阶段已较少使用的内容进行了适当的修改与删减。如新增了钢结构构件检测和建筑地基加固与纠倾技术，对砌体结构检测的内容进行了更新等。

3. 在原有基础上，增补与实际工作密切相关的知识点，摒弃落后陈旧的资料信息，完善相关细节，增强了教材的易读性，方便学生理解和掌握。

4. 对各章能力目标、知识目标、本章小结进行了重新编写，明确了学习目标，便于教学重点的掌握，并修改了部分思考与练习，使学与练有机结合在一起，便于学生对知识点的掌握。

本版教材修订由王枝胜、卢滔、崔彩萍担任主编，陈贤清、包忠有担任副主编。

本教材在修订过程中，参阅了国内同行多部著作，部分高职高专院校老师提出了很多宝贵意见供我们参考，在此表示衷心的感谢！对于参与本教材第1版编写但未参加本次修订的老师、专家和学者，本版教材所有编写人员向你们表示敬意，感谢你们对高等职业教育教学改革所做出的不懈努力，希望你们对本教材保持持续关注并多提宝贵意见。

限于编者的学识及专业水平和实践经验，修订后的教材仍难免有疏漏或不妥之处，恳请广大读者指正。

编 者

第1版前言

20世纪80年代以来，我国的基本建设进入了一个新的高潮，大批的多层建筑、高层建筑和超高层建筑如雨后春笋般地涌现出来。进入21世纪后，我国建筑和结构的设计水平、施工技术和管理水平都有了长足的发展和迅速的提高。但是，由于种种原因，各种工程质量事故也时有发生，给国家财产造成重大损失并危及人民生命安全。

建筑工程的产品种类繁多，同类型的建筑，由于地区不同，施工条件不同，可形成诸多复杂的技术问题。尤其需要注意的是，造成质量事故的原因错综复杂，同一形态的事故，其原因有时截然不同，因此处理的原则和方法也不相同。正确处理工程质量事故，既是搞好工程建设的需要，更是一个称职的工程技术人员必须掌握的一项基本技能。高职高专土建类专业学生作为未来的建筑施工管理人员，必须学习和掌握建筑工程事故预防措施和事故分析处理方法，这是其从事工程建设行业的基本要求。

为此，我们根据全国高职高专教育土建类专业教学指导委员会编写的专业教育标准和培养方案及主干课程教学大纲的要求，本着"必需、够用"的原则，以"讲清概念、强化应用"为主旨，结合近年来的工程事故特点，编写了本教材。全书结合工程实例综合介绍了建筑物的检测与可靠性鉴定，以及地基与基础、建筑结构（混凝土结构工程、砌体结构工程、钢结构工程）、建筑装饰装修工程、防水工程质量事故的分析和处理措施，并对火灾后建筑结构鉴定与加固进行了介绍。学生通过本书的学习，可以掌握建筑工程质量事故常用的分析与处理方法；通过实践，可初步具备工程质量检测技能和分析解决质量问题的能力，为以后从事工程施工、工程监理、质量管理及相关工作奠定较为坚实的基础。

为方便教学，本教材在各章前设置了【学习重点】和【培养目标】，给学生学习和老师教学作出了引导；在各章后面还设置了【本章小结】和【思考与练习】，从更深的层次给学生以思考、复习的提示，从而构建了一个"引导—学习—总结—练习"的教学过程。

本书由王枝胜、卢滔任主编，陈贤清、朱华云、包忠有、余学文任副主编，可作为高职高专教育土建类相关专业教材，也可作为建筑工程设计、施工、监理人员学习、培训的参考用书。

本书在编写过程中，参阅了国内同行多部著作，部分高职高专院校老师提出了很多宝贵意见供我们参考，在此，对他们表示衷心的感谢！

本教材的编写虽经推敲核证，但限于编者的专业水平和实践经验，仍难免有疏漏或不妥之处，敬请广大读者指正。

编　者

目 录

绪论 …………………………………………… 1
　一、本课程的学习目的 ………………………… 1
　二、本课程的学习内容与方法 ………………… 1

第一章　建筑工程事故综述 …………………… 3
第一节　建筑工程事故的概念、分类及特点 …………………………………… 3
　一、建筑工程事故的概念 ……………………… 3
　二、建筑工程事故的分类 ……………………… 5
　三、建筑工程事故的特点 ……………………… 5
第二节　建筑工程事故分析与处理的意义 …………………………………………… 6
第三节　建筑工程事故现场检测及其特点 …………………………………………… 7
　一、建筑工程事故现场检测内容 ……………… 7
　二、建筑工程事故现场检测特点 ……………… 8
第四节　建筑结构功能要求及其事故原因综合分析 ……………………………… 8
　一、建筑结构功能要求 ………………………… 8
　二、建筑工程事故原因综合分析 ……………… 8
第五节　建筑工程事故处理原则、程序与方法 …………………………………… 9
　一、建筑工程事故处理原则 …………………… 9
　二、建筑工程事故处理程序 ………………… 10
　三、建筑工程事故处理方法 ………………… 12
第六节　建筑工程事故预防措施 ……………… 12
　一、建筑工程事故预防的基本原则 ………… 12
　二、建筑工程事故的预防原理 ……………… 13
　三、建筑工程事故预防措施 ………………… 14

第二章　地基工程事故分析与处理 ………… 20
第一节　建筑工程地基的基本要求及地基加固方法 ……………………………… 20
　一、建筑工程地基的基本要求 ……………… 20
　二、地基加固方法 …………………………… 21
第二节　导致地基工程事故发生的原因 …… 23
　一、地质勘察问题 …………………………… 24
　二、设计方案及计算问题 …………………… 24
　三、施工问题 ………………………………… 24
　四、环境及使用问题 ………………………… 25
第三节　常见地基事故分析与处理 ………… 26
　一、地基变形事故分析与处理 ……………… 26
　二、地基失稳事故分析与处理 ……………… 33
　三、地基渗透性事故分析与处理 …………… 35
　四、特殊土地基工程事故分析与处理 ……… 36

第三章　基础工程质量事故分析与处理 …… 43
第一节　基础错位事故 ………………………… 43
　一、基础错位事故主要类别 ………………… 43
　二、基础错位事故产生的原因 ……………… 44
　三、基础错位事故处理措施 ………………… 44
　四、事故实例 ………………………………… 44
第二节　基础变形事故处理 …………………… 46
　一、基础变形事故特征 ……………………… 46
　二、基础变形事故产生的原因 ……………… 46
　三、基础变形事故的处理措施 ……………… 47

四、事故实例 …………………… 47
第三节　桩基础工程事故 …………… 48
　　一、钢筋混凝土预制桩工程事故 … 48
　　二、灌注桩工程事故 ……………… 51

第四章　砌体结构工程事故分析与处理 … 55
第一节　砌体结构的检测 …………… 55
　　一、裂缝检测 ……………………… 55
　　二、砌体中砌块与灰缝砂浆强度的检测 …………………………… 56
　　三、砌体强度的检测 ……………… 60
第二节　砌体的加固 ………………… 64
　　一、扩大截面加固法 ……………… 64
　　二、外加钢筋混凝土加固法 ……… 64
　　三、外包钢加固法 ………………… 65
　　四、钢筋网水泥砂浆层加固法 …… 66
第三节　砌体结构裂缝事故分析与处理 …………………………… 67
　　一、砌体裂缝原因分析 …………… 67
　　二、裂缝性质鉴别 ………………… 68
　　三、裂缝处理原则 ………………… 70
　　四、裂缝处理方法分类及选择 …… 70
　　五、砌体裂缝事故实例 …………… 72
第四节　砌体强度、刚度和稳定性不足事故分析与处理 ……………… 73
　　一、事故类型与原因 ……………… 73
　　二、刚度、稳定性不足事故处理方法及选择 …………………………… 74
　　三、砌体强度、刚度和稳定性不足事故实例 …………………………… 75
第五节　砌体局部倒塌事故分析与处理 … 77
　　一、局部倒塌事故类型与原因 …… 77
　　二、局部倒塌事故处理方法与注意事项 ……………………………… 77
　　三、局部倒塌事故实例 …………… 78

第五章　钢筋混凝土结构工程事故分析与处理 …………………………… 80
第一节　钢筋混凝土结构构件的检测 … 80
　　一、构件外观与位移检查 ………… 81
　　二、钢筋混凝土中钢筋质量检测 … 81
　　三、钢筋混凝土结构中混凝土质量的检测 ……………………………… 84
第二节　混凝土结构的加固及补强 … 91
　　一、增大截面加固法 ……………… 91
　　二、外包钢加固法 ………………… 93
　　三、粘结钢板加固法 ……………… 94
　　四、碳纤维加固法 ………………… 96
　　五、预应力加固法 ………………… 97
第三节　钢筋混凝土结构裂缝及表层缺陷 ……………………………… 100
　　一、钢筋混凝土结构裂缝事故 …… 100
　　二、钢筋混凝土结构表层缺陷 …… 104
第四节　钢筋混凝土结构错位变形事故处理 …………………………… 106
　　一、错位变形事故表现及原因分析 … 106
　　二、错位变形事故处理方法及注意事项 ……………………………… 107
　　三、错位变形事故处理实例 ……… 109
第五节　钢筋工程事故处理 ………… 117
　　一、钢筋表面锈蚀 ………………… 117
　　二、配筋不足 ……………………… 118
　　三、钢筋错位偏差严重 …………… 120
　　四、钢筋脆断 ……………………… 121
　　五、其他钢筋工程事故 …………… 123
第六节　混凝土强度不足事故处理 … 123
　　一、混凝土强度不足对不同结构的影响 ……………………………… 123
　　二、混凝土强度不足的常见原因 … 124
　　三、混凝土强度不足事故的处理方法与选择 …………………………… 127

四、混凝土强度不足事故实例……128

第六章 钢结构工程事故分析与处理……131

第一节 钢结构缺陷……131
一、钢材的性能及缺陷……131
二、钢结构加固制作中可能存在的缺陷……133
三、钢结构运输、安装和使用维护中的缺陷……135

第二节 钢结构构件的检测……135
一、构件平整度的检测……135
二、构件长细比、局部平整度和损伤检测……136
三、连接的检测……136

第三节 钢结构的加固……136
一、钢结构加固的基本要求……136
二、钢结构加固施工注意事项……137
三、钢结构加固的方法……137
四、火灾后的钢结构加固……139
五、钢结构加固实例……139

第四节 钢结构脆性断裂事故及疲劳破坏事故处理……141
一、钢结构脆性断裂事故……141
二、钢结构疲劳破坏事故……143

第五节 钢结构变形事故及失稳事故处理……144
一、钢结构变形事故……144
二、钢结构失稳事故……147

第六节 铆钉、螺栓连接缺陷事故及锈蚀事故处理……150
一、铆钉、螺栓连接缺陷事故……150
二、钢结构锈蚀事故……153

第七节 钢结构构件裂缝事故与倒塌事故处理……154
一、钢结构构件裂缝事故……154
二、钢结构倒塌事故处理……156

第七章 防水工程事故分析与处理……160

第一节 建筑物防水防渗漏材料要求……160
一、密封材料的基本性能及主要表征……160
二、常用的密封材料……161
三、常用灌浆堵漏材料……162

第二节 屋面防水工程事故分析与处理……163
一、常见卷材屋面渗漏事故……163
二、刚性防水屋面渗漏事故……167
三、涂膜防水屋面渗漏事故……168

第三节 墙面防水工程事故分析与处理……170
一、砖砌墙体防水……170
二、混凝土墙体防水……171
三、檐口、女儿墙渗漏事故……171
四、施工孔洞、管线处渗漏事故……172
五、建筑外墙防水工程事故实例……172

第四节 地下室防水工程事故分析与处理……173
一、地下室防水工程的特点和对材料的要求……173
二、地下室工程防水渗漏的处理原则……173
三、地下室防水混凝土结构渗漏事故……174
四、水泥砂浆防水层渗漏事故……176
五、地下室特殊部位渗漏事故……177
六、地下室卷材防水层渗漏……177

第五节 厨房、厕浴间防水工程事故分析与处理……178
一、厨房、厕浴间穿楼板管道渗漏事故……178

二、厨房、厕浴间墙面渗漏事故……178
三、厨房、厕浴间墙根部渗漏事故…179
四、卫生洁具与给水排水管连接处
　　渗漏事故……………………179
五、事故实例……………………179

第八章　地面工程事故分析与处理……182
第一节　水泥地面和细石混凝土地面
　　　　工程事故分析与处理………182
一、水泥地面和细石混凝土地面
　　裂缝……………………………182
二、地面空鼓……………………186
三、水泥地面起砂与麻面………187
四、水泥地面返潮………………188
五、地面倒泛水或积水…………189
六、楼梯踏步缺棱掉角…………189
第二节　水磨石地面工程事故分析
　　　　与处理………………………190
一、地面空鼓……………………190
二、地面裂缝……………………191
三、磨石子面层质量缺陷………192
第三节　块料面层工程事故分析
　　　　与处理………………………193
一、预制水磨石、大理石、花岗岩
　　地面……………………………193
二、地面砖………………………194
三、陶瓷马赛克地面……………196

第九章　建筑工程灾害事故及倒塌事故…198
第一节　建筑工程火灾……………198

一、火灾高温对建筑结构性能的
　　影响……………………………198
二、建筑工程火灾事故原因分析…199
三、建筑工程火灾事故预防……201
第二节　建筑工程地震灾害………210
一、地震震级与烈度……………210
二、地震对建筑的破坏情况……211
三、建筑物的抗震加固…………211
第三节　建筑工程雷电灾害………215
一、雷电的破坏作用……………215
二、避雷原理……………………216
三、建筑物防雷措施……………217
第四节　建筑工程燃爆灾害………221
一、燃爆灾害的特点及简单对策…221
二、燃爆对建筑物的破坏及防护…221
三、燃爆灾害后的调查与处理…229
第五节　建筑工程倒塌事故………230
一、建筑工程倒塌先兆…………230
二、地基事故造成建筑物倒塌事故…230
三、柱、墙等垂直结构构件倒塌
　　事故……………………………231
四、梁板结构倒塌事故…………231
五、悬挑结构倒塌事故…………232
六、屋架结构倒塌事故…………233
七、砖拱结构倒塌事故…………234
八、构筑物倒塌事故……………234
九、现浇框架倒塌事故…………235
十、模板及支架倒塌事故………235

参考文献……………………………237

绪 论

一、本课程的学习目的

随着我国建筑工程事业的蓬勃发展，各种现代化建筑如雨后春笋般快速出现，与此同时，各种工程事故也时有发生，给国家财产造成重大损失并危及人民的生命安全。

本课程的学习目的如下：

（1）从工程事故中吸取教训，以改进设计、施工和管理工作，从而防止同类事故的发生。目前，学校安排的建筑工程的有关课程，绝大部分是从正面学习，自成体系。而建筑事故的发生，不仅会造成经济损失，有时还会引起人员伤亡，这从反面给我们以深刻的教训。从事故中吸取教训，有利于对正面学习到的规律和知识理解得更深刻、运用得更正确。

（2）掌握事故处理的基本知识和方法。因设计和施工的失误或管理不善而引起的事故，是工程技术人员经常遇到的。如正确处理事故，对事故原因分析、残余承载力的判断及修复加固的措施等问题，这与设计和建造新建筑有较大的不同，而掌握这方面的知识和技术是非常必要的。

二、本课程的学习内容与方法

本课程的学习内容包括建筑工程事故的概念、分类、检测方法，地基与基础工程、主体结构工程、建筑防水工程、地面工程事故的分析与处理及火灾、地震灾害、雷电灾害、燃爆灾害等对建筑工程的影响。

1. 本课程的学习方法

（1）理论联系实际很重要，让学生学到正面的结构设计和施工等方面知识的同时，学习一些反面的知识，这样才算具备了比较完整的知识结构。

（2）在学习过程中，要注重事故概念、基本原理、工程实例分析相结合，从各类事故中吸取教训，深入分析产生的原因，并提出切实可行的治理和加固措施。

（3）鉴于新技术、新工艺、新材料和新结构的不断发展和进步，各类工程事故层出不穷、种类繁多，需要学生不断进行发掘、总结和提高。

2. 本课程的学习建议

本课程是土木工程专业的必修课程，为使学生将其学好，特提出以下几点建议：

（1）应将本课程当作专业核心课程对待。习惯了正面学习，换一种反面学习方式对拓展思维大有益处。

(2)改变以往死记硬背的学习方法。将学习的重点放在如何综合应用以往掌握的基本概念和基本原理分析事故的原因上；重点培养自己全面分析事故原因和处理事故的综合能力。

(3)培养自己的职业道德。专业知识和能力固然重要，但作为土木工程事故的鉴定人，职业道德尤为重要。只有做到公平、公正，方能将责任方绳之以法，让受害者得到宽慰。

第一章 建筑工程事故综述

知识目标

(1) 掌握建筑工程事故的概念，了解建筑工程事故的特点，熟悉常见的建筑工程事故分类；
(2) 了解对建筑工程事故进行分析处理的意义；
(3) 了解建筑工程事故现场检测的特点，熟悉建筑工程事故现场检测的内容；
(4) 了解建筑结构功能要求及建筑工程事故的综合原因；
(5) 了解建筑工程事故处理原则、程序，掌握建筑工程事故处理方法；
(6) 了解建筑工程事故预防原则、原理，掌握建筑工程事故预防措施。

能力目标

通过本章内容的学习，能够掌握建筑工程事故的概念及建筑结构功能要求，能够进行建筑工程事故综合原因分析，并掌握建筑工程事故处理方法和预防措施。

第一节 建筑工程事故的概念、分类及特点

一、建筑工程事故的概念

1. 事故

事故是指人们在进行有目的的活动过程中，突然发生的违反人们意愿，并可能使有目的的活动发生暂时性或永久性中止，造成人员伤亡或财产损失的意外事件。简单地说，凡是引起人身伤害、导致生产中断或国家财产损失的所有事件统称为事故。

事故的特征包括以下几项：

(1) 事故是一种发生在人们生产、生活活动中的特殊事件，人们的任何生产、生活活动过程中都有可能发生事故。

(2)事故是一种突然发生的、出乎人们意料的意外事件。由于导致事故发生的原因非常复杂,往往包含许多偶然因素,因而事故的发生具有随机性。在一起事故发生之前,人们无法准确地预测什么时候、什么地方会发生什么样的事故。

(3)事故是一种迫使进行着的生产、生活活动暂时或永久停止的事件。事故中断、终止人们正常活动的进行,必然给人们的生产、生活带来某种形式的影响。因此,事故是一种违背人们意志的事件,是人们不希望发生的事件。

2. 建筑工程事故

任何建筑工程项目,几乎都要经历策划、规划、勘察、设计、施工和竣工验收等各个环节,最终提供给人们使用。那么,在实施的各个阶段,都有可能造成质量事故,即使在建成后,使用不当或灾害也会造成工程事故。

简单地说,工程质量事故是指不符合规定的质量标准或设计要求,它包括由于设计错误、材料设备不合格、施工方法错误、指挥不当等原因所造成的各种质量事故。工程质量事故,按其后果可分为未遂事故和已遂事故。未遂事故即通过班组自检、互检、隐蔽工程验收、预检和日常检查所发现的问题,经班组自行解决处理,未造成经济损失或工期延误;已遂事故即已造成经济损失及不良后果者。按其原因可分为知道责任事故和操作责任事故。按其情节及性质可分为一般事故和重大事故。

建筑物在建造和使用过程中,不可避免地会遇到质量低下的现象。轻则看到种种缺陷,重则发生各种破坏,甚至出现局部或整体倒塌的重大事件。建筑工程中的缺陷,是由人为的(勘察、设计、施工、使用)或自然的(地质、气候)原因使建筑物出现影响正常使用、承载力、耐久性、整体稳定性的种种不足的统称。它按照严重程度不同,又可分为轻微缺陷、使用缺陷、危及承载力缺陷三类。这三类缺陷一旦有所发展,后果可能会很严重,缺陷的发展是破坏。

建筑结构的破坏,是结构构件或构件截面在荷载、变形作用下承载和使用性能失效的人为的协议标志。因此,结构构件或构件截面的受力和变形必须处于设计规范允许值和协议破坏标志的范围内。破坏本身是指结构构件从临近破坏到破坏,再由破坏到即将倒塌,进而倒塌的过程。

建筑结构的倒塌,是建筑结构在多种荷载和变形共同作用下稳定性和整体性完全丧失的表现。其中,若只有部分结构丧失稳定性和整体性的,称为局部倒塌;整个结构物丧失稳定性和整体性的,称为整体倒塌。倒塌具有突发性,是不可修复的,它的发生,一般都伴随着人员的伤亡和经济上的巨大损失。

建筑结构的缺陷和事故是两个不同概念。缺陷变现为具有影响正常使用、承载力、耐久性、完整性的种种隐藏的和显露的不足;事故变现为建筑结构局部或整体的临近破坏、破坏和倒塌。建筑结构的临近破坏、破坏和倒塌,统称质量事故,简称事故。但是,缺陷和事故又是同一类事物两种程度的不同表现。缺陷是产生事故的直接或间接原因;而事故往往是缺陷的质变或经久不加处理的发展。

建筑工程质量事故的特点包括以下几项:

(1)建筑工程质量事故在工程的规划、勘察设计、施工及建成后的使用等各个阶段都会发生;

(2)任何的建筑工程质量事故的发生都有一个从无到有、从小到大直至发展到在一定的条件下爆发;

(3)建筑工程质量事故是人类与大自然进行斗争的行为过程,因而是可以预防和避免的。

因此,为了研究和阐述的方便,我们将建筑工程质量事故归纳为建筑工程在决策、规划、设计、材料、设备、施工、使用、维护等实施所有环节上明确的或隐含的不符合有关规定、规范、技术标准、设计文件和合同的要求,未达到安全、适用目的的所有过程和行为,均属于建筑工程质量事故。

二、建筑工程事故的分类

当建筑结构因工程质量低下而不能满足上述要求时,统称为质量事故。小的质量事故,影响建筑物的使用性能和耐久性,造成浪费;严重的质量事故会使构件破坏,甚至引起房屋倒塌,造成人员伤亡和严重的财产损失。

事故的分类方法很多。按事故发生的阶段可分为施工过程中发生的事故、使用过程中发生的事故和改建时或改建后引起的事故。

按事故发生的部位可分为地基基础事故、主体结构事故、装修工程事故等。

按结构类型可分为砌体结构事故、混凝土结构事故、钢结构事故和组合结构事故等。

按事故的责任原因可分为因指导失误而造成的质量事故,如下令赶进度而降低质量要求。有施工人员不按规程或标准实施操作而造成的质量事故,如浇筑混凝土随意加水导致混凝土强度不足。

在事故分类中,按事故产生后果的严重程度划分是比较重要的,对于施工质量事故可以分为以下几类:

(1)特别重大事故。特别重大事故是指造成30人以上死亡,或者100人以上重伤,或者1亿元以上直接经济损失的事故;

(2)重大事故。重大事故是指造成10人以上30人以下死亡,或者50人以上100人以下重伤,或者5 000万元以上1亿元以下直接经济损失的事故;

(3)较大事故。较大事故是指造成3人以上10人以下死亡,或者10人以上50人以下重伤,或者1 000万元以上5 000万元以下直接经济损失的事故;

(4)一般事故。一般事故是指造成3人以下死亡,或者10人以下重伤,或者100万元以上1 000万元以下直接经济损失的事故。

本等级划分所称的"以上"包括本数,所称的"以下"不包括本数。

三、建筑工程事故的特点

对建筑工程中出现质量事故的实例进行对比和分析,建筑工程质量事故主要具有复杂性、严重性、多变性和多发性等特点。

1. 复杂性

在建筑业产品中,为满足各种特定的使用功能要求,适应自然和人文环境的需要,其种类繁多。我国幅员辽阔,各地区气候、地质、水文等条件相差很大,同种类型的建筑工程,由于所处地区不同、施工条件不同,可形成诸多复杂的技术问题和工程质量事故。尤其需要注意的是,导致工程质量事故发生的原因往往错综复杂,同一种类的工程质量事故,其原因也可能截然不同,因此,对其处理的原则和方法也不尽相同。另外,建筑物在使用中也存在各种问题,所有这些复杂的影响因素,必然导致工程质量事故的性质、表现形式、危害和处理方法均比较复杂。例如，建筑物的开裂，其原因是多方面的，设计构造不合理、计算错误、地基沉降过大或出现不均匀沉降、温度变形、材料干缩过大、材料质量低劣、施工质量差、使用不当或周围环境的变化等，其中一个或几个原因均可导致质量事故的发生。

2. 严重性

工程质量事故的发生，往往会给相关单位带来诸多困难，会影响工程施工的继续进行，会给工程留下隐患，会缩短建筑物使用年限，会使建筑物成为危房或影响建筑物的安全使用甚至不能使用，最为严重的是使建筑物发生倒塌，造成人员伤亡和巨大的经济损失。

3. 多变性

建筑工程中的质量问题，多数是随时间、环境、施工条件等变化而发展变化的。例如，钢筋混凝土大梁上出现的裂缝，其数量、宽度和长度会随着周围环境温度、湿度的变化而变化，或随着荷载大小和荷载持续时间而变化，甚至有的细微裂缝也可能逐步发展成构件的断裂，以致造成工程倒塌。因此，一方面要及时发现工程存在质量问题；另一方面也应及时对工程质量问题进行调查分析，以作出正确的判断，对不断发生变化，而可能发展成为断裂倒塌事故的工程或部位，要及时采取应急补救措施。

4. 多发性

工程质量事故的多发性有两层含义，一是有些工程质量事故像"常见病""多发病"一样经常发生，被称为工程质量通病。这些问题不会引起构件断裂、建筑物倒塌等严重的后果，虽然不影响建筑产品的正常使用，也应予以充分重视。例如，混凝土裂缝、砂浆强度不足、预制构件开裂、房屋卫生间和房顶的渗漏等。二是有些表征相同或相近的严重工程质量事故重复发生。例如，悬挑结构断裂倒塌事故，近几年在湖南、贵州、云南、江西、湖北、甘肃、广西、上海、浙江、江苏等地先后发生数十次，给国家造成巨大的经济损失。

第二节　建筑工程事故分析与处理的意义

在建筑工程中，由于设计、施工、使用、管理和灾害等方面的原因，使得在建筑工程中出现了不符合国家有关法规、技术标准和合同中规定的对于建筑工程的适用、安全、经济、美观等各项要求的问题比较常见。发生建筑工程事故，有的会造成工程停工、返工，有的会影响正常使用、降低结构的耐久性，有的会出现事故的不断恶化，有的甚至发生建筑物倒塌、严重损失国家和人民生命财产的事故。

自新中国成立以来，我国进行了大规模的社会主义建设，特别是实行改革开放政策以来建造的一些建筑物，总建筑面积已超过 60 亿 m^2，成绩显著。然而这些建筑物在时间上虽然没有超过使用年限，但由于设计上的失误，施工质量较差，使用不合理，管理不善，环境因素等原因，使得一些建筑物提前出现了老化，不能完成预定的功能，有的建筑物虽然近年来才建成，但也出现了质量事故；存在有很多隐患，有的已经成为"危房"而无法继续使用，有的甚至已经倒塌，造成了重大人员伤亡事故，给国家财产和人民生命造成了损失。据 1985 年某省的房屋普查数据，该省被调查的房屋中，倒危房屋占 2.16%，严重损坏的房屋占 6.99%，一般损坏的房屋占 18.85%，三项合计达 28%。鉴于这些原因，建筑物存在一定程度的质量问题和影响正常使用甚至危及安全的问题。因此，正确进行建筑工程质量事故分析与处理已是当今建筑业发展的一个重要方面。

目前，我国基本建设正处在一个蓬勃发展的时期。但是，有些地方和单位，也出现了乱设计、乱施工和乱指挥的混乱现象。尤其是某些农村建筑队，由于管理比较混乱，缺乏基本的设计和施工技术知识，以致发生了不少工程事故，给国家和人民生命财产造成了严重损失，对此必须引起我们的足够重视。

不重视科学就要吃苦头。这些用生命和财产换来的深刻教训，必须认真对待。从很多工程事故的分析中可以看出，非正式设计单位或私人设计，不懂设计而乱套用和乱修改设计，或结构计算错误，或技术措施不当，诸如地基承载力不够、土质软硬不均、漫水湿陷、构件截面过小、支撑系统不完善、配筋不足以及抗倾覆力矩不够等，对建筑工程安全的危害是巨大的，是造成事故的直接原因。

技术管理混乱，施工质量低劣，如不遵守施工和验收规范、违反操作规程、原材料不做试验、材料以小代大、以劣代好、钢筋漏放和错位，墙体高厚比过大、结构失稳，模板支撑不牢、拆模过早、施工超载堆放、缺乏冬期施工措施、混凝土及砂浆强度严重不足以及赶进度、轻质量、结构强度不够、整体性差等所造成的工程事故也是比较多的。

使用单位对建筑工程的维护管理不善，如地基浸水湿陷造成墙体开裂；柔性屋面断裂漏水；木结构腐朽虫害、钢结构锈蚀强度过分削弱等造成的工程事故也屡见不鲜。

不按基建程序办事，违反客观规律，长官意志，不勘测就设计、无设计就施工、未完工就使用，甚至仍然采取边勘测、边设计、边施工、边使用的错误作法，也是造成一些工程事故的主要原因。

"隐患验于明火、防范胜于救灾、责任重于泰山""百年大计、质量第一"，道出了工程质量的重要性，但在实际工作中却存在着对于工程事故分析不清、处理不当以及所采用的处理技术不合理等情况。这样不仅会造成不应有的经济损失，也给工程留下了新的隐患。通过调查事故情况，分析事故产生的原因，研究恰当的处理方法，探讨预防事故再次发生的措施，并使广大建筑业从业人员了解一些典型事故的分析处理技术，有助于在今后的建设工程中少犯错误。因此，正确分析与处理事故，及时解决质量问题是每个建筑工程技术人员必须掌握的一项专门技能，也是确保工程质量的一项重要工作。

第三节 建筑工程事故现场检测及其特点

一、建筑工程事故现场检测内容

当建筑物发生质量事故后，为了正确分析事故发生的原因，为工程质量事故的仲裁提供客观而公正的技术依据，也为建筑结构的修复、加固提供参考数据，往往有必要对发生事故的结构或构件进行必要的检测。这些检测内容包括以下几项：

(1)常规的外观检测。如平直度、偏离轴线的公差、尺寸准确度、表面缺陷、砌体的咬槎情况等。

(2)强度检测。如材料强度、构件承载力、钢筋配置情况等。

(3)内部缺陷的检测。如混凝土内部的孔洞、裂缝，钢结构的裂缝、焊接缺陷等。

(4)材料成分的化学分析。如混凝土的集料分析、水泥成分及性能分析、钢材化学成分的分析等。

二、建筑工程事故现场检测特点

与常规的建筑结构构件的检测工作相比，对发生质量事故的结构进行检测有以下一些特点：

(1)检测工作大多在现场进行，条件差，环境干扰因素多。

(2)对发生严重质量事故的结构工程，常常因管理不善，没有完整的技术档案，有时甚至没有技术资料，因而，对其的检测工作要全面而有计划地铺开；有时还会遇到虚假资料的干扰，这时尤要慎重对待。

(3)有些强度检测常常要采用非破损或少破损的方法进行，因事故现场尤其是非倒塌事故一般不允许破坏原构件，或者从原构件上取样时只允许有微破损，稍微加固后可不影响结构的承载力。

(4)检测数据要公正、可靠，经得起推敲。尤其是对于重大事故的责任纠纷，涉及法律责任和经济负担，为各方所重视，故所有检测数据必须真实、可信。

被检测的结构构件类别，主要有砌体结构构件、钢筋混凝土结构构件和钢结构构件。由于结构构件类别不同，检测的方法也有所不同，至少是检测的侧重内容有所不同。为叙述方便，下面按结构构件类别介绍常用的一些检测方法，侧重介绍现场仪器检测的方法，至于按一般规程进行的外观检测，这里不作详细叙述。

第四节 建筑结构功能要求及其事故原因综合分析

一、建筑结构功能要求

按照《建筑结构可靠度设计统一标准》(GB 50068—2001)规定的设计使用年限内必须满足以下各项功能的要求：

(1)能承受正常施工和正常使用时可能出现的各种作用；

(2)在正常使用时具有良好的工作性能；

(3)在正常维护条件下具有足够的耐久性；

(4)在设计规定的偶然事件发生时及发生后，结构仍能保持必要的整体稳定性。

二、建筑工程事故原因综合分析

建筑工程事故的发生是多种多样的。常见的质量事故原因有以下几种：

(1)管理不善。如无证设计,无证施工,有章不依,违章不纠或纠正不力;长官意志,违反基建程序和规律,盲目赶工,造成隐患;层层承包,层层克扣;监督不力,不认真检查,马马虎虎盖"合格"章;申报建筑规划、设计、施工手续不全,设计、施工人员临时拼凑,借用执照等。

(2)地质勘察失误。例如,不认真进行地质勘察,随便估计地基承载力;勘测钻孔间距太大、深度不够,勘察报告不详细、不准确,不能全面、准确地反映地基的实际情况,导致基础设计错误等。

(3)设计失误。例如,结构方案不正确;结构计算简图与实际受力情况不符;少算或漏算荷载;内力计算错误;结构构造不合理等。

(4)违反基本建设程序。例如,不做可行性研究即搞项目建设;无证设计或越级设计;无图施工、越级承包工程、盲目蛮干等均会造成事故。

(5)建筑材料、制品质量低劣。例如,结构材料力学性能不符合标准,化学成分不合格;水泥强度等级不够,安定性不合格;钢筋强度低、塑性差;混凝土强度达不到要求;防水、保温、隔热、装饰等材料质量不良等。

(6)施工质量差、不达标。此类问题包括施工人员以为"安全度高得很",因而施工马虎,甚至有意偷工减料;技术人员素质差,不熟悉设计意图,为方便施工而擅自修改设计;施工管理不严,不遵守操作规程,达不到质量控制要求;原材料进场控制不严,采用过期水泥及不合格材料;对工程虽有质量要求,但技术措施未跟上;计量仪器未校准,使材料配合比有误;技术工人未经培训,大量采用壮工顶替;各工种不协调,为图方便,乱开洞口;施工中出现了偏差也不予纠正等。

(7)使用、改建不当。此类问题包括使用中任意增大荷载,如将阳台当库房,住宅变办公楼,办公室变生产车间,一般民房改为娱乐场所;随意拆除承重隔墙,盲目在承重墙上开洞,任意加层等。

(8)灾害性事故。如地震、大风、大雪、火灾、爆炸等引起整体失稳、倒塌事故。

第五节 建筑工程事故处理原则、程序与方法

一、建筑工程事故处理原则

事故发生后,尤其是重大事故、倒塌事故发生后,必须要进行调查、处理。对于事故处理,因涉及单位信誉、经济赔偿及法律责任,为各方所关注。事故有关单位或个人常常企图影响调查人员,甚至干扰调查工作。所以,参加事故调查分析的人员,一定要排除各种干扰,以规范、规程为准绳,以事实为依据,按照正确、公正的原则进行。

(1)安全可靠,不留隐患的原则。在确定处理方案时,应根据工程特点、事故特点、事故原因分析以及事故的现实情况,采取恰当的措施和方法,且须满足安全、可靠的要求,并有可靠的防范措施。对有可能再次发生的危害加以预防,以免重蹈覆辙。

(2)经济合理的原则。处理一项质量事故，如有多个方案可选，则应通过综合比较，从中优选出最经济合理的方案。在确定各可选方案的过程中，应尽量使用原有可使用部分，力求做到既安全可靠，又经济合理。

(3)满足使用要求的原则。在进行事故的处理过程中，所采取的一切措施和方法，除另有要求或使用方认可可以降低有关功能外，一般必须保证它的使用功能。

(4)利用现有条件及方便施工的原则。在确定处理方案时，除保证按上述各原则实施外，还应考虑施工的可能性和能够尽量使用现有的技术力量、机械设备和材料等。

二、建筑工程事故处理程序

工程事故处理的一般程序为：基本情况调查→结构及材料检测→复核分析→专家会商→调查报告。

1. 基本情况调查

基本情况调查包括对建筑的勘察、设计和施工以及有关资料的收集，向施工现场的管理人员、质检人员、设计代表、工人等进行咨询和访问。基本情况调查一般包括以下几个方面：

(1)工程概况。工程概况包括建筑所在场地特征，如地形、地貌；环境条件，如酸、碱、盐腐蚀性条件等；建筑结构主要特征，如结构类型、层数、基础形式等；事故发生时工程进度情况或使用情况。

(2)事故情况。事故情况包括发生事故的时间、经过、见证人及人员伤亡和经济损失情况。可以采用照相、录像等手段获得现场实况资料。

(3)地质水文资料。地质水文资料包括有关勘测报告。重点查看勘察情况与实际情况是否相符，有无异常情况。

(4)设计资料。设计资料包括任务委托书、设计单位的资质、主要负责人及设计人员的水平，设计依据的有关规范、规程、设计文件及施工图。重点查看计算简图是否妥当，各种荷载取值及不利组合是否合理，计算是否正确，构造处理是否合理。

(5)施工记录。施工记录包括施工单位及其等级水平，具体技术负责人水平及资历；施工时间、气温、风雨、日照等记录，施工方法，施工质检记录，施工日记(如打桩记录、地基处理记录、混凝土施工记录、预应力张拉记录、设计变更洽商记录、特殊处理记录等)，施工进度，技术措施，质量保证体系。

(6)使用情况。使用情况包括房屋用途，使用荷载，使用变更、维修记录，腐蚀性条件，有无发生过灾害等。

调查时，要根据事故情况和工程特点确定重点调查项目。例如，对砌体结构，应重点查看砌筑质量；对混凝土结构，则应重点检查混凝土的质量、钢筋配置的数量及位置；对构件缺陷，应重点调查项目；对钢结构，应侧重检查连接处，如焊接质量、螺栓质量及杆件加工的平直度等。有时，调查可分为两步进行，在初步调查以后，先做分析判断，确定事故最可能发生的一种或几种原因。然后，有针对性地做进一步深入细致的调查和检测。

2. 结构及材料检测

在初步调查研究的基础上，往往需要进一步做必要的检验和测试工作，甚至做模拟试验。结构及材料检测一般包括以下几项：

(1)对没有直接钻孔的地层剖面而又有怀疑的地基应进行补充勘测。基础如果用了桩基,则要进行测试,检测是否有断桩、孔洞等不良缺陷。

(2)测定建筑物中所用材料的实际性能,对构件所用的原材料(如水泥、钢材、焊条、砌块等)可抽样复查;对无产品合格证明或假证明的材料,更应从严检测;考虑到施工中采用混凝土强度等级及预留的试块未必能真实反映结构中混凝土的实际强度,可用回弹法、声波法、取芯法等非破损或微破损方法测定构件中混凝土的实际强度。对于钢筋,可从构件中截取少量样品进行必要的化学成分分析和强度试验。对砌体结构,要测定砖或砌块及砂浆的实际强度。

(3)建筑物表面缺陷的观测。对结构表面裂缝,要测量裂缝宽度、长度及深度,并绘制裂缝分布图。

(4)对结构内部缺陷的检查。可用锤击法、超声探伤仪、声发射仪器等检查构件内部的孔洞、裂纹等缺陷;也可用钢筋探测仪测定钢筋的位置、直径和数量。对砌体结构,应检查砂浆饱满程度、砌体的搭接错缝情况,遇到砖柱的包心砌法及砌体、混凝土组合构件,尤应重点检查其芯部及混凝土部分的缺陷。

(5)必要时,可做模型试验或现场加载试验,通过试验检查结构或构件的实际承载力。

3. 复核分析

在一般调查及实际测试的基础上,选择有代表性的或初步判断有问题的构件进行复核计算。这时,应注意按工程实际情况选取合理的计算简图,按构件材料的实际强度等级、断面的实际尺寸和结构实际所受荷载或外加变形作用,按有关规范、规程进行复核计算。这是评判事故的重要依据。

4. 专家会商

在调查、测试和分析的基础上,为避免偏差,可召开专家会议,对事故发生原因进行认真分析、讨论,然后给出结论。在会商过程中,专家应听取与事故有关单位人员的申诉与答辩,综合各方面意见后方可下最后结论。

5. 调查报告

事故的调查必须真实地反映事故的全部情况,要以事实为根据,以规范、规程为准绳,以科学分析为基础,以实事求是和公正公平的态度写好调查报告。报告一定要准确可靠,重点突出,真正反映实际情况,让各方面专家信服。调查报告的内容一般应包括以下内容:

(1)工程概况。重点介绍与事故有关的工程情况。

(2)事故情况。事故发生的时间、地点、事故现场情况及所采取的应急措施;与事故有关单位、人员情况等。

(3)事故调查记录。

(4)现场检测报告(若有模拟试验,还应有试验报告)。

(5)复核分析,事故原因推断,明确事故责任。

(6)对工程事故的处理建议。

(7)必要的附录(如事故现场照片、录像、实测记录,专家会商的记录,复核计算书,测试记录等)。

三、建筑工程事故处理方法

1. 直接处理法

（1）用同种材料处理。选用的处理材料与要处理的工程部位材料性能相同或相近；砂浆、混凝土等一般要比原结构材料高一个级别；两种材料之间应有可靠的粘结，结构类加固一般要达到整体共同工作的要求。

（2）用异种材料处理。例如，用环氧树脂等胶合料对砌体或混凝土结构裂缝注浆，用预应力提高原钢筋混凝土结构构件的承载力和刚度，用钢板、型钢乃至钢桁架与原钢筋混凝土结构构件形成组合结构共同受力等，但两种材料必须结合牢固，能够共同工作。

2. 间接加固法

间接加固是指通过减轻负荷、增加支撑点与连接点、增设支撑构件以及发挥构件潜力、减小破坏概率等措施，达到治理结构缺陷，提高原结构或构件的承载力的目的。

第六节　建筑工程事故预防措施

各类质量事故的发生，轻则造成经济损失，耽误工期，影响正常使用；重则破坏生产，危害职工的生命安全和身心健康，使国家财产遭受重大损失。因此，在企业生产过程中，应当尽一切可能预防各类事故的发生。

一、建筑工程事故预防的基本原则

（1）"质量事故可以预防"原则。第一，应当明确质量事故可以预防，能把事故消除在发生之前。第二，这里所指的"质量事故可以预防"，是指非自然因素引起的各类质量和因公伤亡事故。第三，"质量事故可以预防"，一方面要考虑消除事故发生的措施，另一方面要考虑事故发生后减少或控制事故损失的应急措施。第四，从头脑中建立"质量事故可以预防"的意识，加强积极预防对策的研究，使事故根本不可能发生。

（2）"防患于未然"原则。事故与损失是偶然性的关系。任何一次事故的发生，都是其内在因素作用的结果，事故何时发生以及发生后是否造成损失，损失的种类和程度等，都是由偶然因素决定的。即使是反复出现的同类事故，各个事故的损失情况也是各不相同的。有的可能造成伤亡，有的可能造成物质、财产损失，有的既有伤亡又有物质财产的损失，也可能未造成任何损失（险肇事故）。

众所周知的海因里希的 1：29：300 法则，是从 55 万余次事故的统计中的出来的比率。它表明在 330 次事故中，有一次会出现重伤或死亡的严重后果。但究竟会在哪一次事故中出现呢？是在第 1 次还是在第 330 次呢？这是由偶然性决定的，人们无法作出判断。海因里希法则只能说明事故与伤害程度之间存在的概率原则。由于事故与后果存在着偶然性关系，唯一的、积极的办法是防患于未然。从预防事故的角度考虑，绝对不能以事故是否造成伤害或损失作为是否应当预防的依据。对于未发生伤害或损失的险肇事故，如果不及时采取有效的防范措施，以后也可能会发生具有伤害或损失的偶然性事故。因此，对于已发生伤害或损失的事故及未发生伤害或损失的险肇事故，均应全面判断隐患，分析原因。只有这样，才能准确地掌握发生事故的倾向及频率，提出比较切合实际的预防对策，从根本上防止事故的发生。

(3)"对于事故的可能原因必须予以根除"原则。任何质量事故的出现总是有原因的。事故与原因之间存在着必然性的因果关系。我们可按事故与原因的关系，去分析事故发生的经过。事故与原因的关系为：损失→事故→直接原因→基础原因。

为了使预防措施有效，应当对已发生的同类型的质量事故进行全面的调查和分析，准确地找出直接原因、间接原因以及基础原因，然后再针对这些原因制订预防措施。

(4)"全面治理"原则。预防事故的"三 E"原则，即在引起事故的各种原因之中，技术原因、教育原因以及管理原因是三种最重要的原因。预防这三种原因的相应对策为技术对策、教育对策及法制(或管理)对策，简称"三 E"对策。这是事故预防的三根支柱。发挥这三根支柱的作用，事故预防就可以取得满意的效果。技术对策是指在建筑物的实施中，在计划、设计、施工时，从保证质量的角度考虑应采取的措施；教育对策是指通过家庭、学校以及社会等途径的传授与培训，掌握建筑安全知识、建筑质量意识及正确的作业方法。每个人从幼年时期开始就应灌输必要的安全知识和质量意识，在大学里应当系统地学习安全工程学知识和培养质量意识。对在职人员，应根据其具体业务进行技术(包括事故管理在内)教育，对工人应该进行教育和特殊工种的培训教育；法制对策是指由国家机关、企业组织等，制定有关规范和质量标准，颁布执行，加强对职工的法制教育和培训工作，以提高其行为的可靠性。如安全思想和安全技术的定期教育，特殊工种的定期考核，防止冒险进入危险场所，防止通信联络不畅，防止操作中开玩笑、嬉闹等。各种法规、规定是防止事故应该遵守的最低要求，职工应自觉遵守各种作业标准。这三种对策相辅相成，将掌握高技术保证质量作为主要的研究对象，作为所有建设参与者的自觉的意识行为，创造一种主观条件和客观条件，保证将质量事故扼杀在萌芽中。

二、建筑工程事故的预防原理

大量的资料说明，事故的发生是有其规律性的。任何一次事故的发生，都有若干"事件"同时存在或同时发生，必须全面考虑发生事故的基本要素以及要素之间的复杂关系。

1. 事故的形成与发展过程

事故的发展一般分为三个阶段，即孕育阶段、生长阶段和损失阶段。

(1)孕育阶段。事故的发生有其基础原因，即社会因素和上层建筑方面的原因。如管理混乱，规章制度废弃，安全隐患得不到治理，人员素质差，各种施工设备维护差，施工过程中潜伏着危险，隐伏着事故发生的"肥沃土壤"。这就是事故发生的最初阶段。此时，事故处于无形阶段，人们可以感觉到它的存在，估计到它必然会出现，而不能指出它的具体形式。

(2)生长阶段。在这一阶段，事故处于萌芽状态，由于基础原因的存在，企业管理出现缺陷，不安全状态和不安全行为得以发生，构成了生产中的质量事故隐患，即危险因素。这些隐患就是"事故苗子"。人们可以具体指出它的存在，有经验的安全工作者已经可以预测事故的发生。

(3) 损失阶段。当生产中的危险因素被某些偶然事件触发时,就会发生质量事故。包括肇事人的肇事、起因物的加害和环境的影响,使质量事故发生并扩大,造成人员伤亡和经济损失。

2. 利用事故法则预防事故

利用海因里希提出的 1：29：300 法则对预防事故具有重要的意义。为了消除 1：29 的伤亡事故,首先必须消除 300 次无伤害事故。

3. 用能量学说观点研究事故发生规律及其预防对策

在任何生产活动中,都离不开能量输入,以满足正常作业的需要。但是,伴之而来的也有能量的逸散,这种逸散出来的能量会造成设备的破坏及人身的伤害。人体本身也是一个能量系统,并通过新陈代谢的作用,消耗能量以进行各种活动。当人的活动行为超过正常状态时,人体就会与具有能量的生产设备体系发生接触或碰撞,以致遭受打击而被伤害。事实上,任何造成伤害的事故都是由能量传递引起的。从这种观点来看,用能量学说去分析和认识事故发生的规律性,是有一定道理的。例如,能量传递受到一定的阻力后,就会产生摩擦热。在一定的环境条件下,这种以摩擦热形式逸散的能量就会引起火灾或爆炸事故。根据这种观点,事故预防的原理是无论在什么情况下,都应防止能量逸散。而在实际生活中完全避免能量逸散是不可能的,必须考虑由于能量逸散而带来危险时的对策。

4. 多米诺骨牌原理

质量事故往往是由多个因素相互作用而发生的,例如,社会环境及管理的缺陷 A_1 促成人为过失 A_2 的发生；A_2 又造成了人的不安全行为或物质及机械危险 A_3；A_3 又导致意外事件(即事故,包括险肇事故) A_4 和由 A_4 而产生的人身伤害或物质的损失 A_5。这五个因素是彼此联系、相互制约的因果关系。五个因素的连锁反应就构成了事故。可以将 A_1、A_2、A_3、A_4、A_5 这五个因素看成是竖立的多米诺骨牌,其随着时间的推移依次发生,若前面的骨牌倒了,后面的骨牌也将随之依次倒下。如果拿走其中的任何一个(或一个以上),就会出现防止最后一个倒下的间隙,从而避免了事故的发生。由此可见,事故预防的原理应当是使事故发生的连锁系列中断,即消除 A_5 前面的一个或多个骨牌因素。

三、建筑工程事故预防措施

质量事故预防措施可以分为工程技术措施、教育措施以及管理措施三种。质量事故预防措施从根本上说就是为了消除可能导致质量事故发生的原因,由于质量事故常常是由若干种原因重叠、交织在一起而引起的,因此,可以有若干种不同的事故预防措施方案,应当选择其中最有效的一种方案予以实施。

1. 工程技术措施

(1)用工程技术进行事故预防的重要性。对于新建筑物,从规划、设计阶段开始,直至施工、使用、维修等全过程,都应当充分考虑其安全性、适用性、可靠性和经济性。有时虽然有完善的规划和设计,但在施工过程中,由于材料的缺陷,或者材质选择不当,或者加工技术差(如焊接质量不良、加工精度不够),也会使新建筑处于不安全状态。有时虽然规划、设计、加工、制作等均符合要求,但投入使用后,随着使用时间的增加,荷载的变化、磨损、腐蚀、老化等诸因素的作用,直至某一时刻(即量表导致质变的飞跃时刻)便出现了建筑物的不安全状态或发生了事故。因此,良好的建筑物也会转变为不安全状态。

为了使企业生产处于良好状态，必须以发生过的事故（包括直接的和间接的）为借鉴，认真吸取教训。要从工程技术上进行改进、严格把关，以减少或杜绝同类事故的发生。

随着现代化工业的发展，出现了规模和复杂程度日益增大的各种建筑工程，这样的工程往往是一个大的系统工程。在考虑质量事故预防的工程技术措施时，必须从全局出发，去研究预防事故的工程技术措施，才会有显著的效果。另外，就某一项具体工程技术措施而言，其性能、可靠程度、成本等指标也是彼此关联、相互影响的。因此，从质量需要出发，适当增加工程技术措施的投资，放慢施工进度，则有利于提高质量事故预防的效果。要确定措施成本、可靠性及效果等指标之间的相对关系，就要事先分析和判断这些指标在全局中的相对重要性，对于那些一旦发生故障就可能危及生命的质量问题而言，必须配备可靠性极高的工程技术措施。

（2）冗余技术。冗余技术是工程技术措施中比较重要的内容之一。一个系统是由若干个体单元组成的。如果其中任何一个个体单元出现故障时，都会造成整个系统出现故障，那么，这种组成方式称为串联方式。如果改进组成方式，使得其中某一个个体单元出现故障时，整个系统仍然能够正常工作，这种组成方式称为并联方式。

从预防事故的观点出发，应当设法采用并联方式，这样即使某一个个体单元出现了故障，也不会影响整个系统的正常工作。这种因在系统中纳入了多余的个体单元而保证系统安全的技术，就是冗余技术，通常又称为备用方式。

采用冗余技术，是采用部分冗余、全冗余还是分组冗余方式，要结合实际情况进行具体分析，予以综合考虑，做到既安全可靠，又经济合理。

（3）互锁装置。互锁装置是一种常见的重要安全工程技术措施之一。所谓互锁，是指"某种装置，利用它的某一个部件或者某一机构的作用，能够自动产生或阻止发生某些动作或某些事情"。互锁装置可以从简单的机械连锁到复杂的电路系统连锁，其对某些机械装置、设备、工艺过程或系统的运行具有控制能力，一旦出现危险，能够保障作业人员及设备的安全。例如，起重设备上应安装限位开关、过载保护装置、防撞装置等。

（4）利用人体生物节律理论预防事故。每个人从出生之日起直到生命终止，存在着周期分别为23天、28天、33天的体力、情绪、智力的变化规律，可用三条正弦曲线来表示。人的体力、情绪和智力为什么会有周期性变化呢？这是因为人体内存在着调节和控制人的行为的"生物钟"，它控制着人体生理和病理过程。表1-1列出了人体生物节律各时期的典型特征。

表1-1　人体生物节律各时期的典型特征

节律曲线	临界期	低潮期	高潮期
体力	周身不适，疲劳易病	体力下降	体力充沛
情绪	喜怒无常，心情烦躁	情绪低落	情绪高昂
智力	健忘迟钝，判断能力差	智力下降	思维敏捷

生物节律理论认为，处于"危险日"的工作人员，其工作效率低，也最容易出事故；其次是处于"临界日"的，再次是处于"低潮期"的。处于"高潮期"的工作人员的工作状态最佳。在应用人体三节律时，通常采用绘图法，即：

1) 先求出某人的出生日到"了解日"的总天数 N

N＝周岁×365＋周岁÷4(取整数)＋最近一次生日到"了解日"的天数

其中：周岁除以 4(取整数)是某人经历的闰年数，即每 4 年加 1 天；出生日按公历计；最近一次生日到"了解日"的天数中，包括"了解日"，而不包括出生日。但如果需要了解某日某时的状态，而"了解日"的时辰又超过了出生日时辰时，则出生日那天应包括在其中，否则不应包括。

2) 总天数 N 分别被 23、28、33 除，得出三个整数 A、B、C 及三个余数 a、b、c：

$$N \div 23 = A 余 a$$
$$N \div 28 = B 余 b$$
$$N \div 33 = C 余 c$$

3) 按 a、b、c 推算某段时间内三节律曲线的临界日、高潮顶点、低潮顶点，然后用光滑曲线将各点依次连接，即可绘制出某人体三节律的正弦曲线图。

应当指出，人的"生物钟"常常受到外界许多因素的影响，三节律状态也会随之发生变化。领导人员掌握了下属人员的三节律状态，就可对处于"临界日"和"危险日"的人员的工作进行合理安排和调整。本人掌握了自己的三节律状态，即可进行自我控制。

2. 教育措施

(1) 技术、安全教育的必要性。生产环境是一种特殊的环境。它有各式各样的装置、设备，有大量的能量输入，有多种不同的工艺和操作方式等。对于在自然界环境中生活习惯的人，如果不经过有针对性的技术、安全教育和培训，就难以掌握适应生产环境的特殊本领，也就容易出现各类事故。

通过一定的技术、安全教育和训练，使作业人员掌握一定数量、种类的信息，形成正确的操作姿势和方法，形成条件反射动作或行为。如果每个作业人员不仅知其然，而且还知其所以然的话，那么，其行为就会由被动式或盲动式转变为主动式，由盲目服从变为自觉遵守。

(2) 质量教育形式的多样性。质量教育要注意质量教育的动机与效果的统一性。可采取多种多样的方式方法，例如，正式的上课培训，抓住典型案例进行现场分析，采取各种竞赛活动等。

(3) 质量教育的内容。

1) 质量知识教育。这是一种知识普及教育，是将教材的内容逐步储存在人的记忆中，成为作业人员"知道"或"了解"的东西。

2) 质量技术教育。这是对个人进行的教育，往往需要进行反复多次的训练，直至生理上形成条件反射，一进入岗位，就能按顺序和要求去完成规定的操作。使作业人员不仅"知道"，还要深刻"理解"，在实际中"会干"。质量技术教材的内容主要体现在操作规程上，应写明要领，指出习惯和关键问题，并尽可能把操作步骤表达清楚。

3) 质量思想教育。除进行计量业务教育外，更重要的是对职工进行思想教育，使之牢固树立"质量第一"的思想。人们进行选择和判断行为的基础，是其经历所积累的知识和经验。质量思想、态度的教育，就是要清除人们头脑中那些不正确的知识和经验，针对人的性格与特点，采取适当的方法进行教育。态度和行为是不同的概念，态度是属于精神范畴的内容，从心理学上来分析，某种态度是进行某种活动之前的心理准备状态。质量思想教育,就是要针对这种心理准备状态,即正在进行判断的状态,指出其判断的错误所在,让其思考、理解,并改正体现于表面的错误行为,以减少或杜绝各类质量事故。

4)典型质量事故案例的教育。质量事故是有代价的教育,通过个别案例中带有普遍意义的内容,采用鲜明、生动地宣传形式,进行有针对性的教育,使人印象深刻牢记不忘。

3. 管理措施

管理措施的内容很多,工程从立项、设计、制作、施工、验收、使用、维修等每一个过程都涉及管理的问题,都属于管理措施的范畴。

(1)建立健全的质量管理机构。现代化生产,分工越来越细,各个生产环节的协调、配合越来越重要。要将细分工作综合起来成为有系统、有联系的体系,步调一致地进行生产,必须建立与生产密切相关的管理组织。建立健全的建筑法律法规,国家提出的"质量终身负责制"对每一个工程技术人员都是一种严峻的考验。俗话说"无规矩不成方圆",只有建立健全建筑法规,并落到实处,方能规范建筑市场、预防事故的发生。

(2)明确质量管理人员及其职责,注重人员综合素质提高,建立培训制度。一幢合格的建筑需要参与人员齐心努力方能完成,这里有技术素质、心理素质以及职业道德等问题。质量管理人员必须具备两个条件,一是热心于质量工作;二是能够胜任质量工作。因此,对人员加强培训并形成制度是十分必要的。

(3)开展经常性的质量活动。质量部门应当成为生产活动的积极组织者,要鼓励人们的上进心,用精神和物质相结合的鼓励办法,开展经常性的、内容丰富的、形式多样的活动。如质量宣传月、质量竞赛活动、技术革新活动、质量合理化建议活动、质量大检查、文明生产活动等等。

(4)严格追究事故责任。查清质量事故原因及事故责任者往往比较复杂,因此,应当明确各级质量管理人员的职责范围,必须在责任问题上严格分清谁是谁非,做到照章办事,遵纪守法、奖罚分明。

(5)建立健全各项安全规程、制度。建立必要的规章制度,限制和约束人们在生产环境中的"越轨"行为,指导人们认真遵守国家颁布的各种规程、规范,保证质量,否则,就要负行政或法律责任。

(6)建立质量事故档案。事故的频繁发生,从中汲取经验教训,建立事故档案是一项十分重要的工作。

(7)加大惩罚力度。严肃追查事故责任,照章办事,赏罚分明以培养人们的法律意识。

(8)对事故开展工程学及统计学研究。除上述各种管理措施外,还有法律监督,对质量的检查,对质量工作的统一领导,对质量事故进行研究,对作业人员进行心理学的研究等。这些措施都是不可少的重要内容,可根据具体情况选择。

本章小结

建筑工程事故是指不符合规定的质量标准或设计要求,它包括由于设计错误、材料设备不合格、施工方法错误、指挥不当等原因所造成的各种质量事故。建筑工程结构设计应符合《建筑结构可靠度设计统一标准》(GB 50068—2001)的规定，造成建筑工程事故的原因主要包括管理不善；地质勘查失误；设计失误；违反基本建设程序；建筑材料、制品质量低劣；施工质量差、不达标；使用、改建不当及灾害性事故。建筑工程事故发生后，应采取的处理措施包括直接处理法和间接加固法；为了减少建筑工程质量事故的发生，应在建筑工程事故发生前做好有效的预防，包括工程技术措施、教育措施以及管理措施三种。

思考与练习

一、填空题

1. 工程质量事故，按其后果可分为_____和_____。
2. 建筑结构的倒塌，是建筑结构在多种_____和_____共同作用下稳定性和整体性完全丧失的表现。
3. _____和_____是同一类事物的两种程度不同的表现。
4. 建筑工程处理原则包括安全可靠、不留隐患的原则；_____；_____；利用现有条件及方便施工的原则。
5. 事故的发展一般可分为三个阶段，即_____、_____和_____。
6. 建筑工程事故质量教育的内容包括_____、_____、_____和_____。

参考答案

二、选择题

1. 下列关于建筑工程质量事故特点描述错误的是(　　)。
    A. 建筑工程质量事故在工程的规划、勘察设计、施工及建成后的使用等各个阶段都会发生
    B. 任何的建筑工程质量事故的发生都有一个从无到有、从小到大直至发展到在一定的条件下爆发
    C. 建筑工程质量事故是人类与大自然进行斗争的行为过程，因而可以预防和避免的
    D. 建筑工程质量事故是不可预防和避免的
2. 重大施工质量事故造成经济损失为(　　)万元以上。
    A. 4　　　　　　B. 6　　　　　　C. 8　　　　　　D. 10
3. 下列各项中不是质量事故预防措施的是(　　)。
    A. 技术措施　　　　　　B. 教育措施
    C. 安全措施　　　　　　D. 管理措施

三、判断题

1. 凡是引起人身伤害、导致生产中断或国家财产损失的所有事件统称为事故。(　　)
2. 建筑结构倒塌是可以修复的。(　　)
3. 建筑结构缺陷等同于建筑结构事故。(　　)
4. 工程事故处理的一般程序为：基本情况调查→结构及材料检测→复核分析→专家会商→调查报告。(　　)

四、问答题
1. 工程质量事故是如何分级的?
2. 对发生事故的结构或构件进行现场检测的内容有哪些?
3. 建筑结构功能要求有哪些?
4. 建筑工程事故处理方法有哪些?

第二章 地基工程事故分析与处理

知识目标

(1) 掌握建筑工程地基基本要求和地基加固的常用方法;
(2) 了解可能造成地基工程事故的各方面原因;
(3) 熟练掌握常见地基事故的处理方法。

能力目标

通过本章内容的学习,掌握建筑工程地基基本要求及地基加固的常用方法,能够对地基工程常见的工程事故进行原因分析并采用相应的方法进行处理。

第一节 建筑工程地基的基本要求及地基加固方法

一、建筑工程地基的基本要求

国内外建筑工程事故调查表明多数工程事故源于地基问题,特别是在软弱地基或不良地基地区,地基问题更为突出。建筑场地地基不能满足建筑物对地基的要求,造成地基与基础事故。各类建筑工程对地基的要求可归纳为以下三个方面。

1. 沉降或不均匀沉降方面

在建(构)筑物的各类荷载组合作用下(包括静荷载和动荷载),建筑物沉降和不均匀沉降不能超过允许值。当沉降和不均匀沉降值较大时,将导致建(构)筑物产生裂缝、倾斜,影响正常使用和安全。不均匀沉降严重的可能导致结构破坏,甚至倒塌。《建筑地基基础设计规范》(GB 50007—2011)给出了建筑物较严格的地基变形允许值,规范中未提及的其他建筑物的地基变形允许值,可根据上部结构对地基变形的适应能力和建筑物使用上的要求确定。

2. 地基承载力或稳定性方面

在建(构)筑物的各类荷载组合作用下(包括静荷载和动荷载),作用在地基上的设计荷载应小于地基承载力设计值,以保证地基不会产生破坏。各类土坡应满足稳定要求,不会产生滑动破坏。若地基承载力或稳定性不能满足要求，地基将产生局部剪切破坏或冲切剪切破坏或整体剪切破坏。地基破坏将导致建（构）筑物的结构破坏或倒塌。

3. 渗流方面

地基中的渗流可能会造成两类问题：一类是因渗流引起水体流失；另一类是渗透力作用下产生流土、管涌。流土和管涌可导致土体局部破坏，严重的可导致地基整体破坏。不是所有的建筑工程都会遇到这方面的问题，对渗流问题要求较严格的是蓄水构筑物和基坑工程。渗流引起的问题往往通过土质改良，减小土的渗透性，或在地基中设置止水帷幕阻截渗流来解决。

建筑物的全部荷载都由它下面的地层来承担，受建筑物影响的那一部分地层称为地基，建筑物向地基传递荷载的下部结构就是基础。与上部结构相比，地基与基础设计和施工中的不确定因素较多，需要更多地依靠经验特别是当地经验去解决实际问题。地基基础的设计需同时满足强度和变形的要求，因为地基基础的各种事故都是"强度"问题和"变形"问题的反映。

二、地基加固方法

对已有地基基础加固的方法有基础补强注浆加固法、加大基础底面积法、加深基础法、锚杆静压桩法、树根桩法等。

1. 基础补强注浆加固法

基础补强注浆加固法适用于基础因受不均匀沉降、冻胀或其他原因引起的基础裂损时的加固。注浆施工时，先在原基础裂损处钻孔注浆，管直径可为 25 mm，钻孔与水平面的倾角不应小于 30°，钻孔孔径应比注浆管的直径大 2~3 mm，孔距可为 0.5~1.0 m。浆液材料可采用水泥浆等，注浆压力可取 0.1~0.3 MPa。如果浆液不下沉，则可逐渐加大压力至浆液在 10~15 min 内不再下沉，然后停止注浆。注浆的有效直径为 0.6~1.2 m。对单独基础，每边钻孔不应少于 2 个；对条形基础，应沿基础纵向分段施工，每段长度可取 1.5~2.0 m。

2. 加大基础底面积法

加大基础底面积法适用于既有建筑的地基承载力或基础底面积尺寸不满足设计要求时的加固。可采用混凝土套或钢筋混凝土套加大基础底面积。加大基础底面积的设计和施工应符合下列规定：

(1)当基础承受偏心受压时，可采用不对称加宽；当基础承受中心受压时，可采用对称加宽。

(2)在灌注混凝土前，应将原基础凿毛和刷洗干净后，铺一层高强度等级水泥浆或涂混凝土界面剂，以增加新老混凝土基础的粘结力。

(3)对加宽部分，地基上应铺设厚度和材料均与原基础垫层相同的夯实垫层。

(4)当采用混凝土套加固时，基础每边加宽宽度的外形尺寸应符合现行国家标准《建筑地基基础设计规范》(GB 50007—2011)中有关刚性基础台阶宽高比允许值的规定。沿基础高度隔一定距离应设置锚固钢筋。

(5)当采用钢筋混凝土套加固时，加宽部分的主筋应与原基础内主筋相焊接。

(6)对条形基础加宽时，应按长度 1.5~2.0 m 划分成单独区段，分批、分段、间隔进行施工。

当不宜采用混凝土套或钢筋混凝土套加大基础底面积时，可将原独立基础改成条形基础；将原条形基础改成十字交叉条形基础或筏形基础；将原筏形基础改成箱形基础。

3. 加深基础法

加深基础法适用于地基浅层有较好的土层可作为持力层且地下水水位较低的情况。可将原基础埋置深度加深，使基础支承在较好的持力层上，以满足设计对地基承载力和变形的要求。

当地下水水位较高时，应采取相应的降水或排水措施。基础加深的施工应按以下步骤进行：

(1) 先在贴近既有建筑基础的一侧分批、分段、间隔开挖长约为 1.2 m、宽约为 0.9 m 的竖坑，对坑壁不能直立的砂土或软弱地基要进行坑壁支护，竖坑底面可比原基础底面深 1.5 m。

(2) 在原基础底面下沿横向开挖与基础同宽，深度达到设计持力层的基坑。

(3) 基础下的坑体应采用现浇混凝土灌注，并在距离原基础底面 80 mm 处停止灌注，待养护一天后，用掺入膨胀剂和速凝剂的干稠水泥砂浆填入基底空隙，再用铁锤敲击木条，并挤实所填砂浆。

4. 锚杆静压桩法

锚杆静压桩法适用于淤泥、淤泥质土、粉土和人工填土等地基土。锚杆静压桩施工应符合以下规定：

(1) 锚杆静压桩施工前应做好下列准备工作：

1) 清理压桩孔和锚杆孔施工工作面；

2) 制作锚杆螺栓和桩节；

3) 开凿压桩孔，并应将孔壁凿毛，清理干净压桩孔，将原承台钢筋割断后弯起，待压桩后再焊接；

4) 开凿锚杆孔，应确保锚杆孔内清洁干燥后再埋设锚杆，并以胶粘剂加以封固。

(2) 压桩施工应符合下列规定：

1) 压桩架应保持竖直，锚固螺栓的螺帽或锚具应均衡紧固，压桩过程中应随时拧紧松动的螺帽；

2) 就位的桩节应保持竖直，使千斤顶、桩节及压桩孔轴线重合，不得偏心加压，压桩时应垫钢板或麻袋，套上钢桩帽后再进行压桩，桩位平面偏差不得超过 ±20 mm，桩节垂直度偏差不得大于 1‰的桩节长；

3) 整根桩应一次连续压到设计标高，当必须中途停压时，桩端应停留在软弱土层中，且停压的间隔时间不宜超过 24 h；

4) 压桩施工应对称进行，不应数台压桩机在一个独立基础上同时加压；

5) 焊接接桩前应对准上、下节桩的垂直轴线，清除焊面铁锈后进行满焊；

6) 采用硫黄胶泥接桩时，其操作施工应按照国家现行标准《建筑地基基础工程施工质量验收规范》(GB 50202—2002)的有关规定执行；

7) 桩尖应到达设计持力层深度，且压桩力应达到现行国家标准《建筑地基基础设计规范》(GB 50007—2011)规定的单桩竖向承载力标准值的 1.5 倍，持续时间不应少于 5 min；

8) 封桩前，应凿毛和刷洗干净桩顶侧表面后再涂混凝土界面剂，封桩可分为不施加预应力法和预应力法两种方法。当封桩不施加预应力时，在桩端达到设计压桩力和设计深度后，即可使千斤顶卸载，拆除压桩架，焊接锚杆交叉钢筋，清除压桩孔内杂物、积水及浮浆，然后与桩帽梁一起浇筑 C30 微膨胀早强混凝土；当施加预应力时，应在千斤顶不卸载条件下，采用型钢托换支架，清理干净压桩孔后立即将桩与压桩孔锚固，在封桩混凝土达到设计强度后，方可卸载。

5. 树根桩法

树根桩法适用于淤泥、淤泥质土、黏性土、粉土、砂土、碎石土及人工填土等地基土上既有建筑的修复和增层、古建筑的整修、地下铁道的穿越等加固工程。

树根桩施工应符合下列规定：

(1) 桩位平面允许偏差±20 mm；直桩垂直度和斜桩倾斜度偏差均应按设计要求不得大于1%。

(2) 可采用钻机成孔，穿过原基础混凝土。在土层中钻孔时，宜采用清水或天然泥浆护壁，也可用套管。

(3) 钢筋笼宜整根吊放。当分节吊放时，节间钢筋搭接焊缝长度双面焊不得小于5倍钢筋直径，单面焊不得小于10倍钢筋直径。注浆管应直插到孔底。需二次注浆的树根桩应插两根注浆管，施工时应缩短吊放和焊接时间。

(4) 当采用碎石和细石填料时，填料应经清洗，投入量不应小于计算桩孔体积的90%，填灌时应同时用注浆管注水清孔。

(5) 注浆材料可采用水泥浆液、水泥砂浆或细石混凝土，当采用碎石填灌时，注浆应采用水泥浆。

(6) 当采用一次注浆时，泵的最大工作压力不应低于 1.5 MPa，开始注浆时，需要 1 MPa 的起始压力，将浆液经注浆管从孔底压出，接着注浆压力宜为 0.1～0.3 MPa，使浆液逐渐上冒，直至浆液泛出孔口停止注浆。

当采用二次注浆时，泵的最大工作压力不应低于 4 MPa。待第一次注浆的浆液初凝时方可进行第二次注浆，浆液的初凝时间根据水泥品种和外加剂掺量确定，可控制在 45～60 min 范围内。第二次注浆压力宜为 2～4 MPa，二次注浆不宜采用水泥砂浆和细石混凝土。

(7) 注浆施工时应采用间隔施工、间歇施工或增加速凝剂掺量等措施，以防出现相邻桩冒浆和串孔现象。树根桩施工不应出现缩颈和塌孔。

(8) 拔管后应立即在桩顶填充碎石，并在 1～2 m 范围内补充注浆。

第二节 导致地基工程事故发生的原因

建筑工程事故的发生大多与地基问题有关。地基事故发生的主要原因是勘察、设计、施工不当或环境、使用情况发生改变，最终表现为产生过大的变形或不均匀沉降，从而使基础或上部结构出现裂缝或倾斜，削弱和破坏了结构的整体性、耐久性，严重的会导致建筑物倒塌。

地基事故发生后，首先应进行认真细致的调查研究，然后根据事故发生的原因和类型，因地制宜地选择合理的基础托换方法进行处理。

一、地质勘察问题

地质勘察方面主要存在以下问题：

(1) 勘察工作不认真，报告中提供的指标不确切。如某办公楼，设计前仅做简易勘测，提供的勘测数据不准确。勘察时钻孔间距太大，不能全面准确地反映实际情况。设计人员按偏高的地基承载力设计，房屋尚未竣工就出现较大的不均匀沉降，倾斜约为 40 cm，并引起附近房屋开裂。

(2) 地质勘察时，钻孔间距太大，不能全面准确地反映地基的实际情况。在丘陵地区的建筑中，由于这个原因造成的事故实例比平原地区的多。

(3) 钻孔深度不够。对较深范围内地基的软弱层、暗浜、墓穴、孔洞等情况没有查清，仅依据地表面或基底以下深度不大范围内的情况提供勘察资料。

(4) 勘察报告不详细、不准确引起基础设计方案的错误。如某工程，根据岩石深度在基底 5 m 以下的资料，采用了 5 m 长的爆扩桩基础，建成后，中部产生较大的沉降，墙体开裂，经补充勘察，发现中部基岩面深达 10 m。

二、设计方案及计算问题

由于设计方案及计算问题而导致地基工程质量事故的具体原因如下：

(1) 设计方案不合理。有些工程的地质条件差，变化复杂，由于基础设计方案选择不合理，不能满足上部结构与荷载的要求，因而引起建筑物开裂或倾斜。例如，某展览馆，由两层高达 16 m 的中央大厅和高达 9.2 m 的两翼展览厅组成。两翼展览厅与中央大厅相距 4.35 m，中间以通道相连。该建筑物坐落在压缩模量仅有 1.45 MPa 的高压缩性深厚软土地区，采用砂卵石垫层处理方案。对于深厚的软土层且又有荷载差异的情况下，该方案并不能消除不均匀沉降。因此，在两年半的沉降观测中，中央大厅下沉量平均达 60.5 cm，造成两翼 15 m 范围内的巨大差异沉降，使两翼展览厅外承重墙基础的局部倾斜达 0.028。而当时《建筑地基基础设计规范》(GB 50007—2011)规定，在高压缩性地基上的砌体承重结构基础的局部倾斜允许值为 0.003。该工程的实际局部倾斜大大超过规范的允许值，因而造成墙体内部产生的附加应力超过砌体弯曲抗拉强度极限，导致两翼展览厅墙面开裂。

(2) 设计计算错误。有的设计单位资质低，设计人员不具备相应的设计水平，还有设计人员无证设计或根本不懂相关理论，仅凭经验设计，导致设计出错，造成事故。

(3) 盲目套图设计，不因地制宜。由于各地的工程地质条件千差万别，错综复杂，即使同一地点也不尽相同，再加上建筑物的结构形式、平面布置及使用条件也往往不同，所以很难找到一个完全相同的例子，也无法作出一套包罗万象的标准图。因此，在考虑地基问题时，必须在对具体问题充分分析的基础上，正确灵活地运用土力学地基与工程地质知识，以获得经济合理的方案。如果盲目地进行地基设计，或者死搬硬套所谓的"标准图"，将是贻害无穷的。例如，山西省太原市某局住宅楼，套用本市 7909 通用住宅设计图纸施工，没有按照实际地基条件进行建基基础设计，结果造成内、外墙体开裂，影响安全，住户被迫迁出。

三、施工问题

地基工程为隐蔽工程，需保质保量认真施工，否则会给工程建设带来隐患。常见的施工质量方面的问题有以下几项：

(1) 未按操作规程施工。施工人员在施工过程中未按操作规程施工，甚至偷工减料，造成质量事故。

(2) 未按施工图施工。基础平面位置、基础尺寸、标高等未按设计要求进行施工。施工所用的材料的规格不符合设计要求等。

四、环境及使用问题

1. 基础施工的环境效应

打桩、钻孔灌注桩及深基坑开挖对周围环境所引起的不良影响，是当前城市建设中反映特别突出的问题，主要是对周围已有建筑物的危害。例如，中南某市一幢12层的大楼，采用贯穿砂砾石层直达基岩的钻孔灌注桩施工方案。桩长为30 m，桩径为700 mm，全场地共78根桩，从开始施工到施工结束历时两个月。在施工完20多根桩时，东西两侧相邻两幢三层办公楼严重开裂，邻近五层和六层两幢建筑物也受到不同程度的影响，周围地面和围墙裂缝宽达3～4 cm。当施工完50根桩时，相邻两幢三层办公楼不得不拆除。这是钻孔灌注桩在复杂地质条件下碰到砂层，而未用泥浆护孔造成的严重工程事故。

2. 地下水水位变化

由于地质、气象、水文、人类的生产活动等因素的作用，地下水水位经常会有很大的变化，这种变化对已有建筑物可能引起各种不良的后果。特别是当地下水水位在基础底面以下变化时，后果更为严重。当地下水水位在基础底面以下压缩层范围内上升时，水能浸湿和软化岩土，从而使地基的强度降低，压缩性增大，建筑物就会产生过大的沉降或不均匀沉降，最终导致其倾斜或开裂。对于结构不稳定的基土，如湿陷性黄土、膨胀土等影响尤为严重。若地下水水位在基础底面以下压缩层范围内下降时，水的渗流方向与土的重力方向一致，地基中的有效应力增加，基础就会产生附加沉降。如果地基土质不均匀，或者地下水水位不是缓慢而均匀地下降，基础就会产生不均匀沉降，造成建筑物倾斜，甚至开裂和破坏。

在建筑地区，地下水水位变化常与抽水、排水有关。因为局部的抽水或排水，能使基础底面以下地下水水位突然下降，从而引起建筑物变形。

3. 使用条件变化所引起的地基土应力分布和性状变化

房屋加层之前，缺乏认真鉴定和可行性研究，草率上马，盲目行事。有的加层改造未处理好地基和上部结构的问题，被迫拆除。如哈尔滨市大直街拐角处的居民住宅，由原来一层增至四层，加层不久后底层内外墙都出现严重裂缝，最后整栋房屋不得不全部拆除。

大面积堆载引起邻近浅基础的不均匀沉降，此类事故多发生在工业仓库和工业厂房。厂房与仓库的地面堆载范围和数量经常变化，而且堆载很不均匀。因此，容易造成基础向内倾斜，对上部结构和生产使用带来不良的后果。其主要表现有：柱、墙开裂；桥式吊车产生滑车和卡轨现象；地坪及地下管道损坏等。

上下水管漏水长期未进行修理，将会引起地基湿陷事故。在湿陷性黄土地区此类事故较为多见，如华北有色矿山公司的宿舍区坐落在湿陷性黄土地区，因单身宿舍水管损坏漏水，长期无人过问，引起9幢房屋开裂，最严重的一幢房屋，其裂缝已达2～3 cm，危及安全，导致人员不能入住。

第三节 常见地基事故分析与处理

一、地基变形事故分析与处理

地基在建筑物荷载作用下产生沉降，包括瞬时沉降、固结沉降和蠕变沉降三部分。当总沉降量或不均匀沉降超过建筑物允许沉降值时，将会影响建筑物正常使用造成工程事故。特别是不均匀沉降，将导致建筑物上部结构产生裂缝，整体倾斜，严重的造成结构破坏。建筑物倾斜导致荷载偏心将改变荷载分布，严重的可导致地基失稳破坏。湿陷性黄土遇水湿陷、膨胀土的雨水膨胀和失水收缩就属于这个问题。

(一)软土地基的变形

1. 软土地基变形的特征

软土地基的变形问题主要反映在以下三个方面：

(1)沉降大而不均匀。软土地基的不均匀沉降，造成建筑物产生裂缝或倾斜工程事故。造成不均匀沉降的因素很多，如土质的不均匀性、建筑物体型复杂、上部结构的荷载差异、相邻影响、地下水水位变化及建筑物周围开挖基坑等。即使在同一荷载即简单平面形式下，其差异沉降也可能相差很大。

(2)沉降速率大。建筑物的沉降速率是衡量地基变形发展程度与状况的一个重要指标。软土地基的沉降速率是较大的，一般在加荷终止时沉降速率最大，沉降速率也随基础面积与荷载性质的变化而有所不同。在施工期半年至一年左右的时间内，建筑物差异沉降发展最为迅速，此时建筑物最容易出现裂缝。

(3)沉降稳定历时长。建筑物沉降主要是由于地基土受荷后，孔隙水压力逐渐消散，而有效应力不断增加，导致地基土固结作用所引起的，故建筑物沉降稳定历时长。土质不同沉降稳定需时不同，有些建筑物建成后几年、十几年甚至几十年，沉降尚未完全稳定。

2. 软土地基不均匀沉降对上部结构产生的影响

(1)砖墙开裂：地基不均匀沉降使砖砌体受弯曲，导致砌体因受主拉应力过大而开裂。

(2)砖柱断裂：砖柱裂缝有垂直裂缝和水平裂缝两种。垂直裂缝般出现在砖柱上部，如平面为"门"形砖混建筑，因一翼下沉较大，外廊的预制楼板发生水平位移，使支撑楼板的底层中部外廊砖柱柱头拉裂，裂缝上大下小，最宽处达 4 mm，延伸 1.3 m。水平裂缝是由于基础不均匀沉降，使中心受压砖柱产生纵向弯曲而拉裂。这种裂缝出现在砌体下部，沿水平灰缝发展，使砌体受压面积减少，严重时将造成局部压碎而失稳。

(3)钢筋混凝土柱倾斜或断裂：单层钢筋混凝土柱的排架结构，常因地面上大面积堆料造成柱基倾斜。由于刚性屋盖系统的支撑作用，在柱头产生较大的附加水平力，使柱身弯矩增大而开裂，多为水平裂缝，且集中在柱身变截面处及地面附近。露天跨柱的倾斜虽不致造成柱身裂损，但会影响吊车的正常运行，引起滑车或卡轨现象。

(4)高耸构筑物的倾斜：建在软土地基上的水塔、筒仓、烟囱、立窑、油罐和储气柜等高耸构筑物，产生倾斜的可能性较大。

(二)湿陷性黄土地基的变形

1. 湿陷性黄土地基变形特征

湿陷性黄土地基,其正常的压缩变形通常在荷载施加后立即产生,随着时间增加而逐渐趋向稳定。对于大多数湿陷性黄土地基(新近堆积黄土和饱和黄土除外),压缩变形在施工期间就能完成一大部分,在竣工后3~6个月即可基本趋于稳定,而且总的变形量往往不超过5~10 cm。而湿陷变形与压缩变形的性质是完全不同的。

(1)湿陷变形特点:湿陷变形只出现在受水浸湿部位,其特点是变形量大,常常超过正常压缩变形几倍甚至十几倍;发展快,受水浸湿后1~3 h就开始湿陷。一般事故常常在1~2 d就可能产生20~30 cm变形量。这种量大、速率高而又不均匀的湿陷,可能导致建筑物严重的变形甚至破坏。

(2)外荷湿陷变形特征:湿陷变形可分为外荷湿陷变形与自重湿陷变形。外荷湿陷变形是由于基础荷载引起的;自重湿陷变形是在土层饱和自重压力作用下产生的。两种变形的产生范围与发展是不一样的。

外荷湿陷只出现在基础底部以下一定深度范围的土层内,该深度称为外荷湿陷影响深度,它一般小于地基压缩层深度。无论是自重湿陷性黄土地基,还是非自重湿陷性黄土地基都是如此。试验表明,外荷湿陷影响深度与基础尺寸、压力大小及湿陷类型有关。

外荷湿陷变形的特点是发展迅速和湿陷稳定快。发展迅速表现在浸水1~3 h即能产生显著下沉,每小时沉降量可达1~3 cm;湿陷稳定快表现在浸水24 h即可完成最终湿陷值的30%~70%,浸水3 d即可完成最终湿陷值的50%~90%,选到湿陷变形全部稳定需15~30 d。

(3)自重湿陷变形特征:自重湿陷变形是在饱和自重压力作用下引起的。它只出现在自重湿陷性黄土地基中,而且它的影响范围是在外荷湿陷影响深度以下,因此,自重湿陷性黄土地基变形包括外荷湿陷变形和自重湿陷变形两部分。直接位于基底以下土层产生的是外荷湿陷变形,它只与附加压力有关;外荷湿陷影响深度以下产生的是自重湿陷,它只与饱和自重压力大小有关,如图2-1所示。

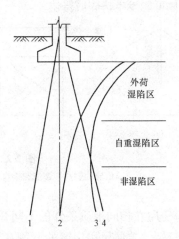

图2-1 湿陷分区与压力关系图
1—自重压力分布曲线;2—附加压力分布曲线;
3—自重压力与附加压力之和分布曲线;
4—湿陷起始压力分布曲线

自重湿陷变形的产生与发展比外荷湿陷要缓慢,其稳定历时较长,往往需要三个月甚至半年以上才能完全稳定。自重湿陷变形的产生与发展是有一定条件的,在不同的地区差别较大。对于自重湿陷敏感的场地,地基处理范围要深,以消除全部土层自重湿陷性为宜。若消除全部土层有困难,则需采用消除部分土层湿陷性,并结合严格防水措施来处理。对于自重湿陷不敏感的场地,只处理压缩层范围内的土层。

2. 湿陷变形对上部结构产生的影响

(1)基础及上部结构开裂黄土地基湿陷引起房屋下沉最大，墙体裂缝大，并开展迅速。

(2)折断：当地基遇到多处湿陷时，基础往往产生较大的弯曲变形，引起房屋基础和管道折断。当给水、排水干管折断时，对周围建筑物还会构成更大的危害。

(3)倾斜：湿陷变形只出现在受水浸湿部位，而没有浸水部位则基本不动，从而形成沉降差，因而整体刚度较大的房屋和构筑物，如烟囱冰塔等易发生倾斜。

(三)膨胀土地基膨胀或收缩

1. 膨胀土地基胀缩变形的特征

(1)胀缩变形的不均匀性与可逆性：随着季节的变化，反复失水吸水，使膨胀土地基变形不均匀，而且长期不能稳定。

(2)坡地膨胀土地基变形特征：现场实地观测表明，边坡发生升降变形和水平位移。升降变形幅度和水平位移量都以坡面上的点为最大，随着与坡面距离的增大而逐渐减小。在斜坡上建筑时，平整场地必然有挖有填，土的含水量也必然不同，因而使土的胀缩变形不均匀。实践证明，边坡影响加剧了房屋临坡面变形，从而导致房屋损坏。

2. 胀缩变形对上部结构产生的影响

(1)使建筑物开裂，一般具有地区性成群出现的特性。大部分建筑是在建成后三五年，甚至一二十年后才出现开裂，也有少部分在施工期就开裂的。主要是受工程与水文地质条件、场地的地形、地貌、地基土含水量、气候、施工，甚至种植树木等综合因素的影响。

(2)遇水膨胀、失水收缩引起墙体开裂：墙体裂缝有垂直裂缝及局部斜裂缝[图 2-2(a)]，还有正、倒八字形[图 2-2(a)]、X形[图 2-2(b)]、水平裂缝[图 2-2(c)]。随着胀缩反复交替出现，墙体可能发生挤碎或错位。

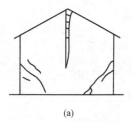
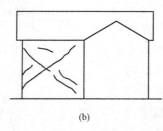
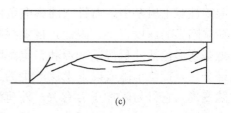

(a)   (b)   (c)

图 2-2 膨胀土地基建筑墙体裂缝

(a)山墙的倒八字裂缝和垂直裂缝；(b)墙面的 X 形裂缝；(c)外纵墙的水平裂缝

(3)房屋在相同地质条件的不同开裂破坏。这种破坏以单层、二层房屋较多，三层房屋较少、较轻。单层民用房屋的开裂破坏率占单层建筑物总数的 85%；二层房屋破坏率为 25%～30%；三层房屋一般略有轻微的变形开裂破坏，其破坏率为 5%～10%。基础形式的不同，房屋开裂也不同，条形基础的房屋较单独基础的房屋破坏更为普遍。排架、框架结构房屋，其变形开裂破坏的程度和破坏率均低于砖混结构。体型复杂的房屋变形开裂破坏较体型简单的严重。地裂通过处的房屋，必定开裂。

(4)内、外墙交接处的破坏。

(5)室内地坪开裂，空旷的房屋或外廊式房屋的地坪易出现纵向裂缝。

根据膨胀土地基上建筑物变形开裂破坏程度及最大变形幅度,可将建筑物变形开裂破坏程度分为 4 级,见表 2-1。

表 2-1 建筑物变形破坏程度分级表

变形破坏等级	事故程度	称重墙裂缝宽度/cm	最大变形幅度/mm
Ⅰ	严重	>7	>50
Ⅱ	较严重	7~3	50~30
Ⅲ	中等	3~1	30~15
Ⅳ	轻微	<1	<15

(四)地基土冻胀

土中水冻结时,体积约增加原水体积的 9%,从而使土体体积膨胀,融化后土体体积变小。土体冻结使原来土体矿物颗粒之间的水分联结变为冰晶胶结,使土体具有较高的抗剪强度和较小的压缩性。

冻土地基根据冻土时间可以分为:多年冻土冻结状态持续两年以上;季节性冻土每年冬季冻结,夏季全部融化;瞬时冻土冬季冻结状态仅维持几个小时至数日。

我国东北、西北、华北等地广泛分布着季节性冻土,其中在青藏高原、大小兴安岭及西部高山区还分布着多年冻土。这些地区地表层存在着一层冬冻夏融的冻结融化层,其变化直接影响上部建筑物的稳定性。

地基土冻胀及融化引起的房屋裂缝及倾斜、桥梁破坏、涵洞错位、路基下沉等工程事故在冻土地区屡见不鲜。地基冻胀变形和融沉变形使房屋产生正八字和倒八字形裂缝,如图 2-3 所示,这些情况在冻土地区屡见不鲜。

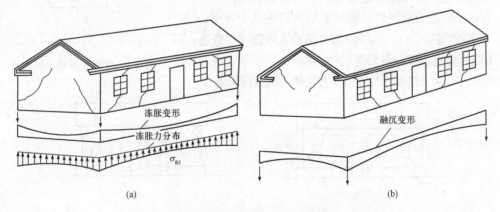

图 2-3 地基冻胀和融沉变形引起墙体裂缝示意图
(a)冻胀变形造成正八字形裂缝;(b)融沉变形造成倒八字形裂缝

1. 季节性冻土地基冻胀

季节性冻土地基变形特征:季节性冻土地基变形大小与土的颗粒粗细、土的含水量、土的温度以及水文地质条件等有密切关系,其中土的温度变化起控制作用。

有规律的季节性变化:冬季冻结、夏季融化,每年冻融交替一次。季节性冻土地基在冻结和融化的过程中,往往产生不均匀的冻胀,不均匀冻胀过大,将导致建筑物的破坏。

气温的影响：地面下一定深度范围内的土温，随大气温度的变化而改变。当地层温度降至摄氏零度以下时，土体便发生冻结。当地基土为含水量较大的细粒土，则土的温度越低，冻结速度越快，且冻结期越长，冻胀越大，对建筑物造成的危害也越大。

2. 多年冻土地基冻胀

我国青藏高原和东北地区分布有多年冻土，活动层在每年进行的冻融过程中，土层的物理和化学作用均很强烈，对道路和其他各种建筑物的危害很大。我国多年冻土可分为高纬度和高海拔多年冻土。高纬度多年冻土主要集中分布在大、小兴安岭；高海拔多年冻土分布在青藏高原、阿尔泰山、天山、祁连山、横断山、喜马拉雅山等。多年冻土随纬度和垂直高度变化。多年冻土都存在 3 个区，即连续多年冻土区；连续多年冻土内出现岛状融区；岛状多年冻土区。这些区域的出现都与温度条件有关。年均气温低于 $-5\ ℃$，出现连续多年冻土区；岛状融区的多年冻土区，年均气温一般为 $-1\ ℃\sim-5\ ℃$。

确定融冻层（活动层）的深度（即冻土上限）对工程建设极为重要。在衔接的多年冻土区，可根据地下冰的特征和位置推断冻土上限深度。同一地区不同地貌部位和不同物质组成的多年冻土的上限也是不同的。易冻结的黏性土的冻土上限高；不易冻结的沙砾土的冻土上限低。河谷带的冻土上限低，山坡或垭口地带的冻土上限高。

3. 冻胀、融陷变形对上部结构的影响

如图 2-4 所示，当基础埋深浅于冻结深度时，在基础侧面产生切向冻胀力 T，在基底产生法向冻胀力 N，如果基础上部荷载 F 和自重 G 不能平衡法向和切向冻胀力，那么，基础就会被抬起来。融化时，冻胀力消失，冰变成水，土的强度降低，基础产生融陷无论上抬还是融陷，一般都是不均匀的，其结果必然造成建筑物的开裂破坏。

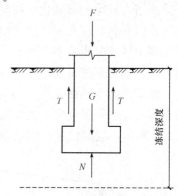

图 2-4 作用在基础上的冻胀力

地基冻融造成建筑物的破坏概括为以下几个方面：

（1）墙体裂缝。一、二层轻型房屋的墙体裂缝很普遍，有水平裂缝、垂直裂缝和斜裂缝三种，如图 2-5 所示。垂直裂缝多出现在内外墙交接处以及外门斗与主体结构连接的地方。

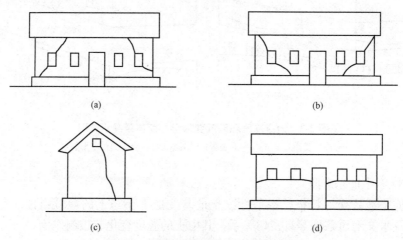

图 2-5 地基冻融造成的建筑墙体开裂

(a)正八字裂缝；(b)倒八字裂缝；(c)山墙裂缝；(d)水平裂缝

(2)外墙因冻胀抬起,内墙不动,天棚与内墙分离。在采暖房屋经常发生这种情况,天棚板支撑在外墙上,因内墙与外墙不连,当外墙因冻胀抬起时,天棚便与内墙分离,最大可达20 cm。

(3)基础被拉断。在不采暖的轻型结构砖砌柱基础中,主要因侧向冻胀力所引起。电杆、塔架、管架、桥墩等一般轻型构筑物基础,在切向冻胀力的作用下,有逐年上拔的现象。如东北某工程的钢筋混凝土桩,3~4年内上拔60 cm左右。

(4)台阶隆起,门窗歪斜。由哈尔滨市的调查发现,部分居民住宅,每年冬天由于台阶隆起导致外门不易推开,来年化冻后台阶又回落。经过多年起落,变形不断增加,出现不同程度的倾斜和沉落。由于纵墙变形不均或内外墙变形不一致,常使门窗变形,玻璃压碎。

4. 消除或减小冻胀和融沉影响的地基处理方法及防治

防治建筑物冻害的方法有多种,基本上可归为两类:一类是通过地基处理消除或减小冻胀和融沉的影响;另一类是增强结构对地基冻胀和融沉的适应能力。防治建筑物冻害的方法主要是第一类,第二类是辅助措施。消除或减小冻胀和融沉影响的地基处理方法如下:

(1)换填法。通过用粗砂、砾石等非(弱)冻胀性材料置换天然地基的冻胀性土,以削弱或基本消除地基土的冻胀。

(2)采用物理化学方法改良土质。如向土体内加入一定量可溶性无机盐类,如$NaCl$、CaO、KCl等使之形成人工盐渍土;或向土中掺入石油产品或副产品及其他化学表面活性剂,形成憎水土等。

(3)保温法。在建筑物基础底部或四周设置隔热层,增大热阻,以推迟地基土冻结,提高土中温度,减小冻结深度。

(4)排水隔水法,采取措施降低地下水水位,隔断外水补给和排除地表水,防止地基土致湿,减小冻胀程度。

(五)地基变形事故实例

【例2-1】 某工厂水电车间基础的扩大托换。

(1)工程概况。该水电车间为空旷砖混结构,钢筋混凝土屋面梁、板,毛石基础,其顶部设钢筋混凝土圈梁,地处水塘边,1980年建造。完工后不久,由于基础不均匀沉降,在靠近水塘一角的山墙、拐角及纵墙一段的墙体,开裂严重,且在继续发展。经开挖坑槽检查,墙体开裂部位下的钢筋混凝土圈梁及毛石基础也有明显裂缝。

(2)事故原因分析。

1)由于屋面梁传递给壁柱的是集中荷载,故对于软弱地段,应将壁柱下基础宽度加大。

2)由于设计疏忽,采用了与窗间墙下的基础同宽的处理办法,因而形成纵墙下基底压力分布不均,并且,该工程上部结构刚度差,不具备调整基底压力和变形的能力。由于以上原因在壁柱间被门窗洞口削弱的墙体上发生了斜向裂缝。

(3)事故处理措施。

1)根据事故原因,选择基础扩大托换方案。分别对墙体开裂部位两个壁柱、一个拐角及山墙中段四处基础进行加固处理。

2)施工时先在屋面梁底加设临时支撑,卸除加固部位基础上的部分荷载。然后从基础两侧开挖坑槽,并将扩大加固部位基底下的基土掏出,按设计长度、宽度、厚度浇捣混凝土。

3)在其底部布置$\phi 12$ mm、间距140 mm的双向受力钢筋。浇筑的混凝土高出毛石基础底面。原基础要凿毛,以保证新旧基础连接牢固。

4)待加固部分的混凝土达到规定强度后,对旧基础及上部墙体的裂缝用水泥砂浆嵌补,个别开裂严重的墙体作局部拆砌,最后拆除临时支撑。

托换处理后,经数年观测,没有发现问题,效果较好。本事故处理如图2-6所示。

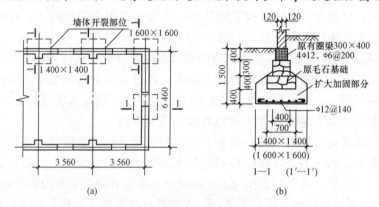

图 2-6 基础扩大托换实例图
(a)基础扩大平面图;(b)基础扩大剖面图

【例 2-2】 朝阳市某住宅工程事故。

(1)工程概况。朝阳市位于辽宁省西部,属季节性冻土地区。朝阳市地基土层为黏土与粉质黏土,呈可塑状态,厚度为 3.0~5.0 m。第二层为灰色淤泥质粉砂,软弱。地下水水位埋藏浅,为 0.5~2.0 m,属强冻胀性土。对该市1979年以前建成的30栋单层砖木混合结构的家属宿舍进行检查时发现,有22栋宿舍发生不同程度的冻胀破坏,破坏率达90%,其中40%破坏严重。有的宿舍墙体开裂,裂缝长度超过 1.0 m,裂缝宽度超过 15 mm。有的宿舍楼因台阶冻胀抬高,以致大门被卡住,无法打开。

(2)事故原因分析。朝阳市冬季标准冻深为 1.1 m,最大冻深为 1.27 m。上述发生冻胀破坏的房屋,基础埋深一般为 0.7~0.9 m,小于标准冻深,且没有采取技术措施。在冬季温度下降至 0 ℃以下时,地基土中的水冻结成冰。水在 4 ℃时密度最大,当温度小于 4 ℃时,其体积反而膨胀。由于土中毛细作用,使地下水上升,又结成冰,造成地基中冰体越来越大,随即产生冻胀,向上挤压,成为冻胀力。当建筑物自重小于冻胀力时,建筑物就被拱起。

由于冻胀力的不均匀性和建筑物各部位的自重与刚度不均匀等原因,使建筑物产生不均匀变形,当它超过建筑物本身的强度时,就会发生冻胀破坏。通常,在门窗刚度削弱处最容易发生墙体开裂。

同理,春暖化冻,地基土中的含水率增加,使土体呈流塑状态,造成建筑物下沉。由于地基土质和含水率分布不均匀,融化速度不同,以及建筑物各部位自重和刚度不均等原因,使地基产生不均匀沉降,当它超过建筑物本身的强度时,便会发生建筑物融陷破坏。

(3)事故处理措施。建筑物冻胀事故处理应以预防为主。一种方法是对建筑物基础埋深进行冻深计算,防止基础因冻胀上拱;另一种方法是在基底铺设一层卵石或碎石垫层,切断毛细管,避免冻胀;另外,针对朝阳市这类地基土表层黏性土较好,但厚度仅为 3.0~5.0 m,第二层为淤泥质软弱土的条件,可采用浅埋并设钢筋混凝土封闭地圈梁,加强建筑物整体刚度等技术措施,用建筑物自重来抵御基础底面的冻胀力。

二、地基失稳事故分析与处理

在荷载作用下,地基土中产生了剪应力,当局部范围内的剪应力超过土的抗剪强度时,将发生一部分土体滑动而造成剪切破坏,这种现象为地基丧失了稳定,即失稳。

1. 地基失稳事故破坏形式

对于一般地基,在局部荷载作用下,地基的失稳过程,可以用荷载试验的 $p\text{-}s$ 曲线来描述。图 2-7 表示由静荷载试验得出的 p 和沉降 s 的关系曲线。当荷载大于某一数值时,曲线 1 有比较明显的转折点,基础急剧地下沉。同时,在基础周围的地面有明显的隆起现象,基础倾斜,甚至建筑物倒塌,地基发生整体剪切破坏。图 2-8 所示为国外一个水泥厂料仓库的地基破坏情况,是地基发生整体滑动、建筑物丧失了稳定性的典型例子。曲线 2 没有明显的转折点,地基发生局部剪切破坏。软黏土和松砂地基属于这一类型(图 2-9),它类似于整体剪切破坏,滑动面从基础的一边开始,终止于地基中的某点。只有当基础发生相当大的竖向位移时,滑动面才发展到地面。破坏时,基础周围的地面也有隆起现象,但是基础不会明显倾斜或建筑物倒塌。

对于压缩性比较大的软黏土和松砂,其 $p\text{-}s$ 曲线也没有明显的转折点,但地基破坏是由于基础下面弱土层的变形使基础连续地下沉,产生了过大的不能容许的沉降,基础就像"切入"土中一样,故称为冲切剪切破坏,如图 2-10 所示。例如,建在软土层上的某仓库,由于基底压力超过地基承载力近一倍,建成后,地基发生冲切剪切破坏,造成基础过量的沉降。

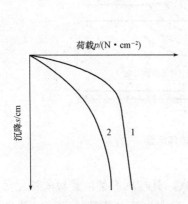

图 2-7 静荷载试验的 $p\text{-}s$ 曲线

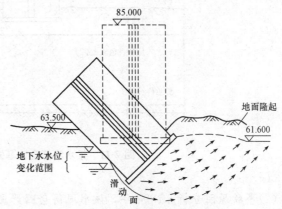

图 2-8 某水泥厂料仓库的地基事故

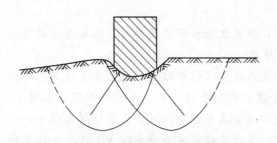

图 2-9 地基局部剪切破坏

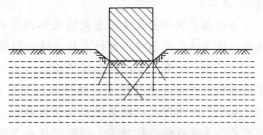

图 2-10 地基冲切剪切破坏

地基究竟发生哪一种形式的破坏，除与土的种类有关外，还与基础的埋深、加荷速率等因素有关。例如，当基础埋深较浅，荷载为缓慢施加的横载时，将趋向于形成整体剪切破坏；当基础埋深较大，荷载是快速施加的，或是冲击荷载时，则趋向于形成冲切或局部剪切破坏。

在建筑工程中，由于对地基变形要求较严，因此，地基失稳事故与地基变形事故比较少。但地基失稳的后果长很严重，有时甚至是灾难性的破坏。

2. 地基失稳事故实例

【例 2-3】 某水泥筒仓地基失稳破坏。

(1) 工程事故概况。该水泥筒仓地基土层如图 2-11 所示，共分 4 层：地表第 1 层为黄色黏土，厚度为 5.49 m 左右；第 2 层为层状青色黏土，标准贯入试验 $N=8$ 击，厚度为 17.07 m 左右；第 3 层为棕色碎石黏土，厚度较小，仅厚 1.83 m 左右；第 4 层为岩石。水泥筒仓上部结构为圆筒形结构，直径为 13.0 m，基础为整板基础，基础埋深为 2.8 m，位于第 1 层黄色黏土层中部。

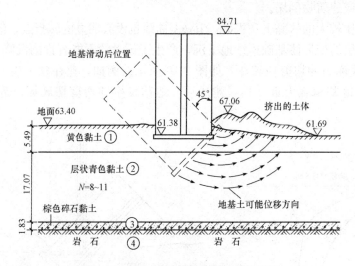

图 2-11 某水泥筒仓地基失稳破坏示意

(2) 事故原因分析。1994 年，该水泥筒仓因严重超载，引起地基整体剪切破坏。地基失稳破坏示意图如图 2-11 所示。地基失稳破坏使一侧地基土体隆起高达 5.1 m，并使净距 23 m 以外的办公楼受地基土体剪切滑动影响而产生倾斜。地基失稳破坏引起水泥筒仓倾斜成 45°左右。

当这座水泥筒仓发生地基失稳破坏预兆时，即发生较大沉降速率时，未及时采取任何措施，结果造成地基整体剪切滑动，筒仓倒塌破坏。

实际上，地基失稳造成工程事故在工业与民用建筑工程中较为少见，在交通水利工程中的道路和堤坝工程中较多，这与设计中安全度的控制有关。在工业与民用建筑工程中，对地基变形控制较严，地基稳定安全储备较大，故地基失稳事故较少；在路堤工程中，对地基变形要求较低，相对工业与民用建筑工程，其地基稳定安全储备较少，地基失稳事故也就相对较多。

三、地基渗透性事故分析与处理

土是有连续孔隙的介质,当在水头差作用下,地下水在土体中渗流动的现象称为渗流。当渗流速度较大时会引起以下几种情况发生:

(1)地下水水位变化。当地下水水位下降时,原来处于地下水水位以下的地基土的有效重度将因失去浮力而增加,从而使地基土附加应力增加,导致建筑物产生超量沉降或不均匀沉降。相反,当地下水水位上升时,会使地基土的含水量增加,强度降低而压缩性增大,同样可能使建筑物产生过大沉降或不均匀沉降。

(2)管涌。当细土粒被渗流冲走,因土质级配不良产生地下水大量流动的现象。

(3)潜蚀。当细土粒被渗流冲走,留下粗土粒,导致土体结构破坏的现象;严重时还可能产生土洞,引起地表面塌陷。

(4)流砂。当渗流自下而上,可使砂粒之间的压力减小,当砂粒之间压力消失,砂粒处于悬浮状态时,主体随水流动的现象,严重时可使正在施工或已建成的建筑物倾斜或开裂。

地基渗透性事故实例如下:

【例 2-4】某营业楼纠倾。

(1)工程概况。如图 2-12 所示,某营业楼东西向长为 28.0 m,南北向宽为 8.0 m,高为 24.0 m,为六层框架结构,建筑面积为 1 600 m²。营业楼采用天然地基,钢筋混凝土筏形基础,基础埋深为 1.40 m。标准跨基底压力为 63 kPa。营业楼于 1977 年开工,1978 年 11 月竣工后使用不久,发现楼房向北倾斜。1980 年 6 月 19 日观测结果为楼顶部向北倾斜达 259~289 mm。其中与自来水公司五层楼房相邻处,倾斜量最大。两楼之间的沉降缝,在房屋顶部已闭合。若继续发生倾斜,则两楼顶部将发生碰撞挤压,墙体将发生开裂破坏。

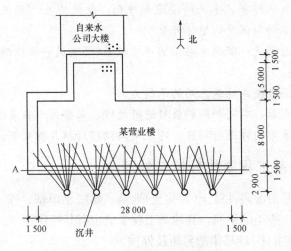

图 2-12 某营业楼纠倾示意

(2)事故原因分析。

1)建筑场地不良。场地西北角有暗塘,人工填土层厚达 4.75 m,基础埋在杂填土上。尤其是在人工填土层下,存在泥炭质土、有机质土和淤泥质土以及流塑状态软弱黏性土,深达 12.50 m,均为高压缩性,这是楼房发生倾斜事故的根本原因。

2)新建自来水公司五层大楼,紧靠营业楼北侧,仅以沉降缝分开。新建大楼附加应力向外扩散,使营业楼北侧地基中附加应力显著增大,引起高压缩土层压缩,地基进一步沉降,这是导致事故的重要原因。

(3)事故处理措施。

1)冲孔挤土法。在6个沉井底部各打两个水平孔,钻进营业楼下泥炭质土中,孔径为146 mm,孔深为4 m。结果,营业楼南侧沉降速率增大为0.6~0.7 mm/d,效果明显。接着增加水平孔和用压力水冲孔,使南侧沉降速率保持在2.0~3.0 mm/d。冲孔挤土法从1983年11月18日开始,至1984年1月27日结束。累计冲孔进尺为1 500 m,重复冲孔约为80%,总计排泥量约为18 m³,使营业楼南侧A轴的人工沉降量达140.5~144.6 mm。纠回屋顶倾斜量242 mm,圆满完成纠倾任务。

2)井点降水法。1984年2月13日至1984年2月27日,在6个沉井中连续抽水,营业楼南侧沉降速率又上升为0.8~1.0 mm/d。抽水停止后,沉降速率即降低为0.1~0.3 mm/d。此方法也是有效的。

【例2-5】 某办公楼土渗透引起的工程事故。

(1)工程概况。某市一办公楼建于2001年,框架结构,共六层,长为32 m,宽为13 m,建筑面积约为2 200 m²,该建筑场地东临国道,北临该市四环高架路,原为农田耕地。场地地势较平整,为黄河冲洪积平原地貌。2010年,该办公楼1~6层室内外纵横部分出现裂缝,在门窗等结构开孔削弱处尤为明显,部分通长裂缝开展宽度已近4 mm;在墙体开裂处外贴砂浆饼进行观测,其裂缝有继续开展的趋势;地面也有下沉、开裂。

(2)事故原因分析。

1)据甲方介绍,结合现场情况,认为由于施工时填土质量较差,室内外下水道直接在土中开挖而成,未做任何防护,水流的浸泡和冲刷,致使地基土层流失,导致室内外地面出现空洞,房屋产生不均匀沉降,墙体开裂。

2)屋面梁开裂的原因是:混凝土施工的质量较差(还需进一步检测)。

(3)事故处理措施。

1)采用注浆等方法来提高地基土层的承载力。

2)在地基处理完成后,对围护结构裂缝进行处理,必要处可在裂缝处外覆钢丝网片。

3)对开裂的主要承重构件进行补强,可采用粘贴碳纤维片材处理。

四、特殊土地基工程事故分析与处理

特殊土地基主要是指湿陷性黄土(大孔土)地基、膨胀土地基、冻土地基及软土地基等。特殊土的工程性质与一般土的不同,其地基工程事故也有其特殊性。

1. 湿陷性黄土(大孔土)地基事故分析及处理

湿陷性黄土在天然状态下具有较高强度和较低的压缩性,但受到水的浸湿后,结构迅速破坏,强度降低,产生显著附加下沉。在湿陷性黄土地基上建造建筑物前,如果没有采取措施消除地基的湿陷性,则地基受到水的浸湿后往往会发生事故,影响建筑物正常使用和安全,严重的甚至破坏倒塌。

常见的湿陷性黄土地基工程事故包括受水浸湿后,湿陷性黄土地基土结构迅速破坏而发生显著附加沉降导致建筑物破坏。

防止因黄土湿陷产生工程事故的有效措施主要有：通过地基处理消除建筑物地基的部分失陷量和全部湿陷量；防止水浸入地基，避免地基土体发生湿陷；加强上部结构刚度，采用合理体型，使建筑物对地基湿陷变形有较大的适应性。

湿陷性黄土地基处理方法主要有以下八种方法：

(1)土或土垫层法；

(2)土桩或灰土桩法；

(3)振冲碎石桩法；

(4)重锤夯实法和强夯法；

(5)预浸水法；

(6)灌浆法；

(7)深层搅拌法；

(8)桩基础。

对湿陷性黄土地基上已有建筑物地基加固和纠偏主要采用下列四种方法：

(1)桩式托换；

(2)石灰桩法和灰土桩法；

(3)灌浆法，如硅化加固、氢氧化钠溶液加固等；

(4)加载促沉法和浸水促沉法纠偏及其他纠偏技术。

湿陷性黄土地基事故实例如下：

【例 2-6】 某住宅楼倾斜。

(1)工程概况。陕西渭南市某 5 层家属住宅楼，东西向长为 72 m，南北向宽为 12.5 m，高为 15 m，采用砖混结构条形基础，房屋中部设沉降缝。该楼于 1988 年 7 月竣工，8 月居民迁入使用。1992 年发现沉降缝扩大，北墙发现裂缝，并不断加剧。1993 年 3 月，实测该楼中部沉降缝宽度扩大约 20 mm；全楼西半部向南倾斜，顶部错位约 50 mm；沉降缝西侧北墙出现斜向裂缝，长度约为 2 m，宽度为 1.5～2 mm，室内外贯穿。

(2)事故原因分析。渭南市属关中湿陷性黄土地区。在该住宅楼西半部南侧有一条东西向的自来水管破裂，自来水源源不断地浸入湿陷性黄土地基，引起地基不均匀湿陷，房屋不均匀沉降，导致了上述墙体开裂、楼房倾斜和沉降缝扩大的事故。

(3)事故处理措施。将破裂的自来水管拆除，清除水管漏水造成的湿陷的呈流塑状态的黄土，换填三合土压实，安装新水管，采取措施防止新水管再度漏水。经处理后，待上述墙体开裂情况趋向稳定后，对沉降缝西侧北墙进行修补，具体的做法如下：

1)裂缝较细、数量较少时，用纯水泥浆(水胶比 7∶3 或 8∶2)或水玻璃砂浆、环氧砂浆灌缝补强；对水平长裂缝，可沿裂缝钻孔，做成销键，加强裂缝上下两侧砌体共同作用。

2)裂缝较细、数量较多时，用局部双面钢筋网($\phi 4 \sim \phi 6$，间距为 100～200 mm)、外抹 30 mm 面层水泥砂浆予以加固；两面层间打间距 500 mm 左右、呈梅花形布置的含有 S 形钢筋钩子的混凝土楔块。

3)当裂缝较宽、数量不多时，在和裂缝相交的灰缝中用高强度等级砂浆和细钢筋填缝，也可在裂缝两端及中部做钢筋混凝土楔子或扒锯、拐梁。

4)当裂缝很宽或内外墙拉结不良时，用钢筋拉杆或型钢予以加固。

【例 2-7】 某建筑物墙体产生裂缝。

(1) 工程概况。某建筑物地基原土为黄土质砂黏土,填筑年限为 2 年,填筑厚度为 8~10 m,天然含水率为 15%,填筑时自卸自压而成,没有进行分层夯实。最初拟采用桩基,后改用强夯法。

施工前做了强夯试验:锤重为 100kN,落距为 8.0 m,晴天强夯 6 下,下沉量为 0.35~0.38 m,大雨过后,强夯 4 下,下沉量为 0.42 m。

工程竣工后,墙体产生多处较长裂缝,影响结构安全,后采用注浆加固地基补救。

(2) 事故原因分析。

1) 对土的含水量认识不足,忽视了经过强夯干土遇水后的湿陷性。

2) 对填土地基的沉降量没有进行验算,即地基在荷载作用下,填土层压缩固结的沉降;填土本身自重固结的沉降;填土层以下的原土层在荷载作用下固结的沉降。

2. 膨胀土地基工程事故分析与处理

膨胀土是吸水后膨胀、失水后收缩的高塑性黏土,其膨胀收缩特性可逆,性质极不稳定。在我国,膨胀土地基的分布范围很广,包括河南、河北、山东、云南、广西、湖北、安徽、四川等地。

膨胀土的危害较大,能引起建筑物的内墙、外墙、地面开裂,使其产生不均匀沉降和较大的竖向裂缝,有时裂缝甚至呈交叉形。建造在膨胀土地基上的建筑物,随季节气候变化会反复不断地产生不均匀的抬升和下沉,建筑物的开裂破坏具有地区性成群出现的特点,建筑物的裂缝随气候变化不停地张开或闭合,而且对低层轻型房屋和构筑物的危害尤其严重,且不易修复,膨胀土上建筑物的层数或建筑物荷载越小,破坏越严重。膨胀土地基工程事故的主要治理措施包括换土、排水、保湿措施、采用桩基础或加深基础埋深等。

膨胀土地基工程事故实例如下:

【例 2-8】 某高架灌渠倾斜。

(1) 工程概况。湖南某地架设一条横跨河道的高架灌渠,其支墩为现浇混凝土柱,柱基为浆砌块石独立基础,地基为浅埋。此工程使用后不久即发现支墩倾斜,基础顶部严重开裂,裂缝宽度超过 30 mm。

(2) 事故原因分析。

1) 支墩平面形状对称,承受中心荷载,故倾斜并非基底压力大小不同引起的。

2) 支墩地基土层均匀,无局部软土或基岩,因而支墩的倾斜也非地基土压缩性高低不同所致。

3) 用常规方法找不到支墩倾斜的原因,后经对地基土矿物成分进行鉴定后发现,原来支墩地基土的矿物成分以蒙特土与伊利土为主,故可确定为膨胀土。这种地基吸水膨胀后会产生上胀力,顶起支墩;支墩靠近河道一侧的水量越大,上胀力也就越大,这是支墩倾斜的主要原因。另外,因基础位于坡地,产生水平位移也是原因之一。

(3) 事故处理措施。

1) 在支墩基础四周平整场地,挖除基础靠岸一侧土体,至基础底面高程。

2) 基础靠岸一侧底面以下挖除膨胀土,换垫非膨胀土。换土厚度通常超过 2 m,由计算确定。

3)用环氧砂浆修补基础顶部裂缝。基础四周用钢筋混凝土护圈加固。

4)基础用小方木围护后,用特号粗钢缆绕过靠河道一侧,固定在靠岸一边离基础8~10 m处,用斜桩固定。用拉紧器,将基础缓慢地扶正,扶正后将基础四周填实。

【例2-9】 膨胀土地基上基础梁裂缝事故。

(1)工程概况。某综合楼为框架-剪力墙结构,建筑面积约为5 000 m²,主体为9层,局部为11层,基础为十字交叉条形钢筋混凝土基础,基础梁高均为1.30 m,宽均为0.9 m。1997年10月28日基础浇筑完成,12月5日底层框架和剪力墙施工完毕。当底层柱刚施工一部分时,发现在地梁DL—11和DL—5上,距柱Z—7(⑥轴与Ⓙ轴相交处,如图2-13所示)1.4~2.8 m内发现7条垂直裂缝,裂缝比较规则,宽度为0.2~0.5 mm,呈现出上宽下窄的特征,为贯穿性裂缝。

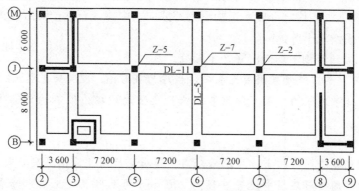

图2-13 基础平面示意图

(2)事故原因分析。

1)由于没有详细的地质勘察报告,有关单位不仅对土的胀缩性未予分析,更糟的是,反而认为该层土坚硬,强度较高,压缩性低,是良好的地基,以致对地基未做任何处理,这是造成基础梁开裂的主要原因。

2)施工时未采取任何防水保湿的措施,基坑挖好后,没有立即进行基础施工,造成基坑暴晒;而基础施工完毕后,没有采取防水、排水的措施,造成膨胀土受水浸湿后膨胀,引起地基不均匀的沉降。这是基础梁开裂的直接原因。

3)由于原基础梁是按连续梁设计计算的,而在上部荷载还没有作用于柱子的情况下,连续梁上柱的作用已不复存在,原基础梁的计算简图已由连续梁变成跨度很大的单跨梁。

(3)事故处理措施。

1)对裂缝机械灌缝处理。

2)施工单位应做好施工临时排水工作,在建筑物周围做好地表防水、排水设施,避免建筑物附近积水,同时严防管道漏水,尽量保持地基土原来的湿度。

3)设计单位应根据膨胀土地区建筑技术规范对设计做相应的变更,如应尽量避免采用明沟,散水坡度适当加宽等。

3. 冻土地基工程事故分析与处理

冻土地基,土中水冻结时,其体积增大。土体在冻结时,产生冻胀,在融化时,产生收缩。土体冻结后,抗压强度提高,压缩性显著减小,土体导热系数增大,并具有较好的截水性能。当土体融化时,具有较大的流变性。冻土地基因环境条件改变,地基土体产生冻胀和融化,地基土体的冻胀和融化导致建筑物开裂,甚至破坏。

冻土地基处理的主要方法如下:

(1)换土法。通过用粗砂、砾石等非(弱)冻胀性材料置换天然地基的冻胀性土,以削弱或基本消除地基土的冻胀。

(2)排水隔水法。采取措施降低地下水水位,隔断外水补给来源并排除地表水,防止地基土致湿,减小冻胀程度。

(3)保温法。在建筑物基础底部或四周设置隔热层,增大热阻,以推迟地基土冻结,提高土中温度,减小冻结深度。

(4)采用物理、化学方法改良土质。如向土体内加入一定量的可溶性无机盐类,如$NaCl$、$CaCl_2$、KCl 等,使之形成人工盐渍土,或向土中掺入石油产品或副产品及其他化学表面活性剂,形成憎水土等。

【例 2-10】 某建筑物不均匀沉降产生裂缝。

(1)工程概况。某建筑物采用筏形基础,板厚为 0.8 m,埋深为 1.2 m,接近当地冻深。竣工使用后,在地基冻胀力作用下筏形基础未产生强度破坏,但不均匀沉降使上部结构产生裂缝。

(2)事故处理措施。

1)在基础四周挖除原冻胀土,换填砂砾石,换填宽度为 4.0 m,深度为 1.5 m。

2)在建筑物四周砂砾石层中设置直径为 200 mm 的无砂混凝土排水暗管,使地基下水位降低 1.2~1.3 m。

3)采取综合措施处理,使冻害得到根治。

4. 软土地基工程事故分析与处理

软土是指在静水或缓慢流水环境中沉积的、天然含水量大、压缩性高、承载力低的一种软塑到流塑状态的饱和黏土。这些土广泛分布在我国东南沿海及内陆地区。软土是在净水或缓慢流水环境中沉积的,按其沉积环境及其形成特征,可分为滨海相、溺湖相、溺谷相、湖沼相和三角洲相等。这种土大部分是饱和的,且含有机质,其天然含水量大于液限,孔隙比大于 1,当天然孔隙比大于 1.5 时称为淤泥,天然孔隙比大于 1 小于 1.5 时的黏土和粉质黏土分别称为淤泥质黏土和淤泥质粉质黏土。软土具有强度低,压缩性高、透水性差的特性。软土地基容许承载力为 60~80 MPa,一般不能建造荷重较大的建筑物,否则软土地基可能会出现局部剪切甚至整体滑动的危险。软土地基上建筑物的沉降和不均匀沉降比较大。根据统计资料,对于 4 层以上的砖混结构房屋,其最终沉降可达 200~500 mm,而大型构筑物的沉降量一般超过 500 mm,甚至达到 1.5 m 以上。如果建筑物体型较复杂,各部分荷载差异较大,土层又不均匀,那么将引起很大的不均匀沉降,且沉降稳定的时间也较长。

由于软土地基的固有特点及勘察、设计、施工、管理、使用各阶段的失误,造成了建造于软土地基上建筑物的裂缝、结构损伤、工程倒塌等工程事故,根据调查,软土地基上常见工程事故大致可分为以下几种:

(1)建筑物产生过大的沉降;

(2)建筑物产生不均匀下沉,沉降差大而造成上部结构的损伤和破坏;

(3)建筑物严重倾斜;

(4)基础严重超载,地基发生失稳破坏。

软土地基工程事故实例如下:

【例 2-11】 某建筑物为三层砖混结构,平面为 L 形,平屋顶,现浇钢筋混凝土楼面,全长为 44 m,基础埋深为 1.0 m。地基为软土,基础地面以下用 1.6 m 厚的砂石垫层置换,基底压力为 110~130 kPa。砂石垫层成片铺设(仅少数部分除外),第一层为中沙层,铺设厚度为 20 cm,施工时灌水,用木夯实;第二层为 1∶1 的碎砖砂层,厚度为 20 cm,先灌水夯实,后用 60 kN 压路机碾压,因砂垫层厚度小,压路机在碾压时曾多次陷入软土中,破坏了软土结构;第三层为砂石垫层,每 20 cm 一层,用 100 kN 压路机逐层压实,工程竣工后,发现每层楼内、外窗间墙的窗顶及窗台普遍陆续出现水平裂缝,其中以第二层最为严重,底层次之,沉降最大点位于拐角部分纵横墙交接处。

(1)事故分析。由于该建筑物平面为 L 形,长高比较大,而地基是深厚软弱的土层,采用浅的、等厚的砂石垫层处理方法是不合适的。垫层对减少持力层沉降和加速下卧软土固结起了一定作用,但对于拐角部位的纵横交接处应力集中与非应力集中部位的差异,经过等厚的砂石垫层扩散,并不能改变在下卧软土内由于附加的应力差异引起的不均匀沉降。另外,施工时软土受扰动,结构破坏加剧了不均匀沉降的发生,导致了墙体的裂缝。

(2)事故处理。该建筑物经过一段时间的沉降观察,沉降趋于稳定,并采用环氧树脂修补了裂缝。

本章小结

建筑工程各类地基在建(构)筑物的各类荷载组合作用下(包括静荷载和动荷载),建筑物沉降和不均匀沉降不能超过允许值。在建(构)筑物的各类荷载组合作用下(包括静荷载和动荷载),作用在地基上的设计荷载应小于地基承载力设计值,以保证地基不会产生破坏。地基基础的设计需同时满足强度和变形的要求。对已有地基基础加固的方法有基础补强注浆加固法、加大基础底面积法、加深基础法、锚杆静压桩法、树根桩法等。常见的地基工程事故主要包括地基变形事故、地基失稳事故、地基渗透性事故、特殊地基工程事故等。导致地基工程事故发生的原因主要包括地质勘查问题、设计方案及计算问题、施工问题、环境及使用问题等。

思考与练习

一、填空题

1. 渗流引起的问题往往通过_____,_____,或在地基中设置止水帷幕阻截渗流来解决。

2. _____适用于基础因受不均匀沉降、冻胀或其他原因引起的基础裂损时的加固。

3. 在建筑地区，地下水水位变化常与_____，_____有关。

4. 软土地基的变形问题主要反映在_____，_____和_____。

5. 软土地基容许承载力为_____MPa。

二、选择题

1. 在建(构)筑物的各类荷载组合作用下(包括静荷载和动荷载)，作用在地基上的设计荷载应(　　)地基承载力设计值，以保证地基不会产生破坏。
   A. 大于　　　B. 等于　　　C. 小于　　　D. 没关系

2. (　　)适用于既有建筑的地基承载力或基础底面积尺寸不满足设计要求时的加固。
   A. 基础补强注浆加固法　　　B. 加大基础底面积法
   C. 加深基础法　　　　　　　D. 树根桩法

3. 压桩施工时，桩节垂直度偏差不得大于(　　)%的桩节长。
   A. 1　　　B. 2　　　C. 3　　　D. 4

4. 当采用碎石和细石填料时，填料应经清洗，投入量不应小于计算桩孔体积的(　　)%，填灌时应同时用注浆管注水清孔。
   A. 60　　　B. 70　　　C. 80　　　D. 90

5. 外荷湿陷变形的发展迅速表现在浸水1～3 h即能产生显著下沉，每小时沉降量可达(　　)cm。
   A. 1～3　　　B. 2～4　　　C. 3～5　　　D. 4～6

三、判断题

1. 建筑工程地基不均匀沉降严重的可能导致结构破坏，甚至倒塌。　　　(　　)

2. 若地基承载力或稳定性不能满足要求，地基将产生局部剪切破坏或冲切剪切破坏或整体剪切破坏。　　　(　　)

3. 当不宜采用混凝土套或钢筋混凝土套加大基础底面积时，可将原独立基础改成箱型基础。　　　(　　)

4. 多年冻土冻结状态持续四年以上。　　　(　　)

四、问答题

1. 地基中的渗流可能造成哪些问题？

2. 加大基础底面积的设计和施工应符合哪些规定？

3. 地质勘查方面主要存在哪些问题？

4. 建筑地基工程常见的施工质量方面的问题有哪些？

5. 地基的湿陷性变形对上部结构产生的影响包括哪些方面？

6. 冻土地基的处理方法有哪些？

第三章 基础工程质量事故分析与处理

知识目标

(1)熟悉基础错位事故类型，掌握基础错位事故的原因及处理方法；
(2)了解基础变形事故的特点，掌握基础变形事故的原因及处理方法；
(3)熟悉桩基础工程事故类型，掌握桩基础事故的原因及处理措施。

能力目标

通过本章内容的学习，能够对常见的基础错位事故、基础变形事故及各类桩基础事故的原因进行分析并能够采取相应的处理措施。

由于基础工程的质量问题而引起上部结构(房屋)的开裂、倾斜直至影响使用的事故屡见不鲜，甚至个别地区造成房屋的倒塌事故，涉及人员和财产安全，这些事故的发生不仅造成了较大的经济损失，同时，也带来了恶劣的社会影响。因此，基础工程的质量事故，已引起了社会各个方面的关注。基础事故除有一般的错位、变形、裂缝和混凝土孔洞外，还有断桩、桩深不足等桩基事故，基础晃动过大和地脚螺栓错误等设备事故等。

第一节 基础错位事故

一、基础错位事故主要类别

(1)建筑物方向错误。这类事故是指建筑物位置符合总图要求，但是朝向错误，常见的是南北向颠倒。
(2)基础平面错位。基础平面错位包括单向错位和双向错位两种。
(3)基础标高错误。基础标高错误包括基底标高、基础各台阶标高以及基础顶面标高错误。

(4)预留洞和预留件的标高、位置错误。
(5)基础插筋数量、方位错误。

二、基础错位事故产生的原因

(1)勘测失误。常见的有滑坡造成基础错位,地基及下卧勘探不清所造成的过量下沉或变形等。

(2)设计错误。制图或描图错误,审图未发现、纠正;设计方案不合理,如弱土地基、软硬不均地基未做适当处理,或采用不合理的结构方案;土建、水电或设备施工图不一致,各工种配合不良。

(3)施工问题。因看错图导致放线错误,例如,将中心线看成轴线;读数错误;测量标志发生位移等。施工工艺不当,也会造成事故,如场地填土夯实不足;单侧回填造成基础移位、倾斜;模板刚度不足或支撑不合理;预埋件固定不牢等。

三、基础错位事故处理措施

(1)扩大基础法。扩大基础法是将错位基础局部拆除后,按正确的位置扩大基础。

(2)吊移法。吊移法是将错位基础与地基分离后,用起重设备将基础吊离原位,然后按正确的基础位置处理地基,加做垫层,清理基础底面后,将基础吊放到正确位置上。

(3)顶推法。顶推法按基础的正确位置扩大基槽,用千斤顶将错位基础推移到正确位置,然后在基底处做水泥压力灌浆,以保证基础与地基之间接触紧密。这种方法适用于上部结构还未施工,有所需的顶推设备的情况。

(4)其他方法。
1)事故严重的可拆除重做;
2)偏差过大但不影响结构安全和使用要求的,经建设单位和设计单位同意后,可不进行处理;
3)通过修改上部结构的设计,能确保结构安全和使用要求的,可对上部结构修改设计,而不再做处理。

四、事故实例

【例3-1】 某站独立基础错位事故。

(1)工程概况。该站为独立柱基,钢筋混凝土框架,在浇筑完两个基础混凝土后,发现基础在两个方向都发生了较大的偏差。

(2)事故处理措施。首先,按不纠偏考虑,对原设计进行验算。经验算,由偏差所引起的附加荷载,使地面承载力和基础的构造均达不到设计规范的要求,因此该事故必须处理。其次是考虑复位纠偏和拆除重做,但这种做法不经济。再次,考虑在错位基础上修改上部结构,经分析研究,这种做法不仅修改工作量大,涉及面宽,而且还影响生产工艺。最终采用的方案是保留错位的基础(不影响其他地下建筑物的条件下),按原设计位置和要求,扩大错位基础。新、旧基础之间用钢筋加强,混凝土表面凿毛,用强度等级为C30的混凝土浇筑,使两者结合成整体,其做法如图3-1所示。

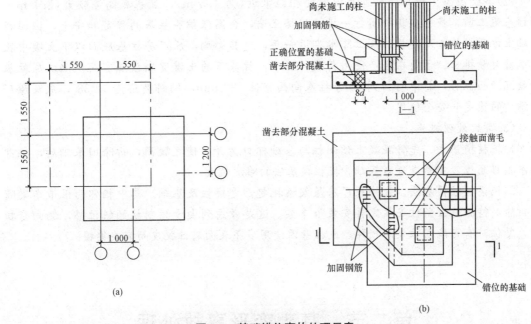

图 3-1 基础错位事故处理示意
(a)基础错位示意图；(b)处理示意图

为了保证新旧基础底部钢筋的可靠联系，应将旧基础底部凿出深约为 100 mm 的槽，露出旧基础的钢筋，并按施工规范的要求，将新基础的钢筋与其焊接。为了加强旧基础接触面的联结，在每个台阶面上设 $\phi 8@150$ 的加固钢筋。同时，将下面两个阶梯各提高一个阶高，使基础有足够大的断面来承受上部结构传下来的荷载。

【**例 3-2**】 某厂房加工车间基础错位事故。

(1)工程概况。某厂房加工车间扩建工程，其边柱截面尺寸为 400 mm×600 mm。基础施工时，柱基坑分段开挖，在挖完 5 个基坑后即浇垫层、绑扎钢筋、支模板、浇混凝土。基础完成后，检查发现 5 个基础都错位 300 mm。

(2)事故原因分析。施工放线时，误将柱截面中心线作厂房边柱的轴线，因而错位 300 mm，即厂房跨度大了 300 mm。

(3)事故处理措施。根据现场当时的设备条件，采用局部拆除后，扩大基础的方法进行处理。

1)将基础杯口一侧短边混凝土凿除。
2)凿除部分基础混凝土，露出底板钢筋。
3)将基础与扩大部分连接面全部凿毛。
4)扩大基础混凝土垫层，接长底板钢筋。
5)对原有基础连接面清洗并充分湿润后，浇筑扩大部分的混凝土。

【**例 3-3**】 单层厂房柱基础位移及倾斜事故处理。

(1)工程概况。某中型轧板厂原厂房柱基和设备基础埋置深度为 3.40 m 和 −6.50 m，新扩建厂房柱基和四辊轧机基础以及主电室基础埋深分别为 6.50 m、−11.60 m 和 −8.20 m。在新基础施工过程中，引起了原有厂房柱基的下沉和位移，造成厂房倾斜。

(2)事故原因。新旧柱基边缘接壤处相距很近(为 1.5 m),且基底高差较大(3.1 m)。新柱基施工前,虽已在其中间打一排板桩挡土墙,企图保护原柱基的稳定和安全,但因新基础土方开挖施工周期长,人工降水期近一年,受其影响,原厂房柱基底面以下土壤中孔隙水被大量排出。于是在生产使用荷载作用下,柱基下的土壤逐渐被压密而沉陷,原柱基开始沉降而位移,其中间 B 列 19 号柱基向西移位 182 mm,倾斜夹角为 49′38″,危及原厂房结构的稳定和安全使用。

(3)事故处理措施。

1)托柱换基法。先将混凝土预制柱与基础杯口凿开,使之脱离,拆除旧基础后,柱身向东推移复位,重新浇筑新基础。托柱换基法的难度较大。

2)托梁换柱换基法。先将原厂房屋架梁托起,更换柱及基础,其中相邻两根吊车梁随之拆除,待新基、新柱安装完再安装吊车梁。这是考虑到由于预制柱倾斜位移,侧向受扭曲,复位时有可能因拉裂而损坏,或柱身因使用多年表面腐蚀脱皮而需要更换。

第二节 基础变形事故处理

基础变形事故多数与地基因素有关,由于变形也是基础事故的常见类别之一,同时,又因造成这类事故的原因不局限于地基事故,因此对这类事故的处理加以介绍。

一、基础变形事故特征

(1)沉降量。沉降量是指单独基础的中心沉降。

(2)沉降差。沉降差是指两相邻单独基础的沉降量之差。对于建筑物地基不均匀、相邻柱与荷载差异较大等情况,有可能会出现基础不均匀下沉,导致吊车滑轨、围护砖墙开裂、梁柱开裂等现象的发生。

(3)倾斜。倾斜是指单独基础在倾斜方向上两端点的沉降差与其距离之比。越是高的建筑物,对基础的倾斜要求也越高。

(4)局部倾斜。局部倾斜是指砖石承重结构沿纵向 6~10 m 以内两点沉降差与其距离的比值。在房屋结构中出现平面变化、高差变化及结构类型变化的部位,由于调整变形的能力不同,极易出现局部倾斜变形。砖石混合结构墙体开裂,一般是由墙体局部变形过大引起的。

二、基础变形事故产生的原因

(1)设计方面的原因。基础方案不合理,上部结构复杂,荷载差异大,建筑物整体刚度差,对地基不均匀沉降较敏感。

(2)地质勘测方面的原因。未经勘测就设计施工;勘测资料不足、不准、有误;勘测提供的地基承载能力太高,导致地基剪切破坏形成倾斜;土坡失稳导致地基破坏,造成基础倾斜。

(3)地下水条件变化方面的原因。人工降低地下水水位、地基浸水;建筑物使用后,大量抽取地下水等。

(4)施工方面的原因。施工顺序及方法不当、大量的不均匀堆载、人为降低地下水水位;施工时扰动和破坏了地基持力层的土壤结构,使其抗剪强度降低;打桩顺序错误,相邻桩施工间歇时间过短,打桩质量控制不严等原因,造成桩基础倾斜或产生过大沉降;施工中各种外力,尤其是水平力的作用,导致基础倾斜;室内地面大量的不均匀堆载,造成基础倾斜。

三、基础变形事故的处理措施

(1)矫正基础变形。通过地基处理,矫正基础变形,如通过浸水、掏土、降水处理方法使变形得到矫正。

(2)顶升纠偏法。基础下面用千斤顶顶升纠偏;地面上采用切断墙、柱进行顶升纠偏等。

(3)顶推或吊移法。利用千斤顶及其他设备将变形基础推移至正确位置,或用吊装设备将错位基础吊移并纠正变形。

(4)卸载和反压法。通过局部卸载或加载调整不均匀下沉,以实现纠偏的目的。

四、事故实例

【例3-4】 某露天栈桥柱基础变形事故。

(1)工程概况。某钢厂的钢锭库为露天栈桥,跨度为25.5 m,柱距为9 m,吊车为10 t桥式吊车,建于湿陷性黄土地基。栈桥局部场地遭大水浸泡后,发现有一根柱向外倾斜,吊车轨顶中心线偏离95 mm以上,吊车随时可能掉轨坠落,已不能正常使用。

该工程地质情况是:土质为Ⅰ级非自重湿陷性黄土,地基承载力为200 kPa,地面标高下8 m深处为非湿陷性土。经测定,基底标高(地面下4 m)处土的含水率,东侧为27%,西侧为16%,造成黄土地基湿陷量不同,基础产生不均匀沉降而使柱子向外倾斜。柱子的另一个方向(南、北向),无明显变形。

(2)事故处理措施。

1)加固地基。因地基土含水量较高,压缩模量和地基承载力降低,如不先加固地基,纠偏后基础势必还会发生不均匀下沉。

2)顶推纠正倾斜柱。选用2台200 t丝杆千斤顶(若用油压千斤顶,因卧倒使用将降低顶推力,故须选大吨位),装置应使其合力与栈桥柱行线重合(或平行);用道木交错排铺在千斤顶后背,土耐压强度为200 kPa,后背面积约为2 m²;在该列柱吊车梁上架设经纬仪观测,在地面用线锤吊测,控制顶推过程;操作千斤顶,将柱子逐渐纠正到垂直位置,随即在基础底下安放钢楔(用角钢对扣焊制)垫块,在3.5 m边长内均匀放4处,用大锤打紧。放松千斤顶时,柱回弹5 mm。再次顶进"过正"15 mm,再打紧钢楔,放松千斤顶,未见回弹(在另一侧也适当放两组钢楔);在基础东、西两侧脱空处浇灌混凝土。第一次振捣后,隔一段时间,再振捣一次并补充混凝土,使空隙完全充满。在复查吊车梁搁置标高时,发现低于100 mm,即用50 mm厚钢板垫足。

3)做好场地排水措施,防止再次浸水。特别是在湿陷性黄土地区,这项措施必须谨慎做好。本工程在纠正倾斜后对整个栈桥场地修建了排水措施,至今不曾再度出现浸泡地基的事故。

第三节 桩基础工程事故

桩基础工程的施工是一项技术性十分强的施工技术，又属于隐蔽工程，在施工过程中，如处理不当，就会发生工程质量事故。目前尚无可靠快速的检测方法使施工者及时掌握并了解成桩过程中的质量问题，而且桩基础施工发生的质量问题，往往是由多方面原因造成的。

桩基础工程通常应用于建筑、交通、道路、桥梁等工程中。近几年来，我国桩工机械与工法有了很大的发展，设计理论也有了很大的进步。桩基础具有承载力高、稳定性好、变形量小、沉降收敛快等特性。近年来，随着建筑施工技术水平的提高，对桩的承载力、地基变形、桩基施工质量也提出了更高的要求。

一、钢筋混凝土预制桩工程事故

1. 桩身断裂

（1）桩身断裂的主要原因。桩身断裂是桩在沉入过程中，桩身突然倾斜错位(图 3-2)。表现为当桩尖处土质条件没有特殊变化，而贯入度逐渐增加或突然增大，同时，当桩锤跳起后，桩身随之出现回弹现象。产生桩身断裂的主要原因如下：

1）桩堆放、起吊、运输的支点、吊点不当，或制作质量差。

2）沉桩过程中，桩身弯曲过大而断裂。如桩身制作质量差造成的弯曲，或桩身细长又遇到较硬的土层时，锤击产生过大的弯曲，当桩身不能承受抗弯强度时，即产生断裂。

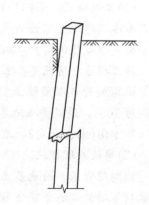

图 3-2　桩倾斜错位

3）桩身倾斜过大。在锤击荷载作用下，桩身反复受到拉压应力，当抗拉应力超过混凝土的抗拉强度时，桩身某处即产生横向裂缝，表面混凝土剥落。如抗拉应力过大，钢筋超过极限，桩即断裂。

（2）预防措施。

1）施工前，应将地下障碍物，如旧墙基、条石、大块混凝土清理干净，尤其是桩位下的障碍物，必要时可对每个桩位用钎探探测。应对桩身质量进行检查，当发现桩身弯曲超过规定或桩尖不在桩纵轴线上时，不宜使用。一节桩的细长比不宜过大，一般不应超过 30。

2）在初沉桩过程中，如发现桩不垂直，应及时纠正，如有可能，应将桩拔出，清理完障碍物并回填素土后重新沉桩。桩打入一定深度发生严重倾斜时，不宜采用移动桩架来校正。接桩时，要保证上下两节桩在同一轴线上，接头处必须严格按照设计及操作要求执行。

3)采用"植桩法"施工时,钻孔的垂直偏差要严格控制在1‰以内。植桩时,桩应顺孔植入,出现偏斜也不宜用移动桩架来校正,以免造成桩身弯曲。

4)桩在堆放、起吊、运输过程中,应严格按照有关规定或操作规程执行,发现桩开裂超过有关规定时,不得使用。普通预制桩经蒸养达到要求强度后,宜在自然条件下再养护一个半月,以提高桩的后期强度。施打前,桩的强度必须达到设计强度的100%;而对纯摩擦桩,其强度达到70%便可施打。

5)遇有地质比较复杂的工程(如有老的洞穴、古河道等),应适当加密地质探孔,详细描述,以便采取相应措施。

2. 桩身垂直偏差过大

(1)桩身垂直偏差过大的主要原因如下:

1)预制桩质量差,其中桩顶面倾斜和桩尖位置不正或变形,最易造成桩倾斜。

2)桩锤、桩帽、桩身的中心线不重合,产生锤击偏心。

3)桩端遇孤石或坚硬障碍物。

4)桩机倾斜。

5)桩过密,打桩顺序不当产生较强烈的挤压效应。

(2)预防措施。

1)场地要平整。如场地不平,施工时,应在打桩机行走轮下加垫板等物,使打桩基底保持水平。

2)同"1.桩身断裂"的预防措施1)、2)、3)。

3. 桩顶碎裂

桩顶碎裂是在沉桩施工中,在锤击作用下,桩顶出现混凝土掉角、碎裂、坍塌,甚至桩顶钢筋全部外露等现象。

(1)桩顶碎裂产生原因如下:

1)桩顶强度不足。

2)桩顶凹凸不平,桩顶平面与桩轴线不垂直,桩顶保护层厚。

3)桩锤选择不合理。桩锤过大,冲击能量大,桩顶混凝土承受不了过大的冲击力而碎裂;桩锤小,要使桩沉入到设计标高,桩顶受打击次数过多,桩顶混凝土同样会因疲劳破坏被打碎。

4)桩顶与桩帽接触面不平,桩沉入土中不垂直使桩顶面倾斜,造成桩顶局部受集中力的作用而破碎。

(2)治理方法。发现桩顶有打碎现象,应及时停止沉桩,更换并加厚桩垫。如有较严重的桩顶破裂现象,可把桩顶踢平补强,再更新沉桩。如因桩顶强度不够或桩锤选择不当,应换用养护时间较长的"老桩"或更换合适的桩锤。

4. 桩顶位移偏差

(1)桩身产生水平位移的主要原因如下:

1)测量放线误差。

2)桩位放的不准,偏差过大;施工中定桩标志丢失或挤压偏高,造成错位。

3)桩数过多,桩间距过小,在沉桩时,土被挤到极限密实度而隆起,相邻桩一起被挤起。

4)软土地基中较密的群桩,由于沉桩引起的空隙压力把相邻的桩推向一侧或挤起。

(2)预防措施。

1)同"1.桩身断裂"的预防措施。

2)采用点井降水、砂井或盲沟等降水或排水措施。

3)沉桩期间不得同时开挖基坑,需待沉桩完毕后相隔适当时间方可开挖。相隔时间应视具体地质条件、基坑开挖深度、面积、桩的密集程度及孔隙压力消散情况来确定,一般宜两周左右。

4)采用"植桩法"可减少土的挤密及孔隙水压力的上升。

5)认真按设计图纸放好桩位,做好明显标志,并做好复查工作。施工时要按图核对桩位,发现丢失桩位或桩位标志,以及轴线桩标志不清时,应由有关人员查清补上。轴线桩标志应按规范要求设置,并选择合理的行车路线。

【例3-5】 某企业锅炉房沉渣工程。

(1)工程概况。某企业锅炉房沉渣工程,18 m 跨的龙门起重机基础下采用单排钢筋混凝土预制桩,桩长为18 m,截面尺寸为450 mm×450 mm,桩距为6 m,条形承台宽为800 mm。桩基工程完后,在开挖深6 m 的沉渣池基坑时发生塌方,使靠近池壁一侧的5根桩朝池壁方向倾斜,其中有3根桩顶部偏离到承台之外,已不能使用。桩的平面布置如图3-3所示,偏斜值见表3-1。

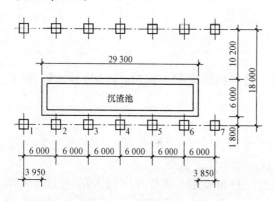

图3-3 桩的平面布置图

表3-1 偏斜值

桩 号	桩顶偏斜值/mm
2	250
3	250
4	400
5	1 750
6	600

(2)事故原因分析。根据地质资料:第一层为杂填土,湿润松散,厚度约为5 m。桩的偏斜主要由该层土塌方引起。第二层为淤泥质黏土,稍密、流塑状态、高压缩性,厚度为4~6 m。由于桩上部一侧塌方而另一侧受推力后,极易发生缓慢的压缩变形,埋入该土层中的桩身必然会随之倾斜。第三层为黏土,中密、湿润、可塑状态,厚度为0.5~2.0 m。第四层为砂岩风化残积层,紧密、稍湿,该层为桩尖的持力层。

另外,由于施工不当,在沉渣池6 m 深基坑开挖之前没有采取支护措施,且第一层土为松散的杂填土,沉渣池距离桩中心线只有1.8 m,而基坑边坡又过陡,造成塌方,致使桩发生偏斜。

【例3-6】 某饭店桩基桩端移滑事故。

(1)工程概况。某饭店塔楼地上共37层,高度为110.75 m,地下为1层,基底压力超过600 kPa。地基软弱,无法采用天然地基浅基础。

设计单位采用筏形基础加桩基方案。筏板厚度为2.5 m。桩基采用桥梁厂特制φ550 mm离心管桩。经现场桩静载荷试验,极限荷载为4 400 kN,设计采用单桩承载力为2 320 kN,安全系数仅为1.9。

施工单位开始打桩,当管桩桩尖到达桩端持力层泥质页岩和砂岩岩面时,发现桩端发生移滑。这一问题势必会降低单桩承载力数值,危及整个工程的安全。

(2)事故原因分析。饭店地下基岩面严重倾斜,倾角超过30°。常规管桩桩尖构造为圆锥形,桩尖为一根粗的主筋。当桩尖到达基岩面后,继续打桩,主筋就顺严重倾斜面向低处移滑。

(3)事故处理措施。要使管桩接触基岩面不移滑,必须改变常规预制桩桩尖的构造。该工程设计单位设计了4种不同的桩尖新结构形式,经现场试验,确定最佳的方案为桩尖特制3块钢板,呈Y形的方案。当3块钢板任一边碰到岩石后,即会咬住岩石,继续打桩时,管桩竖直下沉不再移滑。

二、灌注桩工程事故

1. 沉管灌注桩常见质量事故及预防措施

(1)沉管灌注桩常见事故。

1)桩身缩颈、夹泥。主要原因是提管速度过快,混凝土配合比不良,和易性、流动性差。混凝土浇筑时间过快也会造成桩身缩颈或夹泥。

2)桩身蜂窝、空洞。主要原因是混凝土级配不良,粗集料粒径过大,和易性差,以及黏土层中夹砂层影响等。

3)桩身裂缝或断桩。沉管灌注桩是挤土桩。施工过程中挤土使地基中产生超静孔隙水压力。桩间距过小,地基土中过高的超静孔隙水压力,以及邻近桩沉管挤压等原因可能使桩身产生裂缝甚至断桩。

(2)预防措施。针对产生事故的原因,可以采取以下措施预防:

1)通过试桩,核对勘察报告所提供的工程地质资料,检验打桩设备、成桩工艺以及保证质量的技术措施是否合适。

2)选用合理的混凝土配合比。

3)采用合适的沉、拔管工艺,根据土层情况控制拔管速度。

4)确定合理打桩程序,减小相邻影响。必要时,可设置砂井或塑性排水带加速地基中超静孔隙水压力的消散。

2. 钻孔灌注桩常见质量事故及预防措施

(1)钻孔灌注桩常见质量事故。

1)塌孔或缩孔造成桩身断面减小,甚至造成断桩。

2)钻孔灌注桩沉渣过厚。清孔不彻底,下钢筋笼和导管碰撞孔壁等原因引起坍孔等,造成桩底沉渣过厚,影响桩的承载力。

3)桩身混凝土质量差,出现蜂窝、孔洞。由混凝土配合比不良,流动性差,在运输过程中混凝土严重离析等原因造成。

(2)预防措施。预防措施主要有根据土质条件采用合理的施工工艺和优质的护壁泥浆,采用合适的混凝土配合比。若发现桩身质量欠佳和沉渣过厚,可采用在桩身混凝土中钻孔、压力灌浆加固,严重时可采用补桩处理。

3. 事故实例

【例3-7】 某教学楼灌注桩托换。

(1)工程概况。湖南省某中学教学楼为3层砖混结构,条形基础,位于膨胀土地区,由于地面排水沟渗漏,渗入地下浸泡地基,使东端山墙严重开裂,底层裂缝宽度达10 mm以上,因圈梁设计牢固,裂缝向上延伸减弱。

(2)事故原因分析。本教学楼西端土质松软,其下为膨胀土,由于基础设计时无防水措施,排水沟渗漏,造成地基胀缩不均,致使墙体开裂。

(3)事故处理措施。为了确保教学楼安全使用,决定用挖孔桩托换方案。沿开裂墙基内、外用人工挖孔桩托换处理,在墙开裂严重部位加设钢筋混凝土壁柱,并与二楼圈梁用锚固筋相连,如图3-4所示。开裂墙体,用环氧砂浆填塞,其自重由抬梁传给灌注桩。桩径为1 m,桩孔内壁用120 mm砖墙砌,桩底局部扩大,桩深为6 m,用强度等级为C15的混凝土浇筑。托换处理后恢复正常使用。

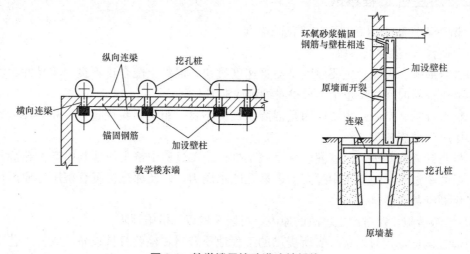

图3-4 教学楼用挖孔灌注桩托换

【例3-8】 某灌注桩局部断裂、承载力低。

(1)工程概况。某15层综合楼采用钻孔灌注桩。主楼部分99根,直径为ϕ1 000 mm;副楼部分23根,直径为ϕ800 mm。设计单桩承载力分别为4 500 kN和3 200 kN,设计桩长为47 m,要求进入中风化花岗岩不少于1 m。桩顶混凝土应浇筑至设计桩顶标高以上0.5~0.8 m。施工采用黄河钻,正循环泥浆护壁钻孔,导管水下浇筑混凝土成桩。该场地土层自上而下为:

1)填土,未经压实的粉质黏土,厚度为2~4 m;
2)淤泥,软塑,高压缩性,厚度为2~4 m;
3)淤泥质土,软塑,高压缩性,厚度为3~5 m;
4)可塑性黏土及少量砂层;
5)地下水埋深为2 m,蕴藏量丰富。

桩施工后,发现有21%的混凝土试块未达到设计强度要求。抽测25根ϕ1 000 mm的桩,其中有局部断裂、泥质夹层、承载力低的三类桩6根,有其他局部问题的二类桩7根。

(2)事故原因分析。

1)入岩程度判断失误。由于停钻前终孔采样中已含有中风化颗粒,误认为已进入中风层而停钻。经鉴定,桩尖只是接近而未进入中风化层,离设计要求更远。

2)桩芯破碎及断桩。由于导管埋管及拆管长度控制不严,有些导管埋入深度不够或埋入混有泥浆的浮浆层(从凿开桩头时看,有的浮浆层竟有2m厚),有些拆管过快或几节一起拆(导致混凝土侧压力不足,被泥浆挤入),造成桩身夹泥、混凝土松脆破碎及断桩等现象。

3)桩顶未达设计标高。由于所浇筑的混凝土不断上升,混凝土面以上的泥浆不断被挤出孔外,使所剩的泥浆变稠甚至形成泥团,受到侧边钢筋笼的阻滞,使上升的混凝土难以进入混凝土保护层内,形成大体以钢筋笼为边界的假桩侧壁,这时测得混凝土面的标高为假标高;待浇筑完混凝土后,初凝前混凝土内的侧压力增加,它与桩壁间的侧压力差Δp会使混凝土又挤入保护层,使混凝面的标高下降。

4)桩身混凝土强度低。由于要使混凝土充填钻孔,必须增加混凝土的流动性,提高其水胶比,造成强度降低。

(3)事故处理措施。

1)考虑到有相当部分的桩未按设计要求进入中风化花岗岩层、桩底沉渣过厚、试桩承载力过低(试验结果与摩擦桩承载力相应)等原因,决定上部由15层减至10层。

2)减层后的桩基还需做如下加固处理:

①挖除桩顶积土,支模板接桩至设计标高。

②通过钻探抽芯孔,以清水高压清洗桩身混凝土破碎带,压灌水胶比为0.5的纯水泥浆入裂隙及芯孔。

③设法加固各桩之间的承台和承台梁,使它们尽可能连成一个整体,调整各桩之间可能产生的不均匀沉降。

本章小结

基础事故除有一般的错位、变形、裂缝和混凝土孔洞外,还有断桩、桩深不足等桩基事故。基础错位事故产生的原因主要包括勘测失误、设计错误及施工问题,其处理措施主要包括扩大基础法、吊移法、顶推法等。基础变形事故的发生原因除勘测、设计失误方面的原因外,还包括地下水条件变化方面和施工方面的原因,基础变形事故的处理措施主要包括矫正、顶升、顶推、吊移、卸载和反压法等。桩基础具有承载力高、稳定性好、变形量小、沉降收敛快等特性。桩基础包括钢筋混凝土预制桩和灌注桩,桩基础工程常见事故包括断桩、桩偏差等。应重点掌握各类桩基础工程事故的造成原因和处理措施。

思考与练习

一、填空题

1. _____适用于上部结构尚未施工,有所需的顶推设备的情况。

2. _____是指单独基础的中心沉降。

3. 钢筋混凝土预制桩施工前，应进行质量检查，一节桩的细长比不宜过大，一般不超过_____。

4. 采用"植桩法"进行钢筋混凝土预制桩施工时，钻孔的垂直偏差要严格控制在_____以内。

参考答案

二、问答题

1. 常见的基础错位事故有哪些？

2. 造成基础错位事故的设计原因有哪些？

3. 基础变形事故有哪些处理措施？

4. 导致钢筋混凝土预制桩桩身断裂的原因有哪些？

5. 进行钢筋混凝土预制桩沉桩过程中，常发生桩顶碎裂事故，预防措施有哪些？

6. 预防沉管灌注桩工程事故的措施有哪些？

第四章 砌体结构工程事故分析与处理

知识目标

（1）熟悉砌体结构裂缝、砌体中砌块与灰缝砂浆强度及砌体强度的常用检测方法；
（2）掌握常用的砌体加固方法；
（3）熟悉砌体结构裂缝事故的鉴别方式与方法，掌握砌体结构裂缝事故的原因和处理措施；
（4）掌握砌体强度、刚度和稳定性不足事故的原因和处理方法；
（5）掌握砌体结构局部倒塌事故的原因与处理方法。

能力目标

通过本章内容的学习，能够对砌体结构工程常见的裂缝事故，砌体强度、刚度和稳定性不足事故，砌体结构局部倒塌等事故的发生原因进行分析，并采取相应的处理方法与措施予以解决。

第一节 砌体结构的检测

一、裂缝检测

砌体中的裂缝是常见的质量问题，裂缝的形态、数量及发展程度对承载力、使用性能及耐久性有很大的影响。砌体裂缝检测的内容应包括裂缝的长度、宽度、裂缝走向及其数量、形态等。

检测裂缝的长度用钢尺或一般的米尺进行测量。宽度可用塞尺、卡尺或专用裂缝宽度测量仪进行测量。裂缝的走向、数量以及形态应详细地标在墙体的立面图或砖柱展开图上，进而分析产生裂缝的原因并评价其对强度的影响程度。

1. 裂缝的检测与处理的程序

房屋裂缝的检测与处理，应按图 4-1 所示规定的程序进行。

2. 裂缝的检测一般规定

(1)应在对结构构件裂缝宏观观测的基础上，绘制典型的和主要的裂缝分布图，并应结合设计文件、建造记录和维修记录等综合分析裂缝产生的原因，以及对结构安全性、适用性、耐久性的影响，初步确定裂缝的严重程度。

(2)对于结构构件上已经稳定的裂缝，可做一次性检测；对于结构构件上不稳定的裂缝，除按一次性观测做好记录统计外，还需进行持续性观测，每次观测应在裂缝末端标出观察日期和相应的最大裂缝宽度值，如有新增裂缝，应标出发现新增裂缝的日期。

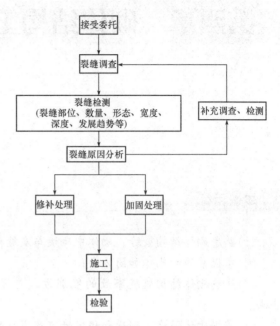

图 4-1 裂缝检测与处理程序

(3)裂缝观测的数量应根据需要而定，并宜选择宽度大或变化大的裂缝进行观测。

(4)需要观测的裂缝应进行统一编号，每条裂缝宜布设两组观测标志，其中一组应在裂缝的最宽处，另一组可在裂缝的末端。

(5)裂缝观测的周期应视裂缝的变化速度而定，且最长不应超过 1 个月。

二、砌体中砌块与灰缝砂浆强度的检测

砌体是由砌块和砂浆组成的复合体，有了砂浆及砌块的强度，就可按有关规范推断出砌体的强度，所以，对砌块及砂浆强度的检测是十分关键的。

(一)砌块强度的检测

对于砌块，通常可从砌体上取样，清理干净后，按常规方法进行试验。

取 5 块砖做抗压强度试验。将砖样锯成两个半砖(每个半砖长度不小于 100 mm)，放入室温净水中浸泡 10～30 min，取出后以断口方向相反叠放，中间用净水泥砂浆粘牢，上、下面用水泥砂浆抹平，养护 3 d 后进行压力试验。加荷前测量试件两半砖叠合部分的面积为 $A(mm^2)$，加荷至破坏，若破坏荷载为 $P(M)$，则抗压强度为

$$f_c = P/A \text{(MPa)} \tag{4-1}$$

另取 5 块做抗折试验，可在抗折试验机上进行。滚轴支座置于条砖长边向内 20 mm，加荷压滚轴应平行于支座，且位于支座之中间 $L/2$ 处，加载前测得砖宽 b、厚 h、支承距离 L。加荷破坏荷载为 P，则抗折强度为

$$f_r = \frac{3P \cdot L}{2bh^2} \text{(MPa)} \tag{4-2}$$

根据试验结果，可按表 4-1 确定砖的强度等级。

表 4-1 烧结普通砖的强度等级

砖的等级	抗压强度/MPa		抗折强度/MPa	
	平均值不小于	最小值不小于	平均值不小于	最小值不小于
MU20	20	14	4.0	2.6
MU15	15	10	3.1	2.0
MU10	10	6.0	2.3	1.3
MU7.5	7.5	4.5	1.8	1.1
MU5	5.0	3.5	1.6	0.8

在寻找事故原因的复核验算中，可将实测值作为计算指标进行复核计算，不一定去套等级号。例如，若测得强度指标达 MU12，则可按此强度验算，不一定降到 MU10。但对于设计，则必须按有关规定执行。

(二)砂浆强度的检测

对于砌体中的砂浆，则已不可能做成标准的立方体(70.7 mm×70.7 mm×70.7 mm)的试件，无法按常规试验方法测得其强度。目前，常采用推出法、点荷法与回弹法等来检测砌体中砂浆的强度。现将这些方法做简单介绍。

1. 推出法

如图 4-2 所示，推出法适用于推定 240 mm 厚烧结普通砖、烧结多孔砖、蒸压灰砂砖或蒸压粉煤灰砖墙体中的砌筑砂浆强度，所测砂浆的强度宜为 1～15 MPa。检测时，应将推出仪安放在墙体的孔洞内。推出仪应由钢制部件、传感器、推出力峰值测定仪等组成。

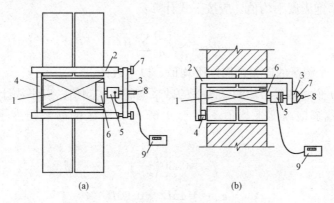

图 4-2 推出仪及测试安装示意
(a)平剖面；(b)纵剖面
1—被推丁砖；2—支架；3—前梁；4—后梁；5—传感器；6—垫片；
7—调平螺钉；8—加荷螺杆；9—推出力峰值测定仪

(1)测试步骤。
1)取出被推丁砖上部的两块顺砖，如图 4-3 所示，测试时应符合下列要求：
①应使用冲击钻在图 4-3 所示 A 点打出约 40 mm 的孔洞。
②应使用锯条自 A 点至 B 点锯开灰缝。
③应将扁铲打入上一层灰缝，并应取出两块顺砖。

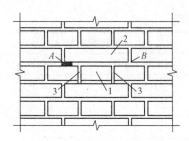

图 4-3 试件加工步骤示意
1—被推丁砖；2—被取出的两块顺砖；
3—掏空的竖缝

④应使用锯条锯切被推丁砖两侧的竖向灰缝，并应直至下皮砖顶面。

⑤开洞及清缝时，不得打扰被推丁砖。

2) 安装推出仪，应使用钢尺测量前梁两端与墙面距离，误差应小于 3 mm。传感器的作用点，在水平方向应位于被推丁砖中间；铅垂方向距被推丁砖下表面之上的距离，普通砖应为 15 mm，对孔砖应为 40 mm。

3) 旋转加荷螺杆对试件施加荷载时，加荷速度宜控制在 5 kN/min。当被推丁砖和砌体之间发生相对位移时，应认定试件达到破坏状态，并应记录推出力 N_{ij}。

4) 取下被推丁砖时，应使用百格网测试砂浆饱满度 B_{ij}。

(2) 数据整理及计算。

1) 单个误区的推出力平均值，应按下式计算：

$$N_i = \varepsilon_{2i} \frac{1}{n_j} \sum_{j=1}^{n_j} N_{ij} \quad (4-3)$$

式中　N_i——第 i 个测区的推出力平均值(kN)，精确至 0.01 kN；

N_{ij}——第 i 个测区第 j 块测试砖的推出力峰值(kN)；

ε_{2i}——砖品种的修正系数，对烧结普通砖和烧结多孔砖，取 1.00，对蒸压灰砖或蒸压粉煤灰砖，取 1.14。

2) 测区的砂浆饱满度平均值，应按下式计算：

$$B_i = \varepsilon_{2i} \frac{1}{n_i} \sum_{j=1}^{n_j} B_{ij} \quad (4-4)$$

式中　B_i——第 i 个测区的砂浆饱满度平均值，以小数计；

B_{ij}——第 i 个测区第 j 块测试砖下的砂浆饱满度实测值，以小数计。

3) 当测区的砂浆饱满度平均值不小于 0.65 时，测区的砂浆强度平均值，应按下式计算：

$$f_{2i} = 0.30 \left(\frac{N_i}{\varepsilon_{3i}} \right)^{1.19} \quad (4-5)$$

$$\varepsilon_{3i} = 0.45 B_i^2 + 0.90 B_i \quad (4-6)$$

式中　f_{2i}——第 i 个测区的砂浆强度平均值(MPa)；

ε_{3i}——推出法的砂浆强度饱满度修正系数，以小数计。

4) 当测区的砂浆饱满度平均值小于 0.65 时，宜选用其他方法推定砂浆强度。

2. 点荷法

点荷法是通过对砂浆层施加集中"点荷"，测定试件所能承受的"点荷值"，并结合试件的尺寸等因素，推算出砂浆的抗压强度。这种试验类似于混凝土的劈裂试验，所以，该法本质上是利用了砂浆的劈拉强度与抗压强度的关系。

点荷法适用于推定烧结普通砖或烧结多孔砖砌体中的砌筑砂浆强度。检测时，应从砖墙中抽取砂浆片试样，然后换算为砂浆强度。

(1)测试步骤。

1)制备试件,应符合下列要求:

①从每个测点处剥离出砂浆大片。

②加工或选取的砂浆试件应符合下列要求:

a. 厚度为 5~12 mm;

b. 预载作用半径为 15~25 mm;

c. 大面应平整,但其边缘可不要求非常规则。

③在砂浆试件上应画出作用点,并应量测其厚度,且精确至 0.1 mm。

2)在小吨位压力试验机上,下压板上应分别安装上、下加荷头,两个加荷头应对准。

3)将砂浆试件水平放置在下加荷头上时,上、下加荷头应对准预先画好的作用点,应使上加荷头轻轻压紧试件。然后应缓慢匀速施加荷载至试件破坏,加荷速度宜控制试件在 1 min 左右破坏,应记录荷载值,并应精确至 0.1 kN。

4)应将破坏后的试件拼接成原样,测量荷载实际作用点到试件破坏线边缘的最短距离,即荷载作用半径,应精确至 0.1 mm。

(2)数据整理及计算。

1)砂浆试件的抗压强度换算值,应按下式计算:

$$f_{2ij} = (33.30\varepsilon_{4ij}\varepsilon_{5ij}N_{ij} - 1.10)^{1.09} \tag{4-7}$$

$$\varepsilon_{4ij} = \frac{1}{0.05r_{ij}+1} \tag{4-8}$$

$$\varepsilon_{5ij} = \frac{1}{0.03t_{ij}(0.10t_{ij}+1)+0.40} \tag{4-9}$$

式中 N_{ij}——点荷载值(kN);

ε_{4ij}——荷载作用半径修正系数;

ε_{5ij}——试件厚度修正系数;

r_{ij}——荷载作用半径(mm);

t_{ij}——试件厚度(mm)。

2)测区的砂浆抗压强度平均值,应按下式计算:

$$f_{2i} = \frac{1}{n_1}\sum_{j=1}^{n_1} f_{2ij} \tag{4-10}$$

3. 回弹法

砂浆回弹法适用于推定烧结普通砖或烧结多孔砖砌体中砌筑砂浆的强度,不适用于推定高温、长期浸水、遭受火灾、环境侵蚀等砌筑砂浆的强度。检测时,应用回弹仪测试砂浆表面硬度,并应用质量分数为 1%~2%的酚酞酒精溶液测试砂浆碳化深度,应将回弹值和碳化深度两项指标换算为砂浆强度。

(1)测试步骤。

1)测位处应按下列要求进行处理:

①粉刷层、勾缝砂浆、污垢等应清除干净。

②弹击点处的砂浆表面,应仔细打磨平整,并应除去浮灰。

③磨掉表面砂浆的深度应为 5~10 mm,且不应小于 5 mm。

2)每个测位内应均匀布置 12 个弹击点。选定弹击点应避开砖的边缘、灰缝中的气孔或松动的砂浆。相邻两弹击点的间距不应小于 20 mm。

3)在每个弹击点上,应使用回弹仪连续弹击 3 次,第 1 次、第 2 次不应读数,应仅记读第 3 次回弹值,回弹值读数应估读至 1。在测试过程中,回弹仪应始终处于水平状态,其轴线应垂直于砂浆表面,且不得移位。

4)在每一个测位内,应选择 3 处灰缝,并应采用工具在测区表面打凿出直径约为 10 mm 的孔洞。其深度应大于砌筑砂浆的碳化深度,应清除孔漏中的粉末和碎屑,且不得用水擦洗,然后将质量分数为 1%~2%的酚酞酒精溶液滴在孔洞内壁边缘处,当已碳化与未碳化界限清晰时,应采用碳化深度测定仪或游标卡尺测量已碳化与未碳化砂浆交界面到灰缝表面的垂直距离。

(2)数据整理及计算。

1)从每个测位的 12 个回弹值中,分别剔除最大值、最小值,计算余下的 10 个回弹值的算术平均值,应以 R 表示,并应精确至 0.1 mm。

2)每个测位的平均碳化深度,应取该测位各次测量值的算术平均值,应以 d 表示,并应精确至 0.5 mm。

3)第 i 个测区第 j 个测位的砂浆强度换算值,应根据该测位的平均回弹值和平均碳化深度值,分别按下列各式计算:

当 $d \leqslant 1.0$ mm 时

$$f_{2ij} = 13.97 \times 10^{-5} R^{3.57} \tag{4-11}$$

当 $1.0 \text{ mm} < d < 3.0 \text{ mm}$ 时

$$f_{2ij} = 4.87 \times 10^{-4} R^{3.04} \tag{4-12}$$

当 $d \geqslant 3.0$ mm 时

$$f_{2ij} = 6.34 \times 10^{-5} R^{3.60} \tag{4-13}$$

式中 f_{2ij}——第 i 个测区第 j 个侧位的砂浆强度值(MPa);

d——第 i 个测区第 j 个侧位的平均碳化深度(mm);

R——第 i 个测区第 j 个侧位的平均回弹值。

4)测区的砂浆抗压强度平均值,应按式(4-10)计算。

三、砌体强度的检测

有了砌块及砂浆的强度,即可按《砌体结构设计规范》(GB 50003—2011)求得砌体强度,这是一种间接测定砌体强度的方法。采用以下几种直接测定法可直接测定砌体的强度。

(一)实物取样试验法

在墙体适当部位选取试件,一般截面尺寸为 240 mm×370 mm、370 mm×490 mm,高度为较小边长的 2.5~3 倍,将试件外围四周的砂浆剔去,注意在墙长方向,即试件长边方向,可按原竖缝自然分离,不要敲断条砖,留有马牙槎,只要核心部分长度为 370 mm 或 490 mm 即可。四周暂时用角钢包住,小心取下,注意不要让试件松动。然后,在加压面用 1∶3 砂浆坐浆抹平,养护 7 d 后加压。加压前要先估计其破坏荷载。加压时的第一级荷载为预估破坏荷载的 20%,以后每级加破坏荷载的 10%,直至破坏。设破坏荷载为 N,试件面积为 A,即可由下式算得砌体的实际抗压强度:

$$f_m = \frac{N}{A} \qquad (4\text{-}14)$$

(二)原位轴压法

1. 检测原理

原位轴压法是用一种特制的扁式千斤顶在墙体上直接测量砌体抗压强度的方法。测试时,先沿砌体测试部位垂直方向在试样高度上下两端各开凿一个水平槽孔,在槽内各嵌入一扁式千斤顶,并用自平衡拉杆固定。通过加载系统对试样分级加载,直到试件受压开裂破坏,求得砌体的极限抗压强度,如图4-4所示。原位轴压法适用于推定240 mm厚普通砖砌体或多孔砖砌体的抗压强度。

2. 检测步骤

(1)在测点上开凿水平槽孔时,应符合下列要求:

1)上、下水平槽的尺寸应符合表4-2的要求。

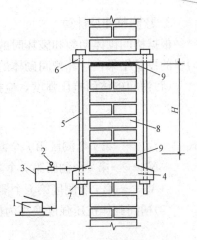

图4-4 原位轴压法测试装置

1—手动油泵;2—压力表;3—高压油管;
4—扁式千斤顶;5—钢拉杆(共4根);
6—反力板;7—螺母;8—槽间砌体;
9—砂垫层;H—槽间砌体高度

2)上、下水平槽孔应对齐。普通砖砌体,槽间砌体高度应为7皮砖;多孔砖砌体,槽间砌体高度应为5皮砖。

3)开槽时,应避免扰动四周的砌体;槽间砌体的承压面应修平整。

表4-2 水平槽尺寸   mm

名称	长度	厚度	高度
上水平槽	250	240	70
下水平槽	250	240	≥110

(2)在槽孔安放原位压力机时,应符合下列要求:

1)在上槽内的下表面和扁式千斤顶的顶面,应分别均匀铺设湿细砂或石膏等材料的垫层,垫层厚度可取10 mm。

2)将反力板置于上槽孔,扁式千斤顶置于下槽孔,安放四根钢拉杆,使两个承压板上下对齐后,应沿对角两两均匀拧紧螺母并调整其平行度;四根钢拉杆的上、下螺母之间的净距误差不应大于2 mm。

3)正式测试前,应进行试加荷载测试,试加荷载值可取预估破坏荷载的10%。应检查测试系统的灵活性和可靠性,以及上下压板和砌体受压面接触是否均匀、密实。经试加载,测试系统正常后应卸荷,并应开始正式测试。

(3)正式测试时,应分级加荷。每级荷载可取预估破坏荷载的10%,并应在1~1.5 min内均匀加完,然后恒载2 min。加荷至预估破坏荷载的80%后,应按原定加荷速度连续加荷,直至槽间砌体破坏。当槽间砌体裂缝急剧扩展和增多,油压表的指针明显回避时,槽间砌体达到极限状态。

(4)在测试过程中,发现上下压板与砌体承压面因接触不良致使槽间砌体呈局部受压或偏心受压状态时,应停止测试,并应调整测试装置重新测试,无法调整时应更换测点。

(5)在测试过程中,应仔细观察槽间砌体初裂裂缝与裂缝开展情况,并应记录逐级荷载下的油压表读数、测点位置、裂缝随荷载变化情况简图等。

3. 数据整理及计算

根据槽间砌体初裂和破坏时的油压表读数，分别减去油压表的初始读数，并按原位压力机的校验结果，计算槽间砌体的初裂荷载和破坏荷载数值。

(1)槽间砌体的抗压强度，应按下式计算：

$$f_{uij} = \frac{N_{uij}}{A_{ij}} \tag{4-15}$$

式中　f_{uij}——第 i 个测区第 j 个测点槽间砌体的抗压强度(MPa)；
$\quad\quad N_{uij}$——第 i 个测区第 j 个测点槽间砌体的受压破坏荷载值(N)；
$\quad\quad A_{ij}$——第 i 个测区第 j 个测点槽间砌体的受压面积(mm^2)。

(2)槽间砌体抗压强度换算为标准砌体的抗压强度，应按下式计算：

$$f_{mij} = \frac{f_{uij}}{\varepsilon_{1ij}} \tag{4-16}$$

$$\varepsilon_{1ij} = 1.25 + 0.60\sigma_{0ij} \tag{4-17}$$

式中　f_{mij}——第 i 个测区第 j 个测点的标准砌体抗压强度换算值(MPa)；
$\quad\quad \varepsilon_{1ij}$——原位轴压法的强度换算系数(量纲为 1)；
$\quad\quad \sigma_{0ij}$——该测点上墙体的压应力(MPa)，其值可按墙体实际所承受的荷载标准值计算。

(3)测区的砌体抗压强度平均值，应按下式计算：

$$f_{mi} = \frac{1}{n_1} \sum_{j=1}^{n_1} f_{mij} \tag{4-18}$$

式中　f_{mi}——第 i 个测区的砌体抗压强度平均值(MPa)；
$\quad\quad n_1$——第 i 个测区的测点数。

(三)扁顶法

如图 4-5 所示，扁顶法适用于推定普通砖砌体或多孔砖砌体的受压弹性模量、抗压强度或墙体的受压工作应力。

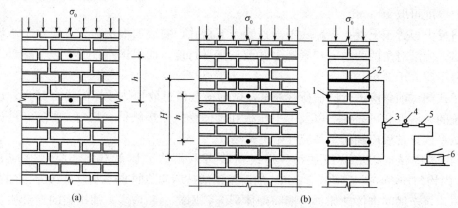

图 4-5　测试受压弹性模量、抗压强度

(a)测试受压工作应力；(b)测试受压弹性模量、抗压强度
1—变形测量脚标(两对)；2—扁式液压千斤顶；3—三通接头；
4—压力表；5—溢流阀；6—手动油泵；
H—槽间砌体高度；h—脚标之间的距离

1. 测试步骤

(1)测试墙体的受压工作应力时，应符合以下要求：

1)在选定的墙体上，应标出水平槽的位置，并应牢固粘贴两对变形测量脚标[图 4-5(a)]。脚标应位于水平槽正中并跨越该槽。普通砖砌体脚标之间的距离应相隔 4 条水平灰缝，宜取 250 mm；多孔砖砌体脚标之间的距离应相隔 3 条水平灰缝，宜取 270~300 mm。

2)使用手持式应变仪或千分表在脚标上测量砌体变形的初读数时，应测量 3 次，并应取其平均值。

3)在标出水平槽位置处，应删除水平灰缝内的砂浆。水平槽的尺寸应略大于扁顶尺寸。开凿时，不应损伤测点部位的墙体及变形测量脚标。槽的四周应清理平整，并应除去灰渣。

4)使用手持式应变仪或千分表在脚标上测量开槽后的砌体变形值时，应待读数稳定后再进行下一步测试工作。

5)在槽内安装扁顶，扁顶上下两面宜垫尺寸相同的钢垫板，并应连接测试设备的油路(图 4-5)。

6)正式测试时，应分级加荷。每级荷载应为预估破坏荷载值的 5%，并应在 1.5~2 min 内均匀加完，恒载 2 min 后应测读变形值。当变形值接近开槽前的读数时，应适当减小加荷级差，并应直至实测变形值达到开槽前的读数，然后卸荷。

(2)实测墙体的砌体抗压强度或受压弹性模量时，应符合下列要求：

1)在完成墙体的受压工作应力测试后，应开凿第二条水平槽。上、下槽应互相平行、对齐。当选用 250 mm×250 mm 扁顶时，普通砖砌体两槽之间的距离应相隔 7 皮砖，多孔砖砌体两槽之间的距离应相隔 5 皮砖；当选用 250 mm×380 mm 扁顶时，普通砖砌体两槽之间的距离应相隔 8 皮砖，多孔砖砌体两槽之间的距离应相隔 6 皮砖。遇有灰缝不规则或砂浆强度较高而难以凿槽时，可在槽孔处取出 1 皮砖，安装扁顶时，应采用钢制楔形垫块调整其间间隙。

2)应按本节"扁顶法测试步骤(1)中 5)"的规定在上下槽内安装扁顶。

3)试加荷载，应符合"原位轴压法测试步骤(2)中 3)"的规定。

4)正式测试时，加荷方法应符合"原位轴压法测试步骤(3)"的规定。

5)当槽间砌体上部压应力小于 0.2 MPa 时，应加设反力平衡架后再进行测试。当槽间砌体上部压应力不小于 0.2 MPa 时，也宜加设反力平衡架后再进行测试。反力平衡架可由两块反力板和四根钢拉杆组成。

(3)当测试砌体受压弹性模量时，应符合下列要求：

1)应在槽间砌体两侧各粘贴一对变形测量脚标[图 4-5(b)]，脚标应位于槽间砌体的中部。普通砖砌体脚标之间的距离应相隔 4 条水平灰缝，宜取 250 mm；多孔砖砌体脚标之间的距离应相隔 3 条水平灰缝，宜取 270~300 mm。测试前应记录标距值，并应精确至 0.1 mm。

2)正式测试前，应反复施加 10% 的预估破坏荷载，其次数不宜少于 3 次。

3)累计加荷的应力上限不宜大于槽间砌体极限抗压强度的 50%。

4)测试记录内容应包括描绘测点布置圈、墙体砌筑方式、扁顶位置、脚标位置、轴向变形值、逐级荷载下的油压表读数、裂缝随荷载变化情况简图等。

2. 数据整理及计算

(1)数据分析时，应根据扁顶力值的校验结果，将油压表读数换算为测试荷载值。

(2) 槽间砌体的抗压强度,应按式(4-15)计算。

(3) 槽间砌体的抗压强度换算为标准砌体的抗压强度,应按式(4-16)和式(4-17)计算。

(4) 测区的砌体抗压强度平均值,应按式(4-18)计算。

第二节 砌体的加固

当裂缝是因强度不足而引起的,或已有倒塌的先兆时,必须采取加固措施。常用的加固方法有以下几种。

一、扩大截面加固法

扩大截面加固法适用于砌体承载力不足但裂缝尚属轻微、要求扩大面积不是很大的情况,一般的墙体、砖、柱均可采用此法。加大截面的砖砌体中砖的强度等级常与原砌体的相同,而砂浆应比原砌体中的砂浆等级提高一级,且最低不得低于M2.5。

加固后,通常可考虑新旧砌体共同工作,这就要求新旧砌体有良好的结合。为了达到共同工作的目的,常采用以下两种方法:

(1) 新、旧砌体咬槎结合。如图 4-6(a) 所示,在旧砌体上每隔 4~5 皮砖,剔去旧砖形成 120 mm 深的槽,砌筑扩大砌体时,应将新砌体与之仔细连接,新、旧砌体呈锯齿形咬槎,可保持共同工作。

(2) 钢筋连接。如图 4-6(b) 所示,在原有砌体上每隔 5~6 皮砖在灰缝内打入 $\phi 6$ 钢筋,当然也可用冲击钻在砖上打洞,然后用 M5 砂浆裹着插入 $\phi 6$ 钢筋,砌新砌体时,钢筋嵌入灰缝中。无论是咬槎连接还是插筋连接,原砌体上的面层必须剥去,凿口后的粉尘必须冲洗干净并湿润后再砌扩大砌体。

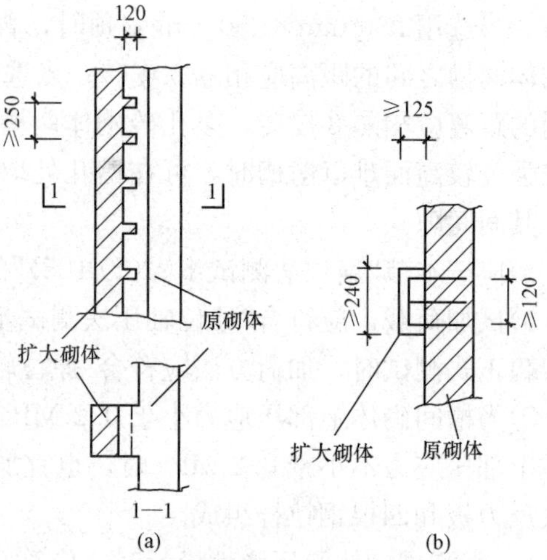

图 4-6 扩大砌体加固(尺寸单位:mm)
(a) 新、旧砌体咬槎结合;(b) 钢筋连接

二、外加钢筋混凝土加固法

当砌体承载力不足时,可用外加钢筋混凝土进行加固。这种方法适用于砖柱和壁柱的加固。外加钢筋混凝土可以是单面的、双面的和四面包围的。外加钢筋混凝土的竖向受压钢筋可用 $\phi 8 \sim \phi 12$ 的,横向受力钢箍可用 $\phi 4 \sim \phi 6$ 的,应有一定数量的闭口钢箍,如间距 300 mm 左右设一闭合箍筋,闭合箍筋中间可用开口或闭口箍筋与原砌体连接。如闭口箍的一边必须在原砌体内,则可凿去一块顺砖,使闭口箍通过,然后用豆石混凝土填实。具体做法如图 4-7~图 4-9 所示。

图 4-7 所示为平直墙体外加贴钢筋混凝土加固。图 4-7(a)、(b)所示为单面外加混凝土；图 4-7(c)所示为每隔 5 皮砖左右凿掉 1 块顺砖，使钢筋封闭。图 4-8 所示为墙壁柱外加贴钢筋混凝土加固，图 4-9 所示为钢筋混凝土加固砖柱。

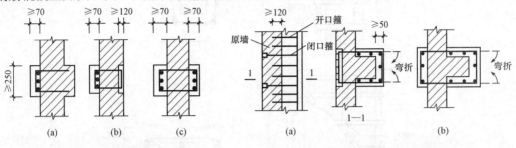

图 4-7　墙体外贴钢筋混凝土加固
(a)单面加混凝土(开口箍)；(b)单面加混凝土(闭口箍)；(c)双面加混凝土

图 4-8　用钢筋混凝土加固墙壁柱
(a)单面加固；(b)双面加固

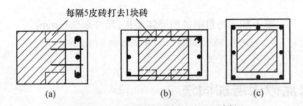

图 4-9　外包钢筋混凝土加固砖柱
(a)单侧加固；(b)双侧加固；(c)四周外包加固

为了使混凝土与砖柱更好地结合，每隔 300 mm(约 5 皮砖)打去 1 块砖，使后浇混凝土嵌入砖砌体内。外包层较薄时，也可用砂浆。四面外包层内应设置 ϕ4～ϕ6 的封闭箍筋，间距不宜超过 150 mm。

混凝土的强度等级常采用 C15 或 C20，若采用加筋砂浆层，则砂浆的强度等级不宜低于 M7.5。若砌体为单向偏心受压构件时，可仅在受拉一侧加上钢筋混凝土。当砌体受力接近中心受压或双向均可能偏心受压时，可在两面或四面贴上钢筋混凝土。

三、外包钢加固法

外包钢加固具有快捷、高强的优点。用外包钢加固施工方便，且不要养护期，可立即发挥作用。外包钢加固可在基本不增大砌体尺寸的条件下，较多地提高结构的承载力。用外包钢加固砌体，还可大幅度地提高其延性，在本质上改变砌体结构脆性破坏的特性。

外包钢常用来加固砖柱和窗间墙。其具体做法是，首先用水泥砂浆将角钢粘贴在被加固砌体的四角，并用卡具临时夹紧固定，然后焊上缀板而形成整体。随后去掉卡具，外面粉刷水泥砂浆，既可平整表面，又可防止角钢生锈，如图 4-10(a)所示。对于宽度较大的窗间墙，当墙的高宽比大于 2.5 时，宜在中间增加一缀板，并用穿墙螺栓拉结，如图 4-10(b)所示。外包角钢不宜小于 50×5，缀板可用 35 mm×5 mm 或 60 mm×12 mm 的钢板。注意，加固角钢下端应可靠地锚入基础，上端应有良好的锚固措施，以保证角钢有效地发挥作用。

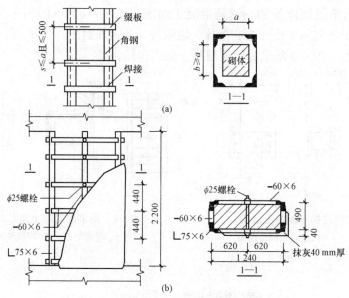

图 4-10 外包钢加固砌体结构(尺寸单位：mm)
(a)外包钢加固砖柱；(b)外包钢加固窗间墙

四、钢筋网水泥砂浆层加固法

钢筋网水泥砂浆层加固是在墙体表面去掉粉刷层后，附设由 $\phi4\sim\phi8$ 组成的钢筋网片，然后喷射砂浆(或细石混凝土)或分层抹上密缀的砂浆层。用这种方法使墙体形成组合墙体，俗称夹板墙。夹板墙可大大提高砌体的承载力及延性。钢筋网水泥砂浆加固的具体做法如图 4-11 所示。

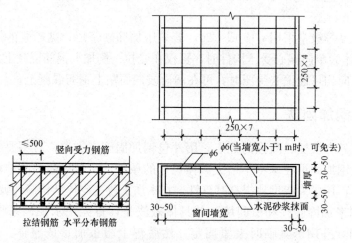

图 4-11 钢筋网水泥砂浆加固砌体(尺寸单位：mm)

目前，钢筋网水泥砂浆常用于下列情况的加固：
(1)因施工质量差，而使砖墙承载力普遍达不到设计要求。
(2)窗间墙等局部墙体达不到设计要求。

(3)因房屋加层或超载而引起砖墙承载力的不足。
(4)因火灾或地震而使整片墙的承载力或刚度不足等。
下述情况不宜采用钢筋网水泥砂浆法进行加固:
(1)孔径大于15 mm的空心砖墙及240 mm厚的空斗砖墙。
(2)砌筑砂浆强度等级小于M0.4的墙体。
(3)因墙体严重酥碱,或油污不易消除,不能保证抹面砂浆粘结质量的墙体。

第三节 砌体结构裂缝事故分析与处理

一、砌体裂缝原因分析

1. 温度变形

(1)因日照及气温变化,不同材料及不同结构部位的变形不一致,同时又存在较强大的约束。如平屋顶砖混结构顶层砖墙,因日照及气温变化,两种材料的温度线膨胀系数不同,造成屋盖与砖墙变形不一致所产生的裂缝;又如单层厂房屋盖温度膨胀变形在厂房山墙或生活间砖墙上的裂缝。

(2)气温或环境温度温差太大。如房屋长度太大,又不设置伸缩缝,造成贯穿房屋全高的竖向裂缝。

(3)砖墙温度变形受地基约束,如北方地区施工期不采暖,砖墙收缩受到地基约束,造成窗台及其以下砌体中产生斜向或竖向裂缝。

(4)砌体中的混凝土收缩(温度与干缩)较大,如较长的现浇雨篷梁两端墙面产生的斜裂缝。

2. 地基不均匀沉降

(1)地基沉降差大。如长高比较大的砖混结构房屋中,当中部地基沉降大于两端时,产生八字裂缝;又如地基突变,当一端沉降较大时,产生竖向裂缝。

(2)地基局部塌陷。如位于防空洞、古井上的砌体,因地基局部塌陷而裂缝。

(3)地基冻胀。如北方地区房屋基础埋深不足,地基土又具有冻胀性,导致砌体裂缝。

(4)地基浸水。填土地基或湿陷性黄土地基,局部浸水后产生不均匀沉降,使纵墙开裂。

(5)地下水水位降低。地下水水位较高的软土地基,因人工降低地下水水位引起附加沉降,导致砌体开裂。

(6)相邻建筑物影响。原有建筑物附近新建高大建筑物、造成原有建筑产生附加沉降而裂缝。

3. 结构荷载过大或砌体截面过小

(1)抗压强度不足。如中心受压砖柱的竖向裂缝。

(2)抗弯强度不足。如砖砌平拱抗弯强度不足，产生竖向或斜向裂缝。

(3)抗剪强度不足。如挡土墙抗剪强度不足而产生水平裂缝。

(4)抗拉强度不足。如砖砌水池池壁沿灰缝的裂缝。

(5)局部承压强度不足。如大梁或梁底下的斜向或竖向裂缝。

4. 设计构造不当

(1)建筑结构整体性差，如砖混结构建筑中，楼梯间砖墙的钢筋混凝土圈梁不闭合而引起的裂缝。

(2)沉降缝设置不当，如沉降缝位置不设在沉降差最大处，或者沉降缝太窄，沉降变形后砌体受挤压而开裂。

(3)墙内留洞，如住宅内外墙交接处留烟囱孔，影响内外墙连接，使用后因温度变化而开裂。

(4)不同结构混合使用，又无适当措施，如钢筋混凝土墙梁挠度过大，引起砌体裂缝。

(5)新旧建筑连接不当，原有建筑扩建时，基础分离，新旧砖墙砌成整体，使结合处产生裂缝。

(6)留大窗洞的墙体构造不当。如大窗台墙下，上宽下窄的竖向裂缝。

5. 材料质量不良

(1)砂浆体积不稳定。水泥安定性不合格，用含硫量超标准的硫铁矿渣带砂，引起砂浆开裂。

(2)砖体积不稳定。如使用出厂不久的灰砂砖砌筑，较易引起裂缝。

6. 施工质量低劣

(1)组砌方法不合理，漏放构造钢筋。如内外墙不同时砌筑，又不留踏步式接槎，或不放拉结钢筋，导致内外墙连接处产生通长竖向裂缝。

(2)砌体中通缝、重逢较多。如某单层厂房维护外墙，因集中使用断砖而裂缝。

(3)留洞或留槽不当。如某试验楼在 500 mm 宽窗间墙留脚手眼，而导致砌体裂缝。

7. 其他原因

(1)地震。如多层砖混结构宿舍在强烈地震下产生的斜向裂缝。

(2)机械振动。如某工程附近爆破所造成的裂缝。

二、裂缝性质鉴别

裂缝是否需要处理和怎样处理，主要取决于裂缝的性质及其危害程度。例如，砌体因抗压强度不足而产生竖向裂缝是构件达到临界状态的重要特征之一，必须及时采取措施加固或卸荷；而常见的温度裂缝，一般不会危及结构安全，通常都不必加固补强。因此，根据裂缝的特征，鉴别裂缝的不同性质是十分重要的。

砌体最常见的裂缝原因使温度变形和地基不均匀沉降。这两类裂缝统称为变形裂缝。荷载过大或截面过小导致的受力裂缝虽然不多见，但其危害性往往很严重。由于设计构造不当，材料或施工质量低劣造成的裂缝比较容易鉴别，但这种情况较少见。砌体常见裂缝的鉴别方法见表 4-3。

表 4-3 砌体常见裂缝鉴别

鉴别根据	裂缝类别		
	温度变形	地基不均匀沉降	承载能力不足
裂缝位置	多数出现在屋顶部附近，以两端为最常见；裂缝在纵墙和横墙上都可能出现。在寒冷地区越冬又未采暖的房屋有可能在下部出现冷缩裂缝。位于房屋长度中部附近的竖向裂缝，也可能属此类型	多数出现在房屋下部，少数可发展到2～3层；对等高的长条形房屋，裂缝位置大多出现在两端附近；其他形状的房屋，裂缝都在沉降变化剧烈处附近；一般都出现在纵墙上，横墙上较少见。当地基性质突变（如基岩变土）时，也可能在房屋顶部出现裂缝，并向下延伸，严重时可贯穿房屋全高	多数出现在砌体应力较大的部位，在多层建筑中，地层较多见，但其他各层也可能发生。轴心受压柱的裂缝往往在柱下部1/3高度附近，出现在柱上、下端的较少。梁或梁垫下砌体的裂缝，大多数是局部承压强度不足而造成
裂缝形态特征	最常见的是斜裂缝，形状有一端宽；另一端细和中间宽两端细两种；其次是水平裂缝，多数呈断续状，中间宽两端细，在厂房与生活间连接处的裂缝与屋面形状有关，接近水平状较多，裂缝一般是连续的，缝宽变化不大；第三是竖向裂缝，多因纵向收缩产生，缝宽变化不大	较常见的是斜向裂缝，通过门窗口的洞口处较宽；其次是竖向裂缝，不论是房屋上部，或窗台下，或贯穿房屋全高的裂缝，其形状一般是上宽下细；水平裂缝较少见，有的出现在窗角，靠窗口一端缝较宽；有的水平裂缝是地基局部塌陷而造成，缝宽往往较大	受压构件裂缝方向与应力一致，裂缝中间宽两端细；受拉裂缝与应力垂直，较常见的是沿灰缝开裂；受弯裂缝在构件的受拉区外边缘较宽，受压区不明显，多数裂缝沿灰缝开展；砖砌平拱在弯矩和剪力共同作用下可能产生斜裂缝；受剪裂缝与剪力作用方向一致
裂缝出现时间	大多数在经过夏季或冬季后形成	大多数出现在房屋建成后不久，也有少数工程在施工期间明显开裂，严重的不能竣工	大多数发生在荷载突然增加时。例如，大梁拆除支撑；水池、筒仓启用等
裂缝发展变化	随气温或环境温度变化，在温度最高或最低时，裂缝宽度、长度最大，数量最多，但不会无限制地扩展恶化	随地基变形和事件增长裂缝加大，加多，一般在地基变形稳定后，裂缝不再变化，极个别的地基产生剪切破坏，裂缝发展导致建筑物倒塌	受压构件开始出现断续的细裂缝，随荷载或作用时间的增加，裂缝贯通，宽度加大而导致破坏。其他荷载裂缝可随荷载增减而变化
建筑物特征和使用条件	屋盖的保温、隔热差，屋盖对砌体的约束大；当地温差大，建筑物过长又无变形缝等因素，都可能导致温度裂缝	房屋长而不高，且地基变形量大，易产生沉降裂缝。房屋刚度差；房屋高度或荷载差异大，又不设沉降缝；地基浸水或软土地基中地下水水位降低；在房屋周围开挖土方或大梁堆载；在已有建筑物附近新建高大建筑	结构构件受力较大或截面削弱严重的部位；加载或产生附加内力，如受压构件中出现附加弯矩等
建筑物的变形	往往与建筑物的横向（长或宽）变形有关，与建筑物的竖向变形（沉降）无关	用精确的测量手段测出沉降曲线，在该曲线曲率较大处出现的裂缝，可能是沉降裂缝	往往与横向或竖向变形无明显的关系

需要指出的是，表 4-3 中所述的鉴别根据与方法仅就一般情况而言，在应用时还需要注意各种因素的综合分析，才能得出较正确的结论。

三、裂缝处理原则

处理裂缝应遵守标准规范的有关规定，并应满足设计要求。常见裂缝处理的具体原则如下：

(1) 温度裂缝。一般是不影响结构安全。经过一段时间的观测，找到裂缝最宽的时间后，通常采用封闭保护或局部修复方法处理，有的还需要改变建筑热工构造。

(2) 沉降裂缝。绝大多数裂缝不会严重恶化而危及结构安全。通过沉降和裂缝观测，对那些沉降逐步减小的裂缝，待地基基本稳定后，作逐步修复或封闭堵塞处理；如地基变形长期不稳定，可能影响建筑物正常使用时，应先加固地基，再处理裂缝。

(3) 荷载裂缝。因承载能力或稳定性不足或危及结构物安全的裂缝，应及时采取卸荷或加固补强等方法处理，并应立即采取应急防护措施。

四、裂缝处理方法分类及选择

1. 处理方法分类

常见裂缝有以下几种处理方法：

(1) 填缝封闭。常用材料有水泥砂浆、树脂砂浆等。这类硬质填缝材料极限拉伸率很低，如砌体尚未稳定，修补后可能再次开裂。

(2) 表面覆盖。对建筑物正常使用无明显影响的裂缝，为了达到美观的目的，可以采用表面覆盖装饰材料，而不封堵裂缝。

(3) 加筋锚固。砖墙两面开裂时，需在两侧每隔 5 皮砖剔凿一道长 1 m（裂缝两侧各 0.5 m），深 50 mm 的砖缝，埋入 $\phi 6$ 钢筋一根，端部弯直钩并嵌入砖墙竖缝，然后用强度等级为 M10 的水泥砂浆嵌填严实，如图 4-12 所示。施工时需要注意以下三点：

① 两面不要剔同一条缝，最好隔两皮砖；

② 必须处理好一面，并等砂浆有一定强度后再施工另一面；

③ 修补前剔开的砖缝要充分浇水湿润，修补后必须浇水养护。

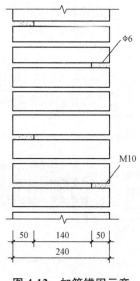

图 4-12　加筋锚固示意

(4) 水泥灌浆。有重力灌浆和压力灌浆两种，由于灌浆材料强度都大于砌体强度，因此只要灌浆方法和措施适当，经水泥灌浆修补的砌体强度都能满足要求，而且具有修补质量可靠、价格较低、材料来源广和施工方便等优点。

(5) 钢筋水泥夹板墙。墙面裂缝较多，而且裂缝贯穿墙厚时，常在墙体两面增加钢筋（或小型钢）网，并用穿墙"∽"筋拉结固定后，两面涂抹或喷涂水泥砂浆进行加固。

(6) 外包加固。常用来加固柱，一般有外包角钢和外包钢筋混凝土两类。

(7)加钢筋混凝土构造柱。常用于加强内外墙连系或提高墙身的承载能力或刚度(图 4-13)。

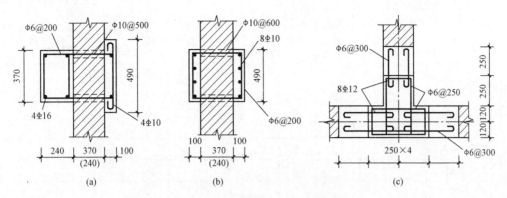

图 4-13　加钢筋混凝土构造柱处理
(a)内墙节点；(b)外墙节点；(c)内外墙连接点

(8)整体加固。当裂缝较宽且墙身变形明显，或内外墙拉结不良时，仅用封堵或灌浆等措施难以取得理想的效果，这时常用加设钢拉杆，有时还设置封闭交圈的钢筋混凝土或钢腰箍进行整体加固。例如，内外墙连接处脱开裂缝和横墙产生八字形裂缝，可采用图 4-14 所示的方法处理。

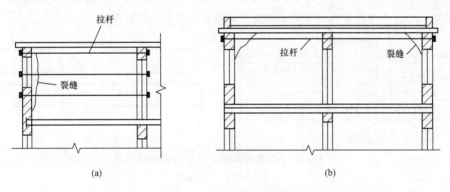

图 4-14　整体加固法示意
(a)内外墙连接处脱离；(b)横墙上有八字裂缝

(9)变换结构类型。当承载能力不足导致砌体裂缝时，常采用这类方法处理。最常见的是柱承重改为加砌一道墙变为墙承重，或用钢筋混凝土代替砌体等。

(10)将裂缝转为伸缩缝。在外墙上出现随环境温度而周期性变化，且较宽的裂缝时，封堵效果往往不佳，有时可将裂缝边缘修直后，作为伸缩缝处理。

(11)其他方法若因梁下未设混凝土垫块，导致砌体局部承压强度不足而裂缝，可采用后加垫块的方法处理。对裂缝较严重的砌体，有时还可采用局部拆除重砌等。

2. 处理方法选择

一般可根据前述的处理方法特点与适用范围进行选择。根据裂缝性质和处理目的选择处理方法时可参考表 4-4 的建议。

表 4-4 裂缝处理方法

选择分类		处理方法											
		填缝封闭	表面覆盖	加固锚固	水泥灌浆	钢筋网水泥面层	外包加固	加构造柱	整体加固	变换结构类型	改裂缝为伸缩缝	增设梁垫	局部除重
裂缝性质	荷载 墙柱				√	√	△	△	√	√		△	⊙ ⊙
	变形 墙柱	√		√	△	△	√	△	△		⊙	△	
处理目的	防渗、耐久性	√		√									△
	提高承载能力				√	√						△	
	外观	√	√	√			△						

注：√—首选；△—次选；⊙—必要时选。

五、砌体裂缝事故实例

【例 4-1】 墙体填缝封闭处理实例。

（1）工程事故概况。江苏省某教学楼为四层砖混结构，局部为五层，平面示意如图 4-15(b) 所示，砖墙承重，钢筋混凝土平屋顶，无隔热层。房屋竣工使用后，顶层纵横墙两端出现了明显的八字裂缝，房屋中部附近出现了竖向裂缝。纵墙上的裂缝示意如图 4-15(a) 所示。

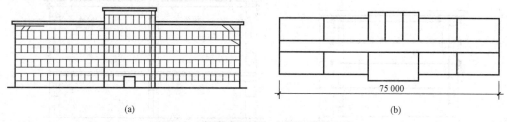

图 4-15 教学楼平面、立面与裂缝示意
(a)立面图；(b)平面图

从这些裂缝特征中很容易鉴别这些都是较典型的温度裂缝。

（2）事故处理。由于顶层砌体裂缝长期变化扩展，造成墙面渗漏，抹灰层脱落，影响正常使用，必须处理。针对裂缝特点和修补目的，选用先铲除裂缝及脱落层附近的内墙抹灰层，清洗墙面并充分润湿后，封堵裂缝和恢复墙面抹灰的方法。外墙面裂缝未封堵，处理时间选在 8 月。因这时气温最高，裂缝最宽，且学校放暑假。经处理后，内墙面没有再开裂，墙面也无渗漏。

【例 4-2】 墙体钢筋网水泥面层处理实例。

（1）工程事故概况。河南省某工程底层为现浇框架结构厂房，二层为混合结构仓库。工程接近竣工时，发现二层横墙抹灰面上出现八字形裂缝，典型裂缝示意如图 4-16 所示。第一批裂缝较宽，出现在墙砌筑后半年左右，第二批裂缝较细，出现在砌墙后 10 个月左右。裂缝随时间不断发展，观测 9 个月仍未停止，Ⓐ、Ⓑ轴线纵墙和部分轴线横墙出现水平裂缝。

据技术人员分析，裂缝与地基沉降无关，其主要原因是结构方案不合理。该工程梁跨度大于 16 m，砖墙高仅 1.8 m，形不成"钢筋混凝土——砖砌体组合梁"，墙端部的主拉应力超过砌体的抗拉强度而开裂。裂缝的次要原因是，屋面水泥炉渣保温层质量差，引起温度变形，以及大梁拆模过早。

(2) 事故处理。经设计复核，钢筋混凝土结构无问题。但是二层墙体裂缝随使用荷载的作用可能扩展，影响正常使用。该工程处理方案是铲除砖墙抹灰层，清洗干净，墙两侧用 30 mm 厚 1∶3 水泥砂浆，内配 $\phi^b 4@250$ mm×250 mm 钢筋网加固，每隔 500 mm 用"∽"形穿墙筋将两片钢筋网拉住，如图 4-17 所示。

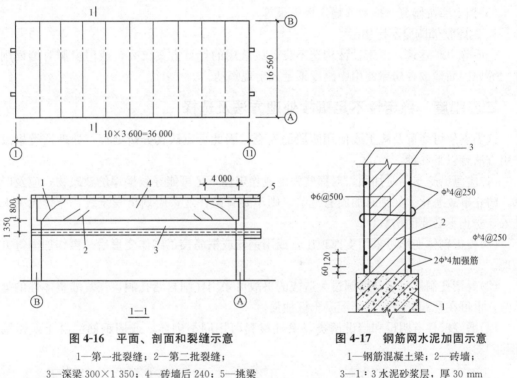

图 4-16 平面、剖面和裂缝示意
1—第一批裂缝；2—第二批裂缝；
3—深梁 300×1 350；4—砖墙后 240；5—挑梁

图 4-17 钢筋网水泥加固示意
1—钢筋混凝土梁；2—砖墙；
3—1∶3 水泥砂浆层，厚 30 mm

第四节　砌体强度、刚度和稳定性不足事故分析与处理

一、事故类型与原因

1. 强度不足事故

砌体强度不足，导致结构有的变形，有的开裂，严重的甚至倒塌。对待强度不足的事故，尤其需要特别重视没有明显外部缺陷的隐患性事故。

造成砌体强度不足的主要原因有：设计截面太小；水、电、暖、卫和设备留洞留槽削弱断面过多；材料质量不合格；施工质量差，如砌筑砂浆强度低下，砂浆饱满度严重不足等。

2. 砌体稳定性不足事故

这类事故是指墙或柱的高厚比过大或施工原因，导致结构在施工阶段或使用阶段失稳变形。造成砌体稳定性不足的主要原因有以下几项：

(1)设计时不验算高厚比，违反了《砌体结构设计规范》(GB 50003—2011)有关限值的规定；

(2)砌筑砂浆实际强度达不到设计要求；

(3)施工顺序不当，如纵横墙不同地砌筑，导致新砌纵墙失稳；

(4)施工工艺不当，如灰砂砖砌筑时浇水，导致砌筑中失稳；

(5)挡土墙抗倾覆、抗滑移稳定性不足等。

3. 房屋整体刚度不足事故

仓库等空旷建筑，由于设计构造不良，或选用的计算方案欠妥，或门窗洞对墙面削弱过大等原因而造成在房屋使用中刚度不足，出现颤动。

二、刚度、稳定性不足事故处理方法及选择

这类事故可能危及施工或使用阶段的安全，因此，应认真分析处理；处理这类事故的常用方法有以下几种：

(1)应急措施与临时加固。对那些强度或稳定性不足可能导致倒塌的建筑物，应及时支撑，防止事故恶化。如临时加固有危险，则不要冒险作业，应划出安全线，严禁无关人员进入，防止不必要的伤亡。

(2)校正砌体变形可采用支撑顶压，或用钢丝或钢筋校正砌体变形后，再作加固等方式处理。

(3)封堵孔洞。由墙身留洞过大造成的事故可采用仔细封堵孔洞，恢复墙整体性的处理措施，也可在孔洞处增作钢筋混凝土框加强。

(4)增设壁柱有明设和暗设两类，壁柱材料可用同类砌体，或用钢筋混凝土或钢结构(图4-18)。

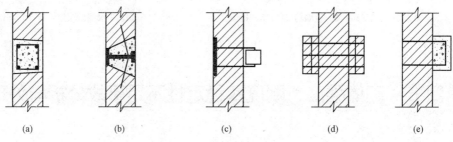

图4-18 增设壁柱构造示意

(a)钢筋混凝土暗柱加强；(b)钢暗柱加固，并用圆钢插入砖缝加强连接；
(c)明设空心方钢柱加固，用扁钢锚固在砖墙中；(d)增砌砖壁柱，内配钢丝网；(e)明设钢筋混凝土柱加固

(5)加大砌体截面用同材料加大砖柱截面，有时也加配钢筋(图4-19)。

(6)外包钢筋混凝土或钢。常用于柱子加固。

(7)改变结构方案。如增加横墙，变弹性方案为刚性方案；柱承重改为墙承重；山墙增设抗风圈梁(墙不长时)等。

(8)增设卸荷结构。如墙柱增设预应力补强撑杆。

(9)预应力锚杆加固。例如,重力式挡土墙用预应力锚杆加固后,提高抗倾覆与抗滑能力,如图4-20所示。

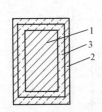

图 4-19 加大砖柱截面
1—原有砖柱;2—加砌围套;3—假设钢筋网

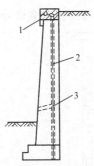

图 4-20 应力锚杆加固挡土墙
1—钢筋混凝土梁;2—钻孔 φ74@1 m,锚杆 φ26;3—泄水孔

(10)局部拆除重做。用于柱子强度、刚度严重不足时。

各种处理方法选择参照表4-5。

表 4-5 砌体强度、刚度、稳定性不足处理方法选择

事故性质与特征		处理方法								
		校正变形	封堵孔洞	增设壁柱	加大截面	外包加固	改变结构方案	加设卸荷结构	加设预应力锚杆	局部拆换
强度不足	墙柱	√	△	△	△	√		△	⊙	△
变形	墙柱		√		√	△	√	√	⊙	√
刚度或稳定性不足房屋颤动				√			√		⊙	

三、砌体强度、刚度和稳定性不足事故实例

【例 4-3】 堵塞孔洞处理实例。

(1)工程概况。某幢三层混合结构宿舍带阳台的房间采用现浇钢筋混凝土楼板,横墙和纵墙都是承重墙,局部平面与立面如图4-21所示,砌筑时在底层门窗之间的5 000 mm宽墙上留了一个宽为240 mm的脚手架眼,使该墙砌体截面削弱了近1/2,留脚手架眼处所受荷载为81 kN,因此,安全度严重不足。

(2)事故处理措施。发现问题后,立即在底层门窗过梁下加设支撑,以对留脚手架眼的墙卸荷,然后用MU10砖和M10砂浆严密堵塞脚手架。

【例 4-4】 稳定性不足事故整体加固。

(1)工程概况。某单层仓库,长度为 30 m,砖墙柱承重,装配式整体楼盖,局部平面如图 4-22 所示,内设 3 t 桥式起重机,轨顶标高为 4 m,屋架下弦标高为 5.5 m,墙顶标高为 6.5 m。该工程按刚性方案设计,竣工使用后,起重机开动引起房屋发生颤动。

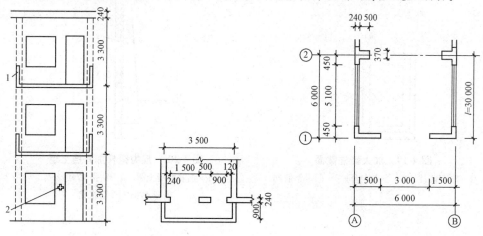

图 4-21 局部平面与立面示意(尺寸单位:mm)
1—阳台;2—脚手架眼 180 mm×246 mm

图 4-22 某单层仓库局部平面图

(2)事故原因分析。该工程按刚性方案设计,但是刚性方案的横墙,规范规定应符合下列要求。

1)横墙中开有洞口时,洞口的水平截面面积不应超过横墙截面面积的 50%(该工程已达到或超过 50%)。

2)横墙厚度不宜小于 180 mm(该工程符合规定)。

3)单层房屋横墙长度不宜小于其高度(该工程已不符合此规定)。

因为横墙不能同时符合上述要求,规范规定应对横墙刚度进行验算。验算后发现,该横墙的最大水平位移值已严重超出规范规定的 $H/4\,000$(H 为墙高),因此不能作为刚性方案的横墙。

(3)事故处理措施。主要是加强山墙的刚度,使其满足上述全部要求,该工程采取的措施是将山墙上 3 m 宽的大门洞用 240 mm 厚砖墙封堵,新、旧墙体连接采用拆除部分原墙砖或加设钢筋法(图 4-23)。由于墙洞封堵后,山墙的刚度提高,抵抗墙水平位移的截面惯性矩提高很多,经验算,处理后墙水平位移已小于规范的限制($H/4\,000$)。

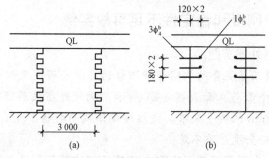

图 4-23 封堵门洞构造示意
(a)局部拆除镶砌;(b)加设钢筋

第五节 砌体局部倒塌事故分析与处理

一、局部倒塌事故类型与原因

砌体结构局部倒塌最多的是柱、墙工程。砖拱倒塌虽然时有发生，但原因很简单，几乎全是无设计或设计错误，加之砖拱的使用日益减少，本节仅阐述由柱、墙破坏而引起的局部倒塌的处理。

柱、墙砌体破坏倒塌的原因主要有以下几种：

(1)设计构造方案或计算简图错误。例如，单层房屋长度虽不大，但一端无横墙时，仍按刚性方案计算，必导致倒塌；又如，跨度较大的大梁(>14 m)搁置在窗间墙上，大梁和梁垫现浇成整体，墙梁连接节点仍按铰接方案设计计算，也可导致倒塌；再如，单坡梁支撑在砖墙或柱上，构造或计算方案不当，在水平分力作用下倒塌等。

(2)砌体设计强度不足。不少柱、墙倒塌是由于未设计计算而造成。事后验算，其安全度都达不到设计规范的规定。另外，计算错误也时有发生。

(3)乱改设计。例如任意削减砌体截面尺寸才导致承载能力不足或高厚比超过规范规定而失稳倒塌；又如改预制梁为现浇梁，梁下的墙由原来的非承重墙变为承重墙而倒塌。

(4)施工期失稳。例如，灰砂砖含水率过高，砂浆太稀，砌筑中失稳垮塌；毛石墙砌筑工艺不当，又无足够的拉结力，砌筑中也易垮塌。一些较高墙的墙顶构件没有安装时，形成一端自由，易在大风等水平荷载作用下倒塌。

(5)材料质量差。砖强度不足或用断砖砌筑，砂浆实际强度低下等原因均可引起倒塌。

(6)施工工艺错误或施工质量低劣。例如，现浇梁板拆模过早，这部分荷载传递至砌筑时间较短的砌体上，因砌体强度不足而倒塌；墙轴线错位后处理不当；砌体变形后用撬棍校直；配筋砌体中漏放钢筋；冬季采用冻结法施工，解冻期无适当措施等，均可导致砌体倒塌。

(7)旧房加层不经论证就在原有建筑上加层，导致墙柱破坏而倒塌。

二、局部倒塌事故处理方法与注意事项

仅因施工错误而造成的局部倒塌事故，一般采用按原设计重建方法处理。但是多数倒塌事故均与设计和施工两方的原因有关，这类事故均需重新设计后，严格按照施工规范的要求重建。

处理局部倒塌事故中应注意以下事项。

1. 排险拆除工作

局部倒塌事故发生后，对那些虽未倒塌但可能坠落垮塌的结构构件，必须按下述要求进行排险拆除：

(1)拆除工作必须自上而下地进行。

(2)确定适当的拆除部位,并应保证未拆部分结构的安全,以及修复部分与原有建筑的连接构造要求。

(3)拆除承重的墙柱前,必须做结构验算,确保拆除中的安全,必要时应设可靠的支撑。

2. 鉴定未倒塌部分

对未倒塌部分必须从设计到施工进行全面检查,必要时还应作检测鉴定,以确定其可否利用,怎样利用,是否需要补强加固等。

3. 确定倒塌原因

重建或修复工程,应在原因明确,并采取针对性措施后方可进行,避免处理不彻底,甚至引起意外事故。

4. 选择补强措施

当原有建筑部分需要补强时,必须从地基基础开始进行验算,防止出现薄弱截面或节点。补强方法要切实可行,并抓紧实施,以免延误处理时机。

三、局部倒塌事故实例

【例4-5】 乱改设计和施工工艺不当造成倒塌。

(1)工程概况。某多层混合结构宿舍用火墙取暖。原设计火墙长为1.75 m和2.32 m两种。墙顶预制钢筋混凝土过梁,梁两端支承在内纵墙上,搁置长度为240 mm。

(2)事故原因分析。由于施工时普遍将火墙长度加长300 mm,导致梁搁置长度减小为90 mm左右,同时,又将火墙上的预制梁改为现浇梁,致使原设计的非承重火墙变为承重火墙。另外,工程为冬期施工,却未按施工规范的要求砌筑砂浆,边砌筑边冻结,最终导致解冻时砌体失稳而倒塌。该工程在全部清理事故现场后,重新复建交付使用。

本章小结

砌体结构的检测主要包括砌体结构裂缝、砌体中砌块与灰缝砂浆强度及砌体强度的检测。学习中应熟悉砌体检测的常用方法。常用的砌体结构加固方法包括扩大截面加固法、外加钢筋混凝土加固法、外包钢加固法、钢筋网水泥砂浆层加固法等。砌体工程中常见的工程事故包括结构裂缝、砌体强度、刚度和稳定性不足事故及局部倒塌事故等,学习过程中应重点掌握各类工程事故的发生原因分析及其相应的处理措施。

思考与练习

一、填空题

1. 砌体裂缝检测的内容应包括_____、_____及_____等。
2. 检测裂缝的长度用_____进行测量。
3. 裂缝的走向、数量以及形态应详细地标在墙体的_____或砖柱_____上。

4. 推出仪应由_____、_____、_____等组成。

5. _____适用于推定烧结普通砖或烧结多孔砖砌体中的砌筑砂浆强度。

6. 用钢筋网水泥砂浆层加固法使墙体形成组合墙体,俗称_____。

二、选择题

1. 检测砌体裂缝( )可用塞尺、卡尺进行测量。
   A. 长度　　　　B. 宽度　　　　C. 深度　　　　D. 长度和宽度

2. ( )适用于推定240 mm厚烧结普通砖、烧结多孔砖、蒸压灰砂砖或蒸压粉煤灰砖墙体中的砌筑砂浆强度。
   A. 推出法　　　B. 点荷法　　　C. 回弹法　　　D. 扁顶法

3. ( )常用来加固砖柱和窗间墙。
   A. 钢筋网水泥砂浆层加固法　　　B. 外加钢筋混凝土加固法
   C. 扩大截面法　　　　　　　　　D. 外包钢加固法

三、判断题

1. 当砌体承载力不足时,可用扩大截面加固法进行加固。　　　　　(　)
2. 外加钢筋混凝土法适用于砖柱和壁柱的加固。　　　　　　　　　(　)
3. 外包钢加固具有快捷、高强的优点。　　　　　　　　　　　　　(　)
4. 用外包钢加固施工方便,且不要养护期,可立即发挥作用。　　　(　)

四、问答题

1. 砌体裂缝检测应符合哪些规定?
2. 哪些情况不宜采用钢筋网水泥砂浆法进行加固?
3. 造成砌体裂缝事故的地基不均匀沉降包括哪些情况?
4. 常见裂缝的处理应遵循哪些原则?
5. 造成砌体稳定性不足的主要原因有哪些?

第五章 钢筋混凝土结构工程事故分析与处理

知识目标

（1）熟悉钢筋混凝土结构构件质量检测的常用方法；

（2）掌握混凝土结构的加固、补强方法；

（3）掌握钢筋混凝土结构裂缝及表层缺陷的产生原因和修补方法；

（4）熟悉钢筋混凝土结构错位变形事故的表现，掌握钢筋混凝土结构错位变形事故的发生原因及处理方法；

（5）熟悉钢筋工程事故类型，掌握钢筋工程事故的发生原因及预防措施；

（6）了解混凝土强度不足对混凝土结构的影响，掌握造成混凝土强度不足的原因及事故处理方法。

能力目标

通过本章内容的学习，能够掌握混凝土结构的加固、补强方法，并能够对常见的钢筋混凝土结构裂缝及表层缺陷事故、钢筋混凝土结构错位变形事故、钢筋工程事故、混凝土强度不足等事故进行原因分析，并能够采取相应的处理措施。

第一节 钢筋混凝土结构构件的检测

钢筋混凝土结构具有承载力大、整体性能好等优点，是工程上广泛应用的结构类型。由于设计、施工和使用中的种种原因，钢筋混凝土结构会存在各种不同的质量问题；房屋功能的改变，厂房生产工艺的变化，均会增加建筑结构的荷载；突然出现的灾害，如火灾、地震等，更易使结构受到损坏。因此，对钢筋混凝土结构进行检测是非常必要的。

一、构件外观与位移检查

1. 构件的外形尺寸

结构构件的尺寸直接关系到构件的刚度和承载力。准确地度量构件尺寸,可以为结构验算提供可靠的资料。

用钢尺测量构件长度,并分别测量构件两端和中部的截面尺寸,从而确定构件的高度和宽度。构件尺寸的允许偏差应符合《混凝土结构工程施工质量验收规范》(GB 50204—2015)的规定。

2. 构件的表面蜂窝面积

构件的表面蜂窝是指混凝土表面无水泥砂浆,露出石子深度大于 5 mm 但小于保护层厚度的缺陷,是由混凝土配合比中砂浆少石子多、砂浆与石子分离、混凝土搅拌不匀、振捣不实及模板露浆等多种原因造成的。构件的表面蜂窝的面积可用钢尺或百格网量取。

3. 构件表面的孔洞缺陷

孔洞是指深度超过保护层厚度,但不超过截面尺寸 1/3 的缺陷,是由混凝土浇筑时漏振或模板严重漏浆所致。

检查方法为凿去孔洞周围松动石子,用钢尺量取孔洞的面积及深度。梁、柱上的孔洞面积任何一处不大于 40 cm^2,累计不大于 80 cm^2 为合格;基础、墙、板上的孔洞面积任何一处不大于 100 cm^2,累计不大于 200 cm^2 为合格。

4. 构件表面的露筋缺陷

露筋是指钢筋没有被混凝土包裹而外露的缺陷,是由钢筋骨架放偏、混凝土漏振或模板严重漏浆所致。旧建筑物的露筋还可能是由于混凝土表层碳化、钢筋锈蚀膨胀致使混凝土保护层剥落形成。

外露的钢筋用钢尺量取。梁、柱上每个检查件(处)任何一根主筋露筋长度不大于 10 cm,累计不大于 20 cm 为合格,但梁端主筋锚固区内不允许有露筋。基础、墙、板上每个检查件(处)任何一根主筋露筋长度不大于 20 cm,累计不大于 40 cm 为合格。

二、钢筋混凝土中钢筋质量检测

(一)钢筋材质检验

钢筋材质检验,一般只在结构构件上进行抽查验证。钢筋材质检验的具体做法是:凿去构件局部保护层,观察钢筋型号,量取钢筋直径。若从构件中取样试验,除要考虑构件仍有足够的安全度外,还应注意样品的代表性。

(二)钢筋配筋数量检测

钢筋一般布置在构件截面四周,可用钢筋位置探测仪测出主筋、箍筋的位置及钢筋的数量。另外,还可以抽样检查,即凿去构件局部保护层,直接检查主筋和箍筋的数量。如混凝土表层有双排或多排主筋,只能局部凿除混凝土保护层,直接检测。

(三)钢筋位置及保护层厚度的检测

凿去混凝土构件局部保护层,直接量测钢筋位置及保护层厚度。这类方法对混凝土构件有局部损伤,一般仅能做少量检测。若要对构件钢筋位置及保护层厚度做全面检测,则需采用仪器测定。

1. 钢筋位置的测定

使用测定仪进行钢筋位置检测的方法:接通电池电源,使钢筋位置测定仪的探头长边与钢筋长度方向平行,调整零点,将测距挡拨至最大。将探头横向(垂直于钢筋方向)平移,仪器指针摆动最大时,探头下即为钢筋位置。同理,将探头沿箍筋排列方向移动,可检查箍筋的数量及间距。

2. 钢筋保护层厚度的测定

当钢筋位置确定后,应按以下方法进行混凝土保护厚度的检测:

(1)首先设定钢筋探测仪量程范围及钢筋公称直径,沿被测钢筋轴线选择相邻钢筋影响较小的位置,并避开钢筋接头盒绑丝,读取第1次的混凝土保护层厚度检测值。在被测钢筋的同一位置重复检测1次,读取第2次检测的混凝土保护层厚度检测值。

(2)当同一位置读取的两个混凝土保护层厚度检测值相差大于1 mm时,该组检测数据应视为无效,并查明原因,在该处重新进行检测。仍不满足要求时,更换钢筋探测仪或采用钻孔、剔凿的方法验证。

钢筋混凝土保护层厚度平均检测值按下式计算:

$$c_{m,j}^t = (c_1^t + c_2^t + 2c_c + 2c_D)/2 \tag{5-1}$$

式中 $c_{m,j}^t$——第i测点混凝土保护层厚度平均检测值,精确至1 mm;

c_1^t,c_2^t——第1、2次检测的混凝土保护厚度检测值,精确至1 mm;

c_c——混凝土保护层厚度修正值,为同一规格钢筋的混凝土保护层厚度实测验证值减去检测值,精确至0.1 mm;

c_D——探头垫块厚度,精确至0.1 mm;不加垫块时,$c_D=0$。

(四)钢筋锈蚀程度的检测

锈蚀程度的检测方法主要有直接观察法与自然电位法两种。

1. 直接观察法

直接观察法是在构件表面凿去局部保护层,将钢筋暴露出来,直接观察、测量钢筋的锈蚀程度,主要是量测锈层厚度和剩余钢筋面积。这种方法直观、可靠,但会破坏构件表面,一般不宜做得太多。

2. 自然电位法

自然电位是指钢筋与其周围介质(在此为混凝土)形成一个电位,锈蚀后钢筋表面钝化膜破坏,引起电位变化。

自然电位法的基本原理是钢筋锈蚀后其电位发生变化,测定其电位变化来推断钢筋的锈蚀程度。图5-1所示为自然电位法现场测量示意图,所用伏特计内阻为107~1 014 Ω。参比电极可选用硫酸铜电极、甘汞电极或氧化汞、氧化钼电极。局部剥露的钢筋应事先打磨光,保证接触良好。

在钢筋处于钝化状态时,自然电位一般处于$-100 \sim -200$ mV范围内(对比硫酸铜电极),若钢筋腐蚀后,自然电位向低电位变化。

用自然电位法测钢筋锈蚀情况,方法简便,不用复杂设备即可快速得出结果,而且可在不影响正常生产的情况下进行。但电位易受周围环境因素干扰,且对腐蚀程度的判断比较粗略,故常与其他方法如直接观察法结合应用。

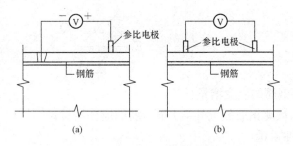

图 5-1 自然电位法现场测量示意
(a)钢筋自然电位测量；(b)电位梯度测量

(五)钢筋强度的检测

钢筋强度的检测可分为屈服强度的测定与抗拉强度的测定。

1. 屈服强度的测定

对于拉伸曲线无明显屈服现象的钢筋，其屈服强度为试样在拉伸试验过程中标距部分残余伸长达到原标距长度的 0.2% 时的应力，如图 5-2 所示。

$$\sigma_{02} = \frac{P_{02}}{F_0} \quad (5\text{-}2)$$

式中　P_{02}——试样在拉伸试验过程中标距部分残余伸长达到原标距长度的 0.2% 时的荷载(N)；

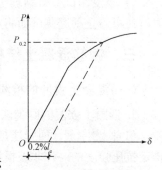

图 5-2 荷载-变形曲线

F_0——试样标距部分原始的最小横截面面积(mm^2)；

σ_{02}——试样的屈服强度(MPa)。

2. 抗拉强度的测定

将试样拉断后，从测力度盘或拉伸曲线上可读出最大荷载 P_b，则钢筋抗拉强度为

$$\sigma_b = \frac{P_b}{F_0} \quad (5\text{-}3)$$

式中　P_b——钢筋试样拉断后最大荷载值(N)；

F_0——试件原横截面面积(mm^2)；

σ_b——钢筋抗拉强度(MPa)。

(六)钢筋实际应力的测定

在混凝土结构中，钢筋实际应力的测定是对结构进行承载力判断和对受力钢筋进行受力分析的一种较为直接的方法。

钢筋实际应力测定步骤如下：

(1)凿除保护层、粘贴应变片。在所选部位将被测钢筋的保护层凿掉，使钢筋表层清洁并粘贴好测定钢筋应变的应变片。

(2)削磨钢筋面积，量测钢筋应变。在与应变片相对的一侧用削磨的方法使被测钢筋的面积减小，然后用游标卡尺量测其减小量，同时，用应变记录仪记录钢筋因面积变小而获得的应变增量 $\Delta \varepsilon_s$。

(3)钢筋实际应力计算。钢筋实际应力 σ_s 的计算近似可取。

$$\sigma_z = \frac{\Delta\varepsilon_s E_s A_{sl}}{A_{s2}} = E_s \frac{\sum_1^n \Delta\varepsilon_{si} \cdot Q_{si}}{\sum_1^n A_{si}} \tag{5-4}$$

式中　　$\Delta\varepsilon_s$——被削磨钢筋的应变增量；

　　　　$\Delta\varepsilon_{si}$——构件上被测钢筋邻近处第 i 根钢筋的应变增量；

　　　　E_s——钢筋弹性模量；

　　　　A_{sl}——被测钢筋削磨后的截面面积；

　　　　A_{s2}——被测钢筋削磨掉的截面面积；

　　　　A_{si}——构件上被测钢筋邻近处第 i 根钢筋的截面面积。

(4)重复测试，得到理想结果。重复上述步骤，当两次削磨后得到的应力值 σ_s 很接近时，便可停止削磨测试而将此时的 σ_s 值作为钢筋最终要求的实际应力值。

三、钢筋混凝土结构中混凝土质量的检测

(一)混凝土强度的检测

1. 混凝土强度的回弹法检测

(1)检测原理。回弹法是根据混凝土的回弹值、碳化深度与抗压强度之间的相互关系来推定抗压强度的一种非破损检测方法。

(2)回弹仪。

1)构成。回弹仪主要由锤、弹簧、中心导杆、外壳、盖帽和指针视窗等构成。

2)使用方法。使用回弹仪时，先将弹击杆顶住混凝土表面，轻压仪器，将按钮松开，使弹击杆伸出，然后垂直正对混凝土表面缓慢均匀施压。待弹击锤脱钩，冲击弹击杆，弹击杆再冲击混凝土表面，弹击锤即带动指针向后移动，指针视窗的刻度尺上显示某一回弹值。继续顶住混凝土表面或按下按钮，锁住机芯，读出回弹值。

3)技术要求。

①水平弹击时，在弹击锤脱钩瞬间，回弹仪的标称能量应为 2.207 J。

②在弹击锤与弹击杆碰撞的瞬间，弹击拉簧应处于自由状态，且弹击锤起点应位于刻度尺的"0"处。

③在洛氏硬度 HRC 为 60±2 的钢砧上，回弹仪的率定值应为 80±2。

④数字式回弹仪应带有指针直读示意系统；数字显示的回弹值与指针读数值相差不应超过1。

(3)测量准备。

1)试样抽样原则。

①当测定单个构件的混凝土强度时，可根据混凝土质量的实际情况决定测试数量。

②当用抽样法测定整体结构或成批构件的混凝土强度时，随机抽取的试样数量不少于结构或构件总数的30%。

2)测点布置要求。

①测点宜在测区范围内均匀分布，相邻两测点的净距一般不小于 20 mm，测点与构件边缘或外露钢筋、预埋件的距离一般不小于 30 mm。

②测点不应在气孔或外露石子上，同一测点只允许弹击一次。

③每一测区弹击 16 点(当一测区有两个测面时，则每一个测面弹击 8 点)。

④每一测点的回弹值应精确至 1。

⑤检测时，回弹仪的轴线应始终垂直于结构或构件的混凝土检测面，缓缓施压，准确读数，快速复位。

3)测面与测区的布置。测面与测区的布置方法如下：

①测区数量。测区数量不应少于 10 个，当测区为某一方向尺寸小于 4.5 m 且另一方向的尺寸小于 0.3 m 的构件时，其测区数量可适当减少，但不应少于 5 个。

②测区间距。相邻两测区的间距应控制在 2 m 以内，测区离构件端部或施工缝边缘的距离不宜大于 0.5 m，且不应小于 0.2 m。

③测区位置确定。

a. 测区应选在使回弹仪处于水平方向检测混凝土侧面，当不满足这一要求时，可使回弹仪处于非水平方向检测混凝土侧面、表面或底面，测区面积不宜大于 400 cm²。

b. 测区宜选在构件的两个对称可测面上，也可选在一个可测面上，且应均匀分布。在构件的重要部位及薄弱部位必须布置测区。

④测面表面要求。测面应清洁、平整、干燥，不应有疏松层、浮浆、油垢以及蜂窝、麻面等，必要时可用砂轮清除疏松层和杂物，且不应有残留的粉末或碎屑。

⑤其他要求。对弹击时产生颤动的薄壁、小型构件应进行固定。

(4)数据整理及计算。

1)从某测区的 16 个回弹值中剔除 3 个最大值和 3 个最小值，然后将余下的 10 个回弹值按下式计算测区平均回弹值：

$$R_m = \frac{\sum_{i=1}^{10} R_i}{10} \tag{5-5}$$

式中 R_m——测区平均回弹值，精确至 0.1；

R_i——第 i 个测点的回弹值。

2)非水平方向检测混凝土浇筑侧面时，应按下式修正：

$$R_m = R_{m\alpha} + R_{a\alpha} \tag{5-6}$$

式中 $R_{m\alpha}$——非水平方向检测时测区的平均回弹值，精确至 0.1；

$R_{a\alpha}$——非水平方向检测时回弹值的修正值。

3)水平方向检测混凝土浇筑顶面或底面时，应按下式修正：

$$R_m = R_m^t + R_a^t \tag{5-7}$$

$$R_m = R_m^b + R_a^b \tag{5-8}$$

式中 R_m^t，R_m^b——水平方向检测混凝土浇筑表面、底面时测区的平均回弹值，精确至 0.1；

R_a^t，R_a^b——混凝土浇筑表面、底面回弹值的修正值，其按相应修正值表来确定。

检测时，回弹仪为非水平方向且测试面为非混凝土的浇筑侧面时，先按非水平方向检测时回弹值的修正值 $R_{a\alpha}$ 表对回弹值进行角度修正，再按不同浇筑面回弹值的修正值 R_a^t、R_a^b 表对修正后的值进行浇筑面修正。

4)回弹值测量完毕后，用凿子在测区内凿出直径约为 15 mm、深度约为 6 mm 的孔洞，吹去孔洞中的粉末和碎屑,将质量分数为1%的酚酞酒精溶液(酚酞:工业用乙醇:蒸馏水=1:49:50)滴在孔洞内壁的边缘处,然后用游标卡尺加三角板测量自混凝土表面至深部的不变色(未碳化的混凝土呈粉红色)部分的垂直距离,该距离即为混凝土的碳化深度值。通常,每个孔测 1~3 次,求出平均碳化深度 $\overline{L}$,测量值精确至 0.5 mm。平均碳化深度小于 0.5 mm 时,取 $\overline{L}=0$;平均碳化深度大于 6 mm 时,取 $\overline{L}=6$ mm。

(5)回弹强度的测定。

1)测强基准曲线。回弹法测强基准曲线的分类见表 5-1。

表 5-1　回弹法测强基准曲线的分类

类　　别	内　　容
专用测强曲线	由与结构或构件混凝土相同的材料、成型养护工艺配制的混凝土试件,通过试验所建立的曲线。该曲线精度较高。当被测结构或构件混凝土的各种条件与专用测强曲线一致时,应优先使用专用测强曲线评定测区混凝土强度
地区测强曲线	由本地区常用的材料、成型养护工艺配制的混凝土试件,通过试验所建立的曲线。它是针对某一地区的情况而制定的测强基准曲线。处在该地区的结构或构件在没有专用测强曲线的情况下,应采用地区测强曲线(地区测强换算表)来评定混凝土强度值
统一测强曲线	由全国有代表性的材料、成型养护工艺配制的混凝土试件,通过试验所建立的曲线

2)试样混凝土强度评定。结构或构件的测区混凝土强度平均值可根据各测区的混凝土强度换算值计算。

①当测区数为 10 个及 10 个以上时,应计算强度标准差。平均值及标准差应按下式计算:

$$m_{f_{cu}^c} = \frac{\sum_{i=1}^{n} f_{cu,i}^c}{n} \tag{5-9}$$

$$s_{f_{cu}^c} = \sqrt{\frac{\sum_{i=1}^{n} (f_{cu,i}^c)^2 - n(m_{f_{cu}^c})^2}{n-1}} \tag{5-10}$$

式中　$m_{f_{cu}^c}$——结构或构件测区混凝土强度换算值的平均值(MPa),精确至 0.1 MPa;

　　　n——对于单个检测的构件,取一个构件的测区数;对批量检测的构件,取被抽检构件测区数之和;

　　　$s_{f_{cu}^c}$——结构或构件测区混凝土强度换算值的标准差(MPa),精确至 0.01 MPa。

②当该结构或构件测区数少于 10 个时,应按下式计算:

$$f_{cu,e} = f_{cu,\min}^c \tag{5-11}$$

式中　$f_{cu,\min}^c$——构件中最小的测区混凝土强度换算值。

③当该结构或构件的测区数不少于 10 个或按批量检验时,应按下式计算:

$$f_{cu,e} = m_{f_{cu}^c} - 1.645 s_{f_{cu}^c} \tag{5-12}$$

2. 混凝土强度的超声波法检测

(1)超声波检测原理。超声仪器产生高压电脉冲,激励发射换能器内的压电晶体获得高频声脉冲,声脉冲传入混凝土介质,由接收换能器接收通过混凝土传来的声信号,测出超声波在混凝土中传播的时间。量取声通路的距离,算出超声波在混凝土中传播的速度。对于配制成分相同的混凝土,强度越高,则声速越大,反之越小。两者的关系如下:

$$f_c = K \cdot v \tag{5-13}$$

式中 f_c——混凝土的抗压强度(MPa);

v——超声脉冲在混凝土中传播的速度(km/s);

K——系数,混凝土的各种参数确定后,K 可以认为是个常数。

(2)超声波声速值测定。

1)超声检测的现场准备及测区布置与回弹法的相同,测点应尽量避开缺陷和内部应力较大的部位,还应避开与声路平行的钢筋。在每个测区相对的两测面选择相对的呈梅花状的 5 个测点。

2)对测时,要求两个换能器的中心同位于一条轴线上,然后逐个对测。为了保证混凝土与换能器之间有可靠的声耦合,应在混凝土测面与换能器之间涂上黄油作为耦合剂。

3)实测时,将换能器涂以耦合剂后置于测点并压紧,将接收信号的首波幅度调至 30~40 mm 后测读各测点的声时值。取各测区 5 个声时值中的 3 个中间值的算术平均值作为测区声时值 $t_m(\mu s)$,则测区声速值 $V(km/s)$为

$$V = L/t_m \tag{5-14}$$

式中 L——超声波传播距离,可用钢尺直接在构件上量测(mm)。

3. 混凝土强度的拔出法及钻芯法检测

(1)混凝土强度的拔出法检测。拔出法是在混凝土构件中埋一锚杆(可以预置,也可后装),将锚杆拔出时连带拉脱部分混凝土,图 5-3 所示为拔出法的示意图。试验证明,这种拔出的力与混凝土的抗拉强度有密切关系,而混凝土抗拉力与抗压力是有一定关系的,从而可据此推测出混凝土的抗压强度。

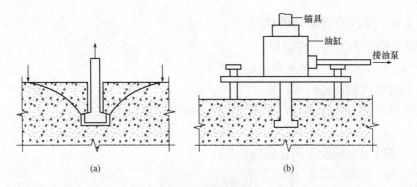

图 5-3 拔出法示意

(a)后装锚杆;(b)预置锚杆

(2)混凝土强度的钻芯法检测。钻芯法是使用专门的钻芯机在混凝土构件上钻取圆柱形芯样,经过适当加工后在压力试验机上直接测定其抗压强度的一种局部破损检测方法。

利用钻芯法计算混凝土强度时,采用直径和高度均为 100 mm 的芯样,其强度值等同于现行规范规定的 150 mm×150 mm×150 mm 立方体的标准强度。

芯样抗压强度值随其高度的增加而降低,降低值与混凝土强度等级有关。试件抗压强度还随其尺寸的增大而减少。芯样强度应按下式换算成 150 mm×150 mm×150 mm 立方体的标准强度:

$$f_c = \frac{4P}{\pi \cdot D^2 \cdot K} \tag{5-15}$$

式中　f_c——150 mm×150 mm×150 mm 立方体强度(MPa)；

　　　P——芯样破坏时的最大荷载(kN)；

　　　D——芯样直径(mm)；

　　　K——换算系数。芯样尺寸为 150 mm×150 mm 时，$K=0.95$；芯样直径为 ϕ100 mm 时，K 值按芯样高度(h)和直径(d)之比及混凝土强度等级(表 5-2)确定。

表 5-2　换算系数 K[①]

高径比 h/d	混凝土强度等级 f_c/MPa		
	$35<f_c\leqslant 45$	$25<f_c\leqslant 35$	$15<f_c\leqslant 25$
1.00	1.00	1.00	1.00
1.25	0.98	0.94	0.90
1.50	0.96	0.91	0.86
1.75	0.94	0.89	0.84
2.00	0.92	0.87	0.82

①h/d 为表中数值之间的值时，可用内插法求得。

目前钻芯法检测已经得到越来越广泛的应用。由于取芯数量不能很多，因而这种方法也常同时结合非破损方法应用，它可修正非破损方法的精度，而取芯数目可以适当减少。

(二)混凝土结构内部缺陷的检测

1. 混凝土构件内部均匀性检测

混凝土构件内部均匀性检测常采用网格法。

(1)首先对被测构件进行网格划分(200 mm 见方，两测试面上同一点要对准)。

(2)测出各点实际声时值 t_{ci}，并按下式计算出声速值：

$$v_i = l_i / t_{ci} \tag{5-16}$$

式中　v_i——第 i 测点混凝土声速值(km/s)；

　　　l_i——第 i 测点测距值(mm)。

(3)在测试记录纸上绘出各测点位置图，记录声速值，进而描出等声速曲线。该等声速曲线反映了混凝土的均匀性。

2. 缺陷部位及位置的检测

用超声波法探测混凝土结构内部缺陷时，主要是根据声时、声速、声波衰减量、声频变化等参数的测量结果进行评判的，如图 5-4 所示。对于内部缺陷部位的判断，由于无外露痕迹，如果全范围搜索，非常费时、费力，效率低。缺陷部位及位置的检测步骤与方法如下。

(1)判断对质量有怀疑的部位。

(2)以较大的间距(如 300 mm)画出网格，称为第一级网格，测定网格交叉点处的声时值。

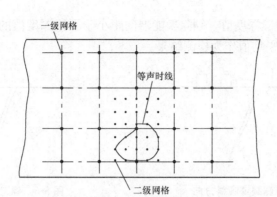

图 5-4 用超声波法测内部缺陷时的网格布置

(3)在声速变化较大的区域,以较小的间距(如 100 mm)画出第二级网格,再测定网格点处的声速。

(4)将具有数值较大声速的点(或异常点)连接起来,则该区域即可初步定为缺陷区。

(5)根据声速值的变化可以判断缺陷的存在,在其缺陷附近测得声时最长的点,然后用探头在构件两边进行测量,其连线应与构件垂直并通过声时最长点。按下面公式计算缺陷横向尺寸:

$$d = D + L\sqrt{\left(\frac{t_2}{t_1}\right)^2 - 1} \tag{5-17}$$

式中 d——缺陷横向尺寸;

L——两探头间距离;

t_2——超声脉冲探头在缺陷中心时测得的声时值;

t_1——按相同方式在无缺陷区测得的声时值;

D——探头直径。

3. 混凝土裂缝深度检测

(1)超声波检测混凝土垂直裂缝深度。混凝土中出现裂缝,裂缝空间充满空气,由于固体与气体界面对声波构成反射面,通过的声能很小,声波绕裂缝顶端通过,依此可测出裂缝深度。采用超声波法检测裂缝深度的具体要求如下:

1)需要检测的裂缝中不得充水和泥浆。

2)当有主筋穿过裂缝且与两换能器的连线大致平行时,探头应避开钢筋,避开的距离应大于估计裂缝深度的 1.5 倍。

(2)超声波检测混凝土斜裂缝深度。混凝土斜裂缝深度是通过测试与作图相结合的方法确定的。检测时将一只换能器置于裂缝一侧的 A 处,将另一只换能器置于裂缝另一侧靠近裂缝的 B 处,测出声波传播时间。然后将 B 处换能器向远离裂缝方向移动至 B' 处,若传播时间减少,则裂缝向换能器移动方向倾斜,否则裂缝向换能器移动的反方向倾斜,如图 5-5 所示。

作图方法:先在坐标纸上按比例标出换能器及混凝土表面的裂缝位置。以第一次测量时两只换能器位置 A、B 为焦点,以 $t_1 \cdot v$ 为两动径之和作椭圆,再以第二次测量时换能器的位置 A、B' 为焦点,以 $t_2 \cdot v$ 为两动径之和再作一个椭圆,两椭圆的交点即为裂缝末端顶点 O。点 O 到构件表面的距离 OE 即为裂缝深度值,如图 5-6 所示。重复上述过程,可测得

n 组数据而得到 n 个裂缝深度值,剔除换能器间距小于裂缝深度值的情况,取余下(不少于两个)的裂缝深度值的平均值作为检测结果。

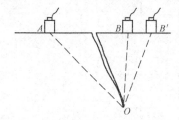

图 5-5　检测裂缝倾斜方向

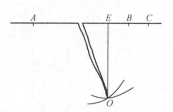

图 5-6　确定裂缝顶点

(3)超声波检测混凝土深裂缝深度。

1)在大体积混凝土中,当裂缝深度在 600 mm 以上时,可先钻孔,然后放入径向振动式换能器进行检测。

2)在裂缝两侧对称地钻 2 个垂直于混凝土表面的孔,孔径大小以能自由放入换能器为宜,孔深至少比裂缝预计深度深 70 mm。钻孔冲洗干净后注满清水。

3)将收、发换能器分别置于 2 个孔中,以同样高度等间距下落,逐点测读超声波波幅值并记录换能器所处的深度。

4)当发现换能器达到某一深度,其波幅达到最大值,再向下测量波幅变化不大时,换能器在孔中的深度即为裂缝的深度。

4. 混凝土内部的空洞和不密实区的检测

(1)对混凝土内部的空洞和不密实区进行检测时,先在被测构件上划出网格,用对测法测出每一点的声速值 v_i、波幅 A_i 与接收频率 f_i。若某测区中某些测点的波幅 A_i 和频率 f_i 明显偏低,则可认为这些测点区域的混凝土不密实;若某测区中某些测点的声速 v_i 和波幅 A_i 明显偏低,则可认为该区域混凝土内存在空洞,如图 5-7 所示。

(2)为了判定不密实区或空洞在结构内部的具体位置,可在测区的两个相互平行的测试面上,分别画出交叉测试的两组测点位置进行测试,如图 5-8 所示。根据波幅、声速的变化即可确定不密实区或空洞的位置。

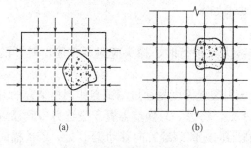

图 5-7　对测法测点布置
(a)平面图;(b)立面图

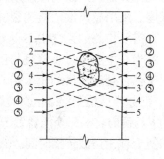

图 5-8　交叉测试法

(3)为了确认超声检测的正确性,可在怀疑混凝土内部存在不密实区或空洞的部位,钻孔取芯,直接观察验证。

第二节　混凝土结构的加固及补强

钢筋混凝土出现质量问题以后，除倒塌断裂事故必须重新制作构件外，在许多情况下可以用加固的方法来处理。加固补强技术多种多样，本节仅介绍增大截面加固法、外包钢加固法、粘结钢板加固法、碳纤维加固法、预应力加固法等方法。

一、增大截面加固法

1. 增大截面加固法原理及作用

(1) 增大截面加固法原理。增大截面加固法是指在原受弯构件的上面或下面浇一层新的混凝土并补加相应的钢筋，如图 5-9 所示，以提高原构件承载能力的方法。这是工程中常用的一种加固方法。

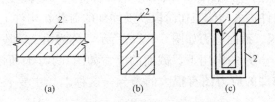

图 5-9　补浇混凝土加固梁
(a) 加厚；(b) 加高；(c) 受拉区加筋浇混凝土
1—原构件；2—新浇混凝土

(2) 增大截面加固法的作用。如图 5-9 所示，补浇的混凝土处在受拉区时，对补加的钢筋起到粘结和保护作用；当补浇层混凝土处在受压区时，增加了构件的有效高度，从而提高了构件的抗弯、抗剪承载力，并增强了构件的刚度。

2. 新旧混凝土截面独立工作情况

(1) 受力特征。加固构件在浇筑后浇层之前，如果没有对被污染或有其他构造层(如沥青防水层、粉刷层等)的原构件表面做很好的处理，将导致黏合面粘结强度不足，无法使新旧混凝土接合成一体，从而导致构件受力后不能保证二者变形符合平截面假定，这时，不能将新旧混凝土作为整体进行截面设计和承载力计算。

(2) 承载力计算。由受力特征决定，构件在加固后的承载力计算，只能将新旧混凝土截面视为各自独立工作考虑，其承担的弯矩按新旧混凝土截面的刚度进行分配。具体计算如下：

原构件(旧混凝土)截面承受的弯矩为

$$M_y = k_y M_z \tag{5-18}$$

新混凝土截面承受的弯矩为

$$M_x = k_x M_z \tag{5-19}$$

$$k_y = \frac{\alpha h^3}{\alpha h^3 + h_x^3} \tag{5-20}$$

$$k_x = \frac{h_x}{\alpha h^3 + h_x^3} \tag{5-21}$$

式中　M_z——作用于加固构件上的总弯矩(kN·m)；

　　　k_y——原构件的弯矩分配系数；

　　　k_x——新浇部分的弯矩系数；

　　　h——原构件的截面高度(mm)；

　　　h_x——新浇混凝土的截面高度(mm)；

　　　α——原构件的刚度折减系数。由于原构件已产生一定的塑性变形，其刚度较新浇部分相对要低，因此应予以折减，一般取 $\alpha=0.8\sim0.9$。

先求出新旧混凝土截面承受的弯矩，再按受弯构件的设计方法计算出新浇截面中所需的配筋，最后即可验算原构件的截面承载力。

3. 新旧混凝土截面整体工作情况

(1)受力特征。图 5-10 所示为叠合构件各阶段的受力特征。在浇捣叠合层前，构件上作用有弯矩 M_1，截面上的应力如图 5-10(b)所示，称为第一阶段受力。待叠合层中的混凝土达到设计强度后，构件进入整体工作阶段。新增加的荷载在构件上产生的弯矩为 M_2，由叠合构件的全高 h_1 承担。截面应力如图 5-10(c)所示，称为第二阶段受力。

在总弯矩 $M_z=M_1+M_2$ 的作用下，截面的应力如图 5-10(d)所示。可见，叠合构件的应力图与一次受力的构件的应力图有很大的差异，这种差异主要表现为混凝土应变滞后、钢筋应力超前。

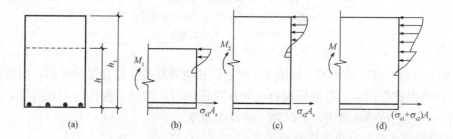

图 5-10　叠合梁截面受力特征

(a)截面形状；(b)第一阶段受力情况；(c)第二阶段受力情况；(d)叠合梁的受力情况

(2)计算实例。

【例 5-1】 某现浇钢筋混凝土多层框架梁板结构进行楼面板的承载力加固设计。

1)工程概况。某现浇钢筋混凝土多层框架梁板结构，原设计底层为车库，二层以上为办公室，楼面活荷载为 2 kN/m²。后将二楼改做仓库，楼面活荷载变为 4 kN/m²。经复核，该结构二层楼面板承载力不够，考虑采用补浇混凝土层的加固方案。试进行楼面板的承载力加固设计。

2)资料。原楼面板采用强度等级为 C20 的混凝土，HPB300 级钢筋，板厚为 70 mm，面层厚为 20 mm，水泥砂浆抹面。结构尺寸及板内配筋如图 5-11 所示。

3)事故加固措施。选用在原楼面板上补浇混凝土层的加固方案，并按新旧混凝土截面整体工作考虑。为使加固板整体受力，将原板面凿毛，使凹凸不平整度大于 4 mm，且每隔

500 mm 凿出宽 30 mm、深 10 mm 的凹槽作为剪力键，然后清洗干净并浇筑混凝土后浇层。按构造取后浇层厚 40 mm，则加固板的总厚度为 130 mm（包括面层 20 mm）。

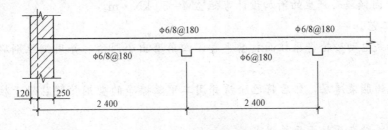

图 5-11　楼板原配筋图

二、外包钢加固法

外包钢加固法是将型钢（角钢、扁钢等）包于混凝土构件的四角或两侧，型钢之间用缀板连接形成钢构架，与原混凝土构件共同受力。加固截面如图 5-12 所示，习惯上可将其分为干式外包钢加固和湿式外包钢加固两种。

所谓干式外包钢加固，就是将型钢直接外包于原构件（与原构件间没有粘结），虽填有水泥砂浆，但不能保证结合面剪力有效传递的外包钢加固方法[图 5-12(b)、(c)、(e)]。所谓湿式外包钢加固，就是在型钢与原柱间留有一定间隙，并在其间填塞乳胶水泥浆或环氧砂浆或浇灌细石混凝土，将两者粘结成一体的加固方法[图 5-12(a)、(d)]。

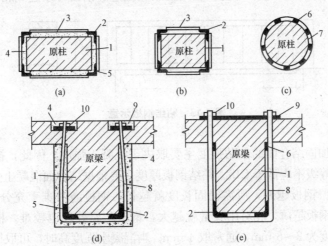

图 5-12　外包钢加固混凝土构件示意
1—原构件；2—角铁；3—缀板；4—填充混凝土或砂浆；
5—胶粘剂；6—扁铁；7—套箍；8—U 形螺栓；9—垫板；10—螺帽

通常，对梁多采用单面外包钢加固，对柱多采用双面外包钢加固。

外包钢加固的优点是构件的尺寸增加不多，但其承载力和延性却可大幅度提高。

【例 5-2】　某厂的五层现浇框架厂房，在第二层施工时，因吊运大构件时带动了框架模板，导致该层框架柱倾斜。经复核，需对部分柱进行加固。其中某边柱的加固计算如下：

(1)设计资料。该柱截面尺寸为 400 mm×600 mm,强度等级为 C20 的混凝土,层高 $H=5.0$ m,原设计外力 $N_0=600$ kN,$M_0=360$ kN·m,配筋为 $4\phi20(A_s=A'_s=1\,256\ mm^2)$。因倾斜而产生的附加设计弯矩 $\Delta M=50$ kN·m。

(2)加固工艺。

1)用手持式电动砂轮将原柱面打磨平整,四角磨出小圆角,并用钢丝刷刷毛,用压缩空气吹净。

2)刷环氧树脂浆薄层,然后将已除锈并用二甲苯擦净的型钢骨架贴附于柱表面,用卡具卡紧。

3)将缀板紧贴在原柱表面并焊牢。

4)用环氧树脂胶泥将型钢周围封闭,留出排气孔,并在有利灌浆处粘贴灌浆嘴,间距 2~3 m。

5)待灌浆嘴牢固后,测试是否漏气。若无漏气,用 0.2~0.4 MPa 的压力将环氧树脂浆压入灌浆嘴。

6)在加固柱面喷射配比为 1:2 的水泥砂浆。

(3)材料选用。根据构造,角钢选用 475×5,缀板截面选用 25 mm×3 mm,间距取 $20i=20×15=300(mm)$。

三、粘结钢板加固法

粘结钢板加固法通常用于加固受弯构件,如图 5-13 所示。只要粘结材料质量可靠,施工质量良好,则当截面达极限状态时,粘结在梁受拉边的钢板可以达到屈服强度。

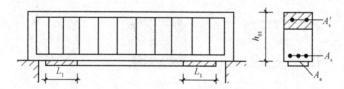

图 5-13 粘结钢板示意

由于粘结钢板加固结合面的粘贴强度主要取决于混凝土强度,因此,被加构件混凝土强度不能太低,强度等级不应低于 C15。粘结钢板厚度主要根据结合面混凝土强度、钢板锚固长度及施工要求确定。钢板越厚,所需锚固长度就越长,钢板潜力难于充分发挥,而且很硬,不好粘贴;反之,钢板越薄,相对用胶量就越大,钢板防腐处理也较难。根据经验,黏钢加固,钢板适宜的厚度为 2~5 mm,通常取 4 mm。当混凝土强度高时,可取得厚一点。

钢板的锚固长度,除满足计算规定外,还必须满足一定的构造要求:对于受拉锚固,不得小于 $200t_a$(t_a 为粘结钢板厚度),也不得小于 600 mm;对于受压锚固,不得小于 $160t_a$,也不得小于 480 mm。对于大跨结构或可能经受反复荷载的结构,锚固区尚宜增设锚固螺栓或 U 形箍板等附加锚固措施。

水分、日光、大气(氧)、盐雾、温度及应力作用,会使胶层逐渐老化,使粘结强度逐渐降低,使钢板逐渐锈蚀。为延缓胶层老化,防止钢板锈蚀,钢板及其邻接的混凝土表面应进行密封防水防腐处理。简单有效的处理办法是用 M15 水泥砂浆或聚合物防水砂浆抹面,其厚度,对于梁不应小于 20 mm,对于板不应小于 15 mm。

【例 5-3】 大桥梁底混凝土破损、脱落事故。

(1) 工程概况。川黔线 K95+120 陡沟子大桥为 7~16 m 的 Ⅱ 型梁，20 世纪 50 年代建造，梁底混凝土成片破损、脱落，钢筋锈蚀严重，蜂窝、空洞、裂纹较多。经测试，其承载能力比设计有所降低，危及行车安全。

(2) 事故原因分析。施工质量差，钢筋布置不规范，混凝土保护层厚度不够，混凝土捣固不密实，强度不够，桥上排水不畅以及大气中有害气体的侵袭等，加剧了表层混凝土的碳化。

(3) 事故加固措施。针对上述病害，经方案比选，确定采用粘结钢板加固梁体的下翼缘；对全桥锈蚀的钢筋做彻底的除锈和防锈处理；清除梁体表面的浮皮，凿除所有破碎、疏松的混凝土，直至得到稳定坚实的混凝土表面，然后用 CARB0100 聚合物水泥砂浆进行修补，恢复保护层厚度，空洞用 CAR-130100 填补密实；对裂缝用环氧树脂勾缝后压注聚氨酯，用罩面胶封闭梁体表面；在梁体上翼缘底两侧用 CARB0100 聚合物水泥砂浆做滴水檐，并在梁顶道砟槽上钻孔，增设桥面排水通道。

该加固措施在不影响行车的情况下完成了梁体加固，不仅恢复了梁桥承载力，还加强了桥梁的耐久性，经过几年的运营检验，加固效果良好。

【例 5-4】 某办公楼主梁与次梁斜裂缝加固事故。

(1) 工程概况。某地一幢 4 层办公楼，使用一年多后，发现顶层主梁与次梁普遍出现斜裂缝，多数裂缝宽大于 0.3 mm，最宽处达 1.5 mm，裂缝位置绝大部分位于靠支座处和集中荷载作用点附近。据查这批梁是在冬季施工的，混凝土配料与搅拌质量较差，成型后又受冻害。原设计强度等级为 C20，两年半后测定实际强度接近 15 MPa。可见梁产生严重裂缝的主要原因是混凝土强度低，梁的抗剪能力不足。

(2) 加固措施。由于这批梁的结构安全度严重偏低，必须进行加固处理。经研究，决定采用结构胶粘贴钢箍板来提高梁抗剪承载力的加固方法。

1) 次梁加固。次梁加固断面如图 5-14 所示，加固钢箍板厚为 1.3 mm，宽为 100 mm，加固板中间距为 250 mm。箍板的上下端弯折后，分别粘结在梁的上、下表面上，以增加其锚固力。梁上表面需除去部分预制空心板下的砂浆层，方可将粘结钢板插入。经过加固处理后，梁斜截面配筋率较原设计提高了 4.6 倍。

2) 主梁加固。主梁加固断面如图 5-15 所示，主梁加固与次梁基本相同，其不同点是箍板的上端不能穿过楼板弯折到梁上表面，故改用在梁的上部混凝土中钻孔，埋设锚固螺栓，箍板用螺帽、垫圈等与锚栓连接固定，以增加锚板上端的锚固力。

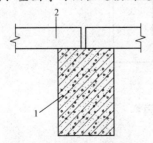

图 5-14 次梁加固示意
1—钢箍板；2—楼板

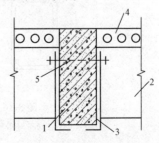

图 5-15 主梁加固示意
1—主梁；2—次梁；3—补强钢板；
4—楼板；5—螺栓

四、碳纤维加固法

碳纤维加固修复混凝土结构技术是一项新型、高效的结构加固修补技术，较传统的结构加固方法具有明显的高强、高效、施工便捷、适用面广等优越性。此法利用浸渍树脂将碳纤维布粘贴于混凝土表面，共同工作，达到对混凝土结构构件加固补强的目的。

碳纤维加固修复混凝土结构技术所用材料有碳纤维布及粘贴材料两种。

(一)受弯加固

1. 破坏形态

根据试验研究结果，碳纤维片材加固受弯构件的破坏形态主要有以下四种：
(1)受拉钢筋屈服后，在碳纤维未达极限强度前，压区混凝土受压破坏；
(2)受拉钢筋屈服后，碳纤维片材拉断，而此时压区混凝土尚未压坏；
(3)受拉钢筋达到屈服前，压区混凝土压坏；
(4)碳纤维片材与混凝土产生剥离破坏。

第(3)种破坏形态是由于加固量过大造成的，碳纤维强度未得到发挥，在实际设计中可通过控制加固量来避免。

第(4)种破坏形态，粘贴面破坏后剥离，无法继续传递力，构件不能达到预期的承载力，应采取构造措施加以避免。为了避免碳纤维被拉断而发生脆性破坏，可采用碳纤维的允许极限拉伸应变$[\varepsilon_{cf}]$进行限制。

2. 构造措施

(1)当对梁、板正弯矩进行受弯加固时，碳纤维片材宜延伸至支座边缘。
(2)当碳纤维片材的延伸长度无法满足延伸长度的要求时，应采取附加锚固措施。对梁，在延伸长度范围内设置碳纤维片材U形箍；对板，可设置垂直于受力碳纤维方向的压条。
(3)在碳纤维片材延伸长度端部和集中荷载作用点两侧宜设置构造碳纤维片材U形箍或横向压条。

(二)受剪加固

1. 加固形式

采用碳纤维布受剪加固的主要粘贴方式有：全截面封闭粘贴、U形粘贴和侧面粘贴，如图5-16所示。其中，全截面封闭粘贴的加固效果最好，U形粘贴次之，最后是侧面粘贴。

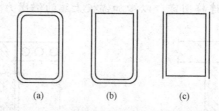

图5-16 受剪加固的粘贴方式
(a)全截面封闭粘贴；(b)U形粘贴；(c)侧面粘贴

2. 构造措施

(1)对于梁，U形粘贴和侧面粘贴的粘贴高度h_{cf}宜粘贴至板底。

(2)对于U形粘贴形式,宜在上端粘贴纵向碳纤维片材压条;对于侧面粘贴形式,宜在上、下端粘贴纵向碳纤维片材压条,如图5-17所示。

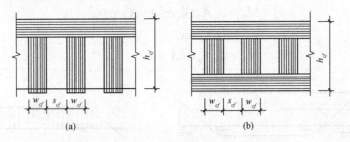

图 5-17 犟形粘贴和侧面粘贴加纵向压条
(a)U形粘贴;(b)侧面粘贴

(3)也可采用机械锚固措施。

【例 5-5】 某发电厂办公楼改造工程。

某发电厂原办公楼为5层框架结构,现拟将三、四层办公室改造为档案室,原楼面设计活荷载为 1.5 kN/m²,现据实际情况考虑楼面活荷载为 7 kN/m²,经复核验算,楼面主梁的梁底抗弯承载力及抗剪承载力均不满足要求。考虑到现场加固条件及加固梁受层高、楼板等综合因素的影响,决定采用碳纤维复合材料(CFRP)技术对该梁进行加固。加固方案如图5-18、图5-19所示。

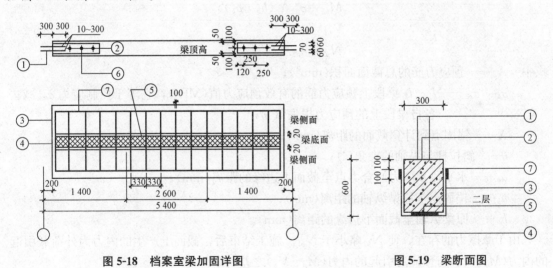

图 5-18 档案室梁加固详图 　　　　图 5-19 梁断面图

五、预应力加固法

预应力加固法即用预应力钢筋对梁、板进行加固的方法。这种方法具有施工简便和不影响结构使用空间等特点。

1. 内力分析

因为预应力位于加固梁体之外,所以,它在原梁中产生的内力一般与荷载引起的内力方向相反,起到了卸荷作用,因此会产生使加固梁挠度减小、裂缝闭合的效应。

图 5-20 所示为下撑式预应力筋对加固梁引起的预应力内力图。在 l_1 梁段上产生的有效预应力内力为

$$\left.\begin{array}{l}M_{p1}=\sigma_{p1}A_p(h_a\cos\theta-X\sin\theta)\\V_{p1}=\sigma_{p1}A_p\sin\theta\\N_{p1}=\sigma_{p1}A_p\cos\theta\end{array}\right\} \quad (5\text{-}22)$$

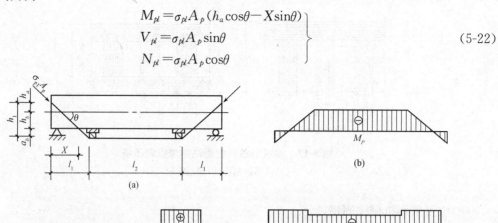

图 5-20 预应力内力图
(a)计算简图；(b)弯矩图；(c)剪力图；(d)轴力图

两个支撑点之间的 l_2 梁段上，预应力筋产生的有效预应力为

$$\left.\begin{array}{l}M_{p2}=\sigma_{p2}A_p(h_b+a_b)\\V_{p2}=0\\N_{p2}=\sigma_{p2}A_p\end{array}\right\} \quad (5\text{-}23)$$

式中　A_p——预应力筋的总截面面积(mm^2)；

　　　σ_{p1}，σ_{p2}——l_1、l_2 梁段上预应力筋的有效预应力值(MPa)，它等于控制应力 σ_{con} 减去各自梁段上的预应力损失值 σ_l；

　　　X——锚固点到计算截面的距离(mm)；

　　　θ——斜拉杆与纵轴的夹角(°)；

　　　a_b——水平段预应力筋合力点至截面下边缘的距离(mm)；

　　　h_a——锚固点至原梁纵轴的距离(mm)；

　　　h_b——原梁纵轴至截面下边缘的距离(mm)。

由于摩擦力的存在，使 N_{p2} 略小于 N_{p1}。施工结束后，截面上产生的内力为外荷载引起的内力(M_0、V_0)与预应力引起的内力(M_p、V_p)之差，即

$$\left.\begin{array}{l}M=M_0-M_p\\V=V_0-V_p\\N=N_p\end{array}\right\} \quad (5\text{-}24)$$

2. 事故实例

(1)预应力拉杆加固技术。

【例 5-6】 某办公楼大梁挠度偏大，裂缝严重。

1)工程概况。某办公楼会议室大梁，跨度为 9 m，截面尺寸为 750 mm×250 mm，大楼建成后，发现大梁挠度偏大，裂缝严重。

2)事故原因分析。事故发生后,有关部门对该梁进行了鉴定。查明原因为:设计配筋为6Φ22,施工中误配成6Φ20,原设计混凝土强度等级为C25,实测后发现强度偏低。

3)加固处理措施。采用竖向顶撑法进行加固,如图5-21所示。预应力筋两端用高强螺栓摩擦-粘结锚固,螺栓直径为2Φ20。张拉方法为竖向千斤顶顶撑。顶撑到位后,在支撑点和预应力拉杆之间垫以钢板,并用点焊固定,最后涂以防锈漆防锈。

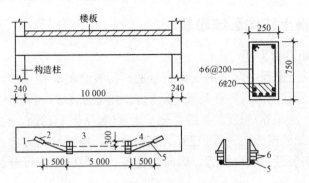

图 5-21 某会议室大梁加固示意图
1—高强螺栓;2—锚固钢板;3—原梁;4—U形支撑钢板;5—预应力拉杆;6—钢垫板

4)预应力内力计算。根据等强度分析结果,先假定预应力拉杆为$2\Phi^L 22$,$A_p=760 \text{ mm}^2$,$\sigma_{con}=425 \text{ MPa}$,$\sigma_l=21 \text{ MPa}$,$\sigma_{pe}=404 \text{ MPa}$,从而有:

$$N_p=\sigma_{pe}A_p=404\times 760=3.07\times 10^5 \text{(N)}$$

$$M_p=N_p\left(\frac{h}{2}+a_p\right)=3.07\times 10^5\times(375+15)=1.20\times 10^8 \text{(N·mm)}$$

(2)预应力撑杆加固技术。

【例5-7】 某六层框架结构房屋的某一柱子出现裂缝并倾斜。

1)工程概况。某六层框架结构房屋,竣工后尚未投入使用,即发现一层主、次梁上有多道裂缝,经10 d后,裂缝宽度由0.3 mm扩展到2~3 mm,且某一柱子也出现裂缝,并有倾斜现象。

2)事故原因分析。经分析并实测后发现,某柱坐落在一古井上,该柱较大的下沉使相邻的梁板开裂,邻近柱的荷载超过极限承载能力。

3)事故加固措施。首先沿古井四周浇筑10个钻孔灌柱桩,并现浇钢筋混凝土承重平台,将钻孔灌柱桩与柱子连接在一起。然后用预应力钢撑杆对该柱及邻近已开裂的柱进行加固。对大偏心受压柱采用单侧预应力法加固。钢撑杆由两根角钢加焊缀板后构成。张拉方法采用横向收紧法。张拉结束后,加焊缀板并喷射1:2水泥砂浆保护,如图5-22所示。

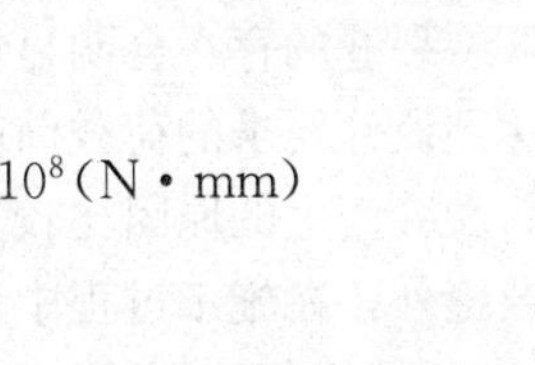

4)加固计算。柱断面为400 mm×500 mm,计算长度$l_0=4$ m,混凝土强度等级为C20,配HRB335级钢筋$A_s=A'_s=1017 \text{ mm}^2$,承受设计轴向力为1010 kN,设计弯矩为197 kN·m。经对内力重分布情况进行分析,决定在加固设计时增加设计轴力30%,即$\Delta N=304$ kN,增加设计弯矩50%,即$\Delta M=100$ kN·m。角钢型号按构造选用275×5。

图 5-22 预应力钢撑杆加固某钢筋混凝土柱

第三节 钢筋混凝土结构裂缝及表层缺陷

一、钢筋混凝土结构裂缝事故

1. 事故原因分析及其表现

裂缝是现浇混凝土工程中常遇的一种质量通病。裂缝的类型很多,按产生的原因可分为外荷载(包括施工和使用阶段的静荷载、动荷载)引起的裂缝;物理因素(包括温度、湿度变化,不均匀沉降、冻胀等)引起的裂缝;化学因素(包括钢筋锈蚀、化学反应膨胀等)引起的裂缝;施工操作(如脱模撞击、养护等)引起的裂缝。按裂缝的方向、形状可分为水平裂缝、垂直裂缝、纵向裂缝、横向裂缝、斜向裂缝等;按裂缝深浅可分为表面裂缝、深进裂缝个贯穿形裂缝等。

裂缝的存在是混凝土工程的隐患,表面细微的裂缝,极易吸收侵蚀性气体和水分,会进一步扩大裂缝宽度和深度。如此循环扩大,将影响整个工程的安全;深进较宽的裂缝,受水分和气体的侵入,会直接锈蚀钢筋,锈点膨胀体积比原体积胀大数倍,会加速裂缝的发展,将引起保护层的脱落,使钢筋不能有效的发挥作用;深进的裂缝会使结构整体受到破坏、裂缝的存在会明显地减低结构构件的承载力、持久强度和耐久性,有可能使结构在未达到设计要求的荷载前就造成破坏。

裂缝产生的原因比较复杂,往往由多种综合因素所构成,除承受荷载或外力冲击形成的裂缝外,在施工过程中形成的裂缝一般有以下几种:

(1)塑性收缩裂缝。塑性收缩裂缝简称塑性裂缝,多在新浇筑的基础、墙、梁、板暴露于空气中的上表面出现。形状接近直线,长短不一,互不连贯,裂缝较浅,类似于干燥的泥浆面(图5-23),一般在混凝土初凝后(一般在浇筑后4 h左右),当外界气温高,风速较大,气候很干燥的情况下出现。

(2)沉降收缩裂缝。沉降收缩裂缝简称沉降裂缝,多沿基础、墙、梁、板上表面钢筋通长方向或箍筋上火靠近模板处断续出现(图5-24),或在埋件的附近周围出现。裂缝呈梭形,宽度为0.3~0.4 mm,深度不大一般到钢筋上表面为止,在钢筋的底部形成空隙,多在混凝土浇筑后发生,混凝土硬化后即停止。

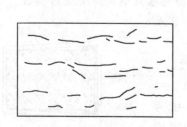

图5-23 塑性收缩裂缝图

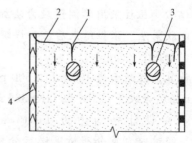

图5-24 沉降收缩裂缝
1—钢筋或粗集料阻挡下沉而出现的裂缝;
2—与模板黏滞而出现的裂缝;3—钢筋;4—模板

(3)干燥收缩裂缝。干燥收缩裂缝简称干燥裂缝,它的特征为表面性的,宽度较细(多为 0.05～0.2 mm),走向纵横交错,没有规律性,裂缝分布不均。但对基础、墙、较薄的梁、板类结构,多沿短方向分布(图 5-25);整体性变截面结构多发生在结构变截面处,大体积混凝土在平面部位较为多见,侧面也有时出现。这类裂缝一般在混凝土露天养护完毕一段时间后,在上表面或侧面出现,并随湿度的变化而变化,表面强烈收缩可使裂缝由表及里、由小到大逐步向深部发展。

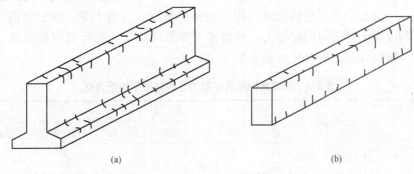

图 5-25　干燥收缩裂缝

(4)温度裂缝。温度裂缝又称温差裂缝,表面温度裂缝走向无一定规律性,长度尺寸较大的基础、墙、梁、板类机构,裂缝多平行于短边大体积混凝土结构的裂缝长纵横交错、深进的和贯穿的裂缝,一般与短边方向平行或接近于平行,裂缝沿全长分段出现,中间较密。裂缝宽度大小不一,一般在 0.5 mm 以下,沿全长没有多大变化。表面温度裂缝多发生在施工期间,深进的或贯穿的多发生在浇筑后 2～3 个月或更长时间,缝宽受温度变化影响较明显,冬季较宽,夏季较细。沿截面高度,裂缝大多呈上宽下窄状,但个别也有下宽上窄的情况,遇顶部或底板配筋较多的结构,有时也出现中间宽两端窄的梭形裂缝。

(5)撞击裂缝。裂缝有水平的、垂直的、斜向的;裂缝的部位和走向随受到撞击荷载的作用点、大小和方向而异;裂缝宽度、深度和长度不一,无一定规律性。

(6)沉陷裂缝。裂缝多在基础、墙等结构上出现,大多属深进或贯穿性裂缝,其走向与沉陷情况有关,有的在上部,有的在下部,一般与地面垂直或呈 30°～45°角方向发展(图 5-26)。较大的贯穿性沉陷裂缝,往往上下或左右有一定的错距,裂缝宽度受温度变化影响小,因荷载大小而异,且与不均匀沉降值成比例。

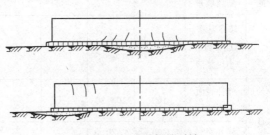

图 5-26　沉陷引起的裂缝

(7)化学反应裂缝。在梁、柱结构件或构件表面出现与钢筋平行的纵向裂缝;板式构件在板底面沿钢筋位置出现裂缝,缝隙中夹有黄色锈迹;混凝土表面呈现块状崩裂,裂缝呈大网格(图案)状,中心突起,向四周扩散,在浇筑完半年或更长时间内发生;混凝土表面出现大小不等的圆形或类圆形崩裂、剥落,内有白黄色颗粒,多在浇筑后两个月左右出现。

(8)冻胀裂缝。结构构件表面沿主筋、箍筋方向出现宽窄不一的裂缝,深度一般到主筋,周围混凝土酥松、剥落。

2. 混凝土结构裂缝的修补

(1)填缝法。对于数量少但较宽的裂缝(宽度>0.5 mm)或因钢筋锈胀使混凝土顺筋剥落而形成的裂缝,可用填缝法。常用的填缝材料有环氧树脂、环氧砂浆、聚合物水泥砂浆、水泥砂浆等。填充前,将缝凿宽成槽,槽的形状有V形、U形及梯形等。对于防渗漏要求高的,可加一层防水油膏。对锈胀缝,应凿到露出钢筋,去锈干净,涂上防锈涂料。为了增加填充料和混凝土界面间的粘结力,填缝前可于槽面涂上一层环氧树脂浆液。以环氧树脂为主剂的各种修补剂的配合比见表5-3。

表5-3 以环氧树脂为主剂的各种修补剂的配合比

修补剂名称	用途	主剂	增塑剂		稀释剂	固化剂	粉料(填料)	细集料	粗集料
		环氧树脂6101号(E-44)	邻苯二甲酸三丁酯	煤焦油	二甲苯或丙酮	乙二胺	石英粉或滑石粉	砂	石子
				环氧氯丙烷			水泥		
环氧浆液	压灌用浆液	100	10	—	30~40	8~12	—	—	—
环氧胶粘剂	封闭裂缝	100	(10)25		(40~60)	8~10			
	用作修补的粘结层	100	—		15	10			
环氧胶泥	固定灌浆嘴封闭裂缝	100	10~25			8~20	(0)100~250	(100~250)	
	涂面及粘贴玻璃布	100	10		30~40	10~12	25~45		
	修补裂缝、麻面、露筋、小块脱落	100	30~50			8	(0)300~400	(250~450)	
环氧砂浆	修补表面裂缝	100	10~30	—		10		200~400	300~400
	修补蜂窝	100	20			8		150	650
	修补大蜂窝、大块脱落	100		50		8~10		200	400
环氧混凝土	修补大蜂窝	100	30	—	20	10	—	100	300	700

(2)灌浆法。灌浆法是将各种封缝浆液(树脂浆液、水泥浆液或聚合物水泥浆液)用压力方法注入裂缝深部,使构件的整体性、耐久性及防水性得到加强和提高的方法。灌浆法适

用于裂缝宽≥0.3 mm、深度较深的裂缝修补。压力灌浆的浆液要求可灌性好、粘结力强。较细的缝常用树脂类浆液,对缝宽大于2 mm的缝,也可用水泥类浆液。

环氧树脂浆液的配方见表5-4,环氧树脂浆液可灌入的裂缝宽度为0.1 mm,粘结强度可达1.2~2.0 MPa。甲基丙烯酸酯类浆液配方见表5-5,这类浆液可灌入的裂缝宽度为0.05 mm,其粘结强度可达1.2~2.2 MPa。

表5-4 环氧树脂浆液配方

材料名称	规格	配合比(质量比)				
		1	2	3	4	5
环氧树脂	6101号或6105号	100	100	100	100	100
糠醛	工业	—	20~25	—	50	50
丙酮	工业	—	20~25	—	60	60
邻苯二甲酸二丁酯	工业	—	—	10	—	—
甲苯	工业	30~40	—	50	—	—
苯酚	工业	—	—	—	—	10
乙二胺	工业	8~10	15~20	8~10	20	20

表5-5 甲基丙烯酸酯类浆液配方

材料名称	代号	配合比(质量比)		
		1	2	3
甲基丙烯酸甲酯	MMA	100	100	100
醋酸乙烯	—	18	—	0~15
丙烯酸	—	—	10	0~10
过氧化二苯甲酰	BPO	1.5	1.0	1~1.5
对甲苯亚磺酸	TSA	1.0	1.0~2.0	0.5~1.0
二甲基苯胺	DMA	1.0	0.5~1.0	0.5~1.5

(3)预应力方法。避开钢筋,在构件上钻孔,然后穿入螺栓(预应力筋),施加预应力后,拧紧螺帽,使裂缝减小或闭合。成孔的方向最好与裂缝方向垂直。

(4)局部加固法。在混凝土裂缝位置,通过外包型钢、外加钢板或外站环氧玻璃钢等方法进行局部加固处理。

(5)结构补强法。当裂缝影响到混凝土结构的安全和性能时,可考虑采用加强结构的承载能力的方法。常用的方法有增加钢筋、加厚板、外包钢筋混凝土、外包钢、粘贴钢板、预应力补强体系等。

3. 事故实例

【例5-8】外墙填缝。

(1)工程概况。某办公外墙为现浇钢筋混凝土结构,厚度为150 mm。房屋竣工一年后发现外墙开裂,房屋下层裂缝呈倒八字形,上层呈八字形,南面比北面严重,缝宽大多数大于0.1 mm,最宽为0.5 mm,由于裂缝贯穿墙身,因此,下雨时产生渗漏。该工程梁、柱等构件未开裂。

(2) 事故原因分析。裂缝的主要原因是温度差与混凝土收缩。

(3) 事故处理措施。由于裂缝并不影响结构安全和耐久性，因此仅做封闭保护处理。又由于墙内渗漏影响使用与美观，应及早修补。考虑到裂缝环境温度变化，故采用弹性填料填充后，再压抹树脂砂浆。

【例 5-9】 部分凿出重新浇筑混凝土。

某单层厂房钢筋混凝土柱，安装后被碰撞而裂缝，缝宽为 0.6~3.0 mm，裂缝处钢筋应力已超过屈服点。该工地采用凿除裂缝附近混凝土增加钢筋局部修复的方法处理，经使用检验，效果良好（图 5-27）。

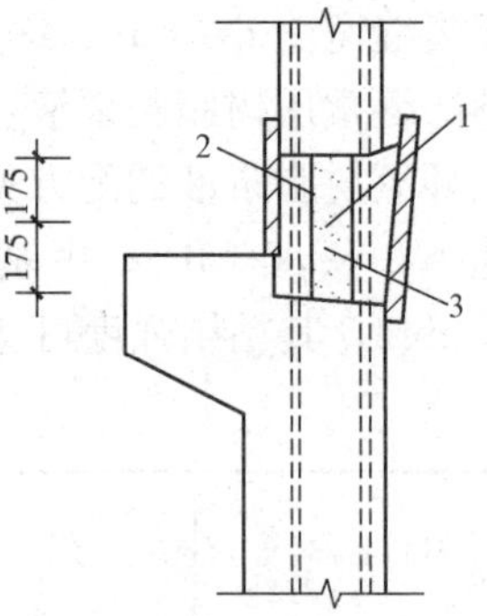

图 5-27 柱裂缝修补
1—裂缝；2—补焊 φ6 钢筋；3—重浇混凝土

【例 5-10】 现浇板裂缝灌浆。

某办公楼为九层，钢筋混凝土结构，其中现浇楼板厚度为 120 mm，某层楼板浇筑后不久，表面产生了许多不规则的裂缝，28 d 后拆除楼板模板后，发现板底面也有不少裂缝，其宽度为 0.05~0.15 mm，经检查这些裂缝是上、下贯通的。产生裂缝的主要原因是浇筑混凝土时，气候异常干燥，以及施工措施不力。根据调查分析，认为裂缝对承载能力和刚度影响甚小，但考虑建筑物的耐久性要求，还是对该工程的裂缝做了预防性修补。对宽度大于 0.08 mm 的裂缝，用改性环氧树脂和改性氨基树脂混合液灌浆，使开裂的混凝土重新黏合成整体。所有裂缝均采取封闭保护措施。楼板上面因做面层已可满足要求，楼板底面的裂缝，全部沿裂缝方向涂刷约 100 mm 宽的保护层。涂层使用聚丙烯树脂及以沥青为主要成分的材料。

该工程灌浆修补后，曾钻芯取试样，检查灌浆材料的充填情况，并将芯样放在压力机上试压，检验树脂充填与粘结质量，结果证明符合要求。

二、钢筋混凝土结构表层缺陷

混凝土的表层缺损是混凝土结构的一项通病。在施工或使用过程中产生的表层缺损有麻面、蜂窝、表皮酥松、小孔洞、露筋、缺棱掉角等。这些缺损影响观瞻，使人产生不安全感。缺损也影响结构的耐久性，增加维修费用。当然，严重的缺损还会降低结构承载力，引发事故。

1. 混凝土结构表层缺损的原因

(1) 麻面。模板未湿润，吸水过多；模板拼接不严，缝隙间漏浆；振捣不充分，混凝土中气泡未排尽；模板表面处理不好，拆模时粘结严重，致使部分混凝土面层剥落，混凝土表面粗糙，有许多分散的小凹坑。

(2) 蜂窝。混凝土配合比不合适，砂浆少而石子多；模板不严密，漏浆；振捣不充分，混凝土不密实；混凝土搅拌不均匀，或浇筑过程中有离析现象等，使得混凝土局部出现空隙，石子间无砂浆，形成蜂窝状的小孔洞。

(3) 表皮酥松。混凝土养护时表面脱水，或在混凝土硬结过程中受冻，或受高温烘烤等均会引起混凝土表皮酥松。

(4) 露筋。钢筋垫块移位，或者少放或漏放保证混凝土保护层的垫块，钢筋与模板无间隙，钢筋过密，混凝土浇筑不进去，模板漏浆过多等均会使钢筋主要的外表面因没有砂浆包裹而外露。

(5)缺棱、掉角。常由构件棱角处脱水、与模板粘结过牢、养护不够、强度不足、早期受碰撞等原因引起。

2. 混凝土结构表层缺损的修补

若混凝土表面只有小的麻面及掉皮,可以用抹纯水泥浆的方法抹平。抹水泥浆前,应用钢丝刷刷去混凝土表面的浮渣,并用压力水冲洗干净。若混凝土表层有蜂窝、露筋、小的缺棱掉角、不深的表皮酥松,表面微细裂缝则可用抹水泥砂浆的方法修补。抹水泥砂浆之前应做好基层清理工作。对缺棱掉角,应检查是否还有松动部分,如有,则应轻轻敲掉。对蜂窝,应把松动部分、酥松部分凿掉。对因冻、高温、腐蚀而酥松的表层均应刮去,然后用压力水冲洗干净,涂上一层纯水泥浆或其他粘结性好的涂料,然后用水泥砂浆填实抹平。修补后,要注意湿润养护,以保证修补质量。另外,对表面积较大的混凝土表面缺损,可用喷射混凝土等方法修补。

3. 事故实例

【**例 5-11**】 某地下室混凝土墙面产生蜂窝、孔洞及露筋。

(1)工程概况。某地下室混凝土工程,共 220 m²。由于地下室为抗渗混凝土结构,要求底板连同外墙混凝土墙壁的一部分一同浇灌,整个底板不留设施工缝。该工程于 1990 年 12 月 31 日上午 8 起采用泵送混凝土连续浇灌,到次日上午 9 时 30 分,历时 25.5 小时。1991 年 1 月 3~4 日拆模后,发现在混凝土墙壁与底板交接处的 45°斜坡面附近,出现了不同程度的蜂窝、孔洞及露筋。蜂窝、孔洞深度一般为 30~80 mm,个别深处达 150 mm,露筋最长处的水平投影长度为 3 000 mm。

(2)事故原因分析。对于地下室要求底板与外墙壁一部分共同浇灌不留施工缝的工程,一般应先浇灌底板混凝土,待底板部分振捣密实后再浇灌墙壁。而浇灌混凝土的操作者却自认为,先振捣墙壁,让混凝土通过墙壁从下口流出扩展到底板上,再振捣底板上的混凝土更为方便些。实际上是先浇灌并振捣了墙壁混凝土,后浇灌并振捣底板混凝土,再反过来振捣墙壁混凝土;有时由于忙乱而没有补振,有时虽进行补振但振捣棒的作用范围达不到墙板根部。这种先振捣墙壁、后振捣底板,先浇灌四周、后浇灌中央的操作方法,导致了墙壁与底板相交处 45°坡面的混凝土徐徐下沉,形成了蜂窝或孔洞。

(3)事故处理措施。事故处理措施如图 5-28 所示。

1)将所有蜂窝、孔洞处的浮石浮渣凿除,对窄缝要适当扩充凿成上口大的形状,以补灌细石混凝土;

2)将凿开的被清理处用清水冲洗残渣粉灰,保持湿润但无积水;

3)支模上口高度要高出缺陷上口处 50~100 mm,侧面支撑牢固;

4)采用强度等级为 C30 细石混凝土(原为 C25 混凝土),水胶比<0.6,坍落度<50 mm,浇灌混凝土时,用小振动棒逐个振捣密实;

5)初凝后覆盖湿麻袋,浇水养护 14 d;

6)麻面和底板表面的少量收缩裂缝,采用水泥砂浆抹面五层的做工予以补强。

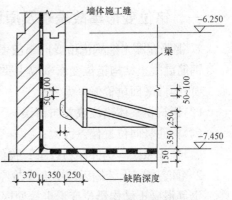

图 5-28 加固措施示意

【例 5-12】 某工程混凝土墙面出现不同程度的孔洞、露筋。

(1)工程概况。某高层住宅 1 号楼,由两个地上 24 层地下 2 层的塔楼和一个连体建筑组成,总建筑面积为 31 100 m^2,全现浇钢筋混凝土剪力墙结构。

当年 9 月中旬挖槽,11 月中旬完成底板基础混凝土浇筑,12 月底完成地下室二层墙体、顶板支模、钢筋绑扎。Ⅰ段于次年 1 月 2 日开始浇筑墙体和顶板,Ⅱ段于 1 月 5 日开始浇筑,每栋地下室二层墙体顶板混凝土量约 700 m^3,混凝土强度等级为 C30,由搅拌站用罐车送到现场,用混凝土泵输入模,当时白天气温在 8 ℃~11 ℃,混凝土入模温度为 15 ℃,掺有复合早强减水剂,混凝土坍落度为 8~20 cm,每栋混凝土实用浇筑时间为 48 h,由搅拌站和现场分别按规定制作了试块。

由于临近春节,于 1 月 9 日停工,2 月 20 日复工,22 日开始拆模。先拆Ⅰ段内墙模板,发现混凝土墙面有大面积蜂窝、麻面,门口两侧有孔洞,随着模板的拆除,孔洞、露筋面积不断扩大,2 月底模板全部拆完,发现大部分外墙体存在不同程度的孔洞、露筋和振捣不实的问题。因此,造成混凝土墙体严重质量事故。

(2)原因分析。

1)施工管理不到位,现场管理人员没有认真执行操作规程,由于搅拌站供料过于集中,由泵车直接输送入模,没有根据浇筑强度及时调整振捣,以致产生部分墙体漏振和振捣不实,造成孔洞、疏松、露筋及混凝土强度降低。

2)操作人员分工不明确,在混凝土输送高峰期,忙于应付,以致部分混凝土下料过于集中,无法振捣而造成门口两侧和窗口下部孔洞和露筋。

3)对墙体、顶板一次浇筑和钢筋过于密集,缺乏周密的计划,以致在混凝土浇筑过程中没有对重点部位加强振捣,造成钢筋密集区混凝土堵塞而产生孔洞。

第四节 钢筋混凝土结构错位变形事故处理

一、错位变形事故表现及原因分析

1. 钢筋混凝土结构错位变形事故表现

钢筋混凝土结构错位变形事故主要表现如下:

(1)构件平面位置偏差太大;

(2)建筑物整体错位或方向错误;

(3)构件竖向位置偏差太大;

(4)柱或屋架等构件倾斜过量;构件变形太大;建筑物整体变形。

2. 钢筋混凝土结构错位变形事故原因

钢筋混凝土结构错位变形事故原因有以下几种:

(1)看错图。常见的有将柱、墙中心线与轴线位置混淆;不注意设计图纸表明的特殊方向,如一般平面图上方为北,但有的施工图纸因特殊原因,上方为南。

(2)测量标志错位。如控制桩设置不牢固,施工中被碰撞、碾压而错位。

(3)测量错误。常见的是读错或计算错误。

(4)施工顺序错误如单层厂房中吊装柱后先砌墙,再吊装屋盖,造成柱墙倾斜等。

(5)施工工艺不当。如柱或吊车梁安装中,未经校正即最后固定等。

(6)施工质量差如构件尺寸、形状误差大,预埋件错位、变形严重,预制构件吊装就位偏差大,模板支撑刚度不足等。

(7)地基不均匀沉降如地基沉降差引起柱、墙倾斜,吊车轨顶标高不平等。

(8)其他原因。如大型施工机械碰撞等。

二、错位变形事故处理方法及注意事项

(一)错位变形事故的处理方法

由地基基础造成的错位变形事故的处理详见本书的第二章、第三章。上部结构错位变形常用的处理方法有以下几种,见表5-6。

表5-6 错位变形事故处理方法选择参考

结构类别		处理方法					
		纠偏复位	改变构造	后续工程纠正	增设支撑	加固补强	拆除重做
现浇结构	柱	△	⊙	√		△	⊙
	梁		△			△	
	板		△				
装配结构	柱	√				△	△
	屋架	√	△			△	△
	梁	√		√	√		△
	板	√	√			△	△

注:√—较常用;△—有时也用;⊙—必要时用。遗漏预埋件或与留洞,对各类结构构件一般都用补作方法,故表中未列入。

1. 纠偏复位

例如,用千斤顶对倾斜的构件进行纠偏;用杠杆和千斤顶调整吊车梁安装标高(图5-29)等。

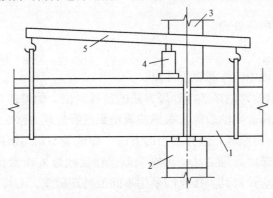

图 5-29 吊车梁高调整方法示意

1—被顶升的吊车梁;2—牛腿;3—上柱;4—千斤顶;5—杠杆

2. 改变建筑构造

如大型屋面板在屋架上支撑长度不足,可增加钢牛腿或铁件;又如空心楼板安装中,因构件尺寸误差大,而无法使用标准型号板时,可浇筑一块等高的现浇板等。

3. 后续工程中逐渐纠偏或局部调整

如多层现浇框架中,柱轴线出现不大的偏位时,可在上层柱施工时逐渐纠正到设计位置;又如单层厂房中,预制柱的弯曲变形,可在结构安装中局部调整,以满足各构件的连接要求。需要注意的是,采用这种处理方法前应考虑偏差产生的附加应力对结构的影响。

4. 增设支撑

如屋架安装固定后,垂直度偏差超过规定值可增设上弦或下弦平面支撑,有时还可增设垂直支撑和纵向系杆。

5. 补做预埋件或补留洞

结构或构件中应预埋的铁件遗漏或错位严重时,可局部凿除混凝土(有的需钻孔)后补作预埋件,也可用角钢、螺栓等固定在构件上代替预埋件。预留洞遗漏时可补作,洞口边长或直径不大于 500 mm 时,应在孔口增加 2φ12 封闭钢箍或环形钢筋。钢筋搭接长度应不小于 L_a(L_a 为纵向受拉钢筋最小锚固长度)。在强度等级为 C20 的混凝土中,L_a=360 mm;当洞口宽或直径大于 500 mm 时,宜在洞边增加钢筋混凝土框(图 5-30)。

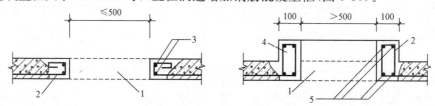

图 5-30 现浇板中补做预留洞示意
1—凿除部分板;2—原板内配筋弯曲而成;3—2φ12 钢筋;
4—钢筋混凝土框;5—4φ12 钢筋

6. 加固补强

错位、倾斜、变形过大时,可能产生较大的附加应力,需要加固补强。具体方法有外包钢筋混凝土、外包钢、粘贴钢板等。

7. 局部拆除重做

根据具体事故情况酌情处理。

(二)注意事项

在错位变形事故处理中应注意以下几点:

(1)对结构安全影响的评估是选择处理方法的前提错位、偏差或变形较大时,必须对结构承载能力及稳定性等作必要的验算,根据验算结果选择处理方法。

(2)要针对错位变形的原因,选择适当的方法。如地基不均匀沉降造成的事故,需要根据地基变形发展趋势,选定处理方法;因施工顺序错误或施工质量低劣、或意外的荷载作用等造成错位变形,则应针对其直接原因采用不同的处理措施,方可取得满意的效果。

(3)必须满足使用要求如吊车梁调平、柱变形的消除等均应满足吊车行驶的坡度、净空尺寸等要求,以及根据生产流水线对建筑的要求,确定结构或构件错位的处理方法等。

(4)注意纠偏复位中的附加应力。如用千斤顶校正柱、墙倾斜,必须验算构件的弯曲和抗剪强度等。

(5)确保施工安全错位变形事故处理过程中,可能造成强度或稳定性不足,应有相应的措施;局部拆除重做时,注意拆除工作的安全作业,并考虑拆除断面以上结构的稳定;梁板等水平结构处理时,设置必要的安全支架等。

三、错位变形事故处理实例

1. 单层厂房柱局部弯曲的处理实例

【实例 5-13】 单层厂房柱局部弯曲的处理实例。

(1)工程事故概况。湖北省某车间预制柱,因场地地基不均匀下沉和柱模板质量问题(柱模刚度不足与尺寸误差)等原因,造成九根柱局部严重弯曲,弯曲出现在矩形截面的短边方向,弯曲矢高为 30~40 mm,最大达 80 mm。

(2)事故处理。首先考虑柱弯曲变形后,对结构安装的影响,尤其应注意屋盖系统安装的困难程度。经研究初步确定了构件安装线的调整方案。其次根据上述安装线,计算构件的实际偏差值,然后用原设计内力与偏差引起的附加内力组合,并考虑柱实际截面小于设计值,进行结构验算。验算结果证明,结构安全无问题,因此决定不必加固补强,即可进行吊装。为了尽量减小偏差对结构的不利影响,采取了以下 4 项措施:

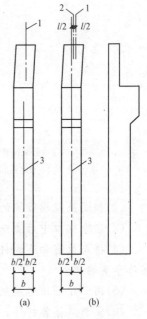

图 5-31 厂房短边方向立面示意
1—柱顶面中心线;
2—屋架安装中心线;
3—柱安装中心线

1)偏差在 20 mm 以内时柱的安装中心线为柱底中心与大牛腿中心的连线。安装柱时将此线对准杯口的中心线。安装屋架时,将屋架轴线对准柱顶截面中心线[图 5-31(a)]。

2)偏差在 20~40 mm 范围内时柱的安装中心线同上,而屋架安装中心线用下述方法确定:先将安装中心线延长至柱顶面,并在柱顶划出此安装线,然后划出柱顶截面中心线,用上述两线的中点线作为屋架安装的中心线[图 5-31(b)]。

3)安装时尽可能保持下柱位置与其垂直角度准确。

4)若相邻柱顶均存在偏差,安装时需要注意使其偏差移位方向一致。

采用上述方法处理后,工程竣工使用多年,未见异常情况。

2. 单层厂房柱倾斜过大的三种处理方法及工程实例

【例 5-14】 整体顶升屋盖后,纠正柱偏斜实例。江苏省某厂冷作车间,柱距为 6 m,跨距为 18 m,采用矩形截面柱,钢筋混凝土屋架,大型屋面板。结构吊装完后发现有一根柱向厂房内倾斜,柱顶处位移 50 mm。柱子安装后未经校正即作最后固定是产生此种事故的原因。吊装屋架时,虽发现柱、屋架连接节点因错位而造成安装困难,但仍未分析原因和作必要的处理,直至结构全部吊完后复查时,才发现此问题。

该工程采用了分离该柱与屋架连接的处理方法,即用临时支柱和千斤顶将屋架连同屋面板整体顶起,然后对柱进行纠偏(图 5-32)。其具体处理要点如下:

(1)先将两根钢管组合柱,从吊车梁及柱顶连系梁间的空隙中穿过,并支在柱内侧屋架的下面(图5-32)。

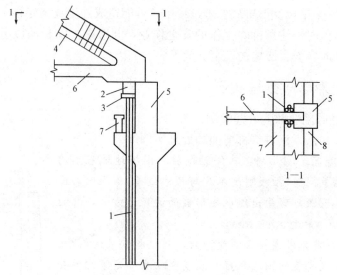

图5-32 顶升屋盖纠正柱倾斜

1—每米钢管加一道箍,由3φ100×3钢管组成柱;2—15 t千斤顶;3—木方;
4—200 mm×200 mm加固木方;5—柱;6—屋架;7—吊车梁;8—连系梁

(2)加固屋架端节间的上弦杆。

(3)凿除杯口中后浇筑的细石混凝土,并用钢楔将柱临时固定。

(4)将与柱有牵连的杆件割开,包括屋架、吊车梁、连系梁及柱间支撑上部节点,并撑牢吊车梁端部。

(5)用千斤顶顶起屋架,上升值不超过5 mm,同时将柱校正到正确位置。

(6)重新焊接各杆件,然后浇杯口混凝土。

【例5-15】 通过验算后修改结构构造实例。湖北省某车间施工时,先吊装柱,再砌墙,然后吊装屋盖。施工中发现车间边排柱普遍向外倾斜,柱顶向外移位40~60 mm,最大可达120 mm。经过分析认为引起事故的原因有以下几个。

(1)施工顺序错误屋盖尚未安装前,边排柱只是一个独立构件,并未形成排架结构。此时在挂外侧砌筑高为10 m厚度为370 mm的砖墙时,墙荷重通过地梁传递到独立柱基础,使基础承受较大的偏心荷载,引起地基不均匀沉降,导致柱身向外倾斜。

(2)柱基坑没有及时回填土。检查时发现基坑内还有积水,地基长期泡水后承载能力下降,加剧了柱基的不均匀沉降。

处理该事故时,主要需解决结构安全和后续工程施工两个问题。

(1)根据实际偏斜产生的附加内力,对原设计进行结构验算。结果发现柱的倾斜不危及结构安全,因此,不纠正柱的倾斜。

(2)修改屋架与柱顶的连续构造。将柱顶预埋螺栓外露部分割去,屋架吊装就位后,用电焊将屋架与柱顶埋设的钢板相连。

这种处理方法虽然简单,但屋架与柱顶的连接方式,已与设计计算简图中的铰接有了差别,另外,由于柱外倾程度不一,影响建筑物外观。

【例 5-16】 外包钢加固处理实例。某车间竣工投产后发现,有一根柱的上柱偏离设计中心线 80 mm,从而影响吊车行驶。该工程的处理方法为:用角钢加固柱子后,凿除部分上柱的混凝土与钢筋,保证吊车行驶需要的净空尺寸(图 5-33)。

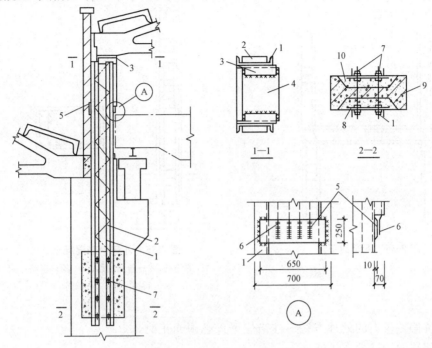

图 5-33 加固上柱纠正错位

1—4 根∟100×10;2—∟50×6 缀条;3—∟90×10;4—原柱顶钢板;5—640×250×10 钢板;
6—切断的上柱主筋,弯折后与钢板 5 焊接;7—φ25 螺栓;8—加设钢筋网;9—下柱截面;
10—后浇混凝土,局部柱形成矩形截面

其具体处理要点如下:

(1)用 2 根∟100×10 角钢和∟50×6 缀条焊接成加固架共 2 片,其上端焊 2 根∟90×10 角钢。

(2)在柱两侧安装角钢加固骨架,上端将 2∟90×10 与固定屋架用的原柱顶钢板焊牢,下端用 8φ25 螺栓固定。

(3)将影响吊车行驶部位的上柱混凝土凿除 70 mm,露出的主筋切断后,与钢板 5 焊牢,钢板 5 与 2∟100×10 角钢焊牢。

(4)在上柱部分凿除处相对应的位置,拆除部分墙体,将一块钢板 5 与两侧加固骨架的∟100×100 角钢焊牢。

3. 现浇混凝土柱错位处理方法与工程实例

(1)错位偏差的处理方法。

1)错位偏差较小的处理方法。

①后续工程中逐步调整法。发现柱错位后,对结构进行验算,不影响下部结构和地基基础安全的,可采用将主筋缓慢弯折到正确位置(弯折角度为 1:6),并随弯折后的位置安装模板的调整法。如有必要,弯折处可增设钢筋混凝土横梁,其截面尺寸及配筋,根据柱尺寸和偏差情况而定(图 5-34)。

②外包钢筋混凝土法。凿去错位部位柱的混凝土保护层，加配适当的钢筋后，外包混凝土把柱截面加大，保证错位的柱边达到设计边线。新加的钢筋应伸入基础并有足够的锚固长度。后浇筑的柱按正确的位置接在加大的下部柱上(图5-35)。

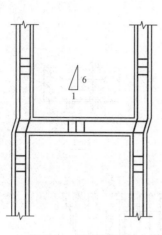

图 5-34　逐渐纠正法

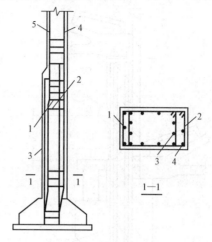

图 5-35　外包钢筋混凝土
1—原箍筋；2—新加箍筋；3—原柱主筋；
4—新加主筋；5—插筋

2)错位偏差较大的处理方法。柱错位严重必须纠正时，可采用局部修改设计的方法处理。

(2)错位偏差处理方法实例。

【例 5-17】 如某工程为4根柱组成的框架，地面以上高约为34 m，地下部分高约为9 m。当柱浇筑至标高14 m附近位置时，发现整个工程南北和东西方向分别错位1 250 mm和1 000 mm。使用者要求标高在23.4 m以上的部分必须位置正确，并有足够的使用面积。根据工程进度情况，返工重做困难很大，工地决定柱子仍按偏差位置施工，而23.4 m以上的楼层，顶层与屋面需要扩大到原设计的位置(图5-36)。这种处理方法虽然满足了使用要求，但是标高23.4 m以上的建筑面积和结构自重加大，同时悬挑部分的尺寸也加大。因此，必须验算地基基础和下部结构是否安全。查阅资料证明，地基基础承载力无问题。上部结构仅最上面两层的柱与梁承载能力不足，考虑到这两层尚未施工，可采用保持混凝土截面尺寸不变，用增加钢筋的方法处理。

4. 现浇框架错位处理方法与实例

现浇框架错位事故主要原因是看错图或测量放线错误，其处理方法取决于错位对使用要求和承载能力的影响。由于错位事故表现为多种形式，处理时应针对工程特点与错位大小，并根据本章第二节的要求，选定合适的处理方法。

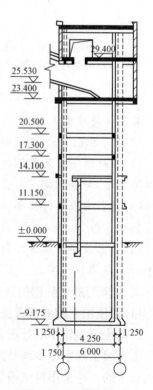

图 5-36　顶部纠正法

【例 5-18】 陕西某化工车间为多层现浇框架,施工时未按总平面图位置进行放线,只是按照车间平面图和凭经验上北下南而把车间方位放颠倒了。发现错误时,一层柱已完成,工作量已完成 10 万元以上。由于事故造成工艺流程颠倒而无法使用,因此,生产单位要求拆除重建。考虑到拆除工程费时、费事,重做损失太大,该工地施工人员先正确验算每根钢筋混凝土柱的截面与配筋,结果有一半柱不符合原设计要求。最后决定仅将这些柱拆除重建,基础作适当加固。其余一半柱不做加固处理。这种方法仅造成 1 万元左右的损失,处理时间也明显缩短。

5. 现浇框架柱倾斜的处理方法与实例

(1)逐渐纠偏法。

【例 5-19】 逐渐纠偏法工程实例。

1)工程事故概况。某厂现浇框架示意,如图 5-37 所示。由于施工工艺不当和质量检查验收工作马虎,在施工到标高 12.9 m 时,发现Ⓐ轴线的柱向外偏移,最大偏移量为 60 mm(图 5-38)。由于框架柱倾斜已明显超出施工规范的允许值,因此需要分析处理。

2)处理方法。首先根据柱倾斜后的实际尺寸,对框架进行验算。即把柱倾斜后产生的附加内力组合到设计内力中去,重新计算柱的配筋,结果表明原柱钢筋用量仍满足要求,因此不必对柱进行加固补强,初步确定采用逐层纠偏方法。

其次考虑到该工程顶层外突,刚度相对较差。因此采用在标高 28.2 m 处把柱倾斜全部纠正的方案,各层纠偏的尺寸如图 5-39 所示。这种处理方法造成后浇筑各层柱中心线仍偏离设计位置。因此,必须把由此产生的附加内力组合到设计内力中去;对框架进行验算,结果表明,各层柱均不必加固。

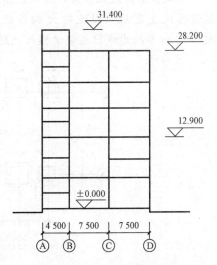

图 5-37 框架立面示意

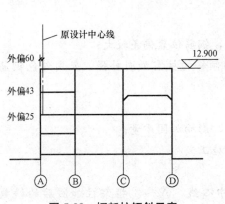

图 5-38 框架柱倾斜示意

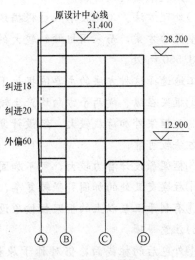

图 5-39 框架柱纠偏尺寸

3)注意事项。采用上述处理方法,在施工中应注意以下几个问题:

①各层横梁受力钢筋下料时,均应根据柱偏移值,将钢筋加长,防止梁主筋伸入柱内长度不足和锚固过早的弯折。

②要认真检查验收钢筋和模板的尺寸、位置。

③在装饰工程施工时,适当调整抹灰层厚度和三面线条,使厂房主面外观不出现明显缺陷。

该厂房经上述方法处理后,未发现裂缝和其他异常,满足使用要求。

(2)外包钢筋混凝土纠正框架倾斜。

【例 5-20】 外包钢筋混凝土纠正框架倾斜工程实例。

1)工程事故概况。某厂房现浇框架平面示意如图 5-40 所示的实线,共五层。在第二层框架模板支完后,因运输大构件碰撞,造成框架模板严重倾斜,实测柱位偏移情况如图 5-40 所示的虚线,框架梁模板也随之移动。

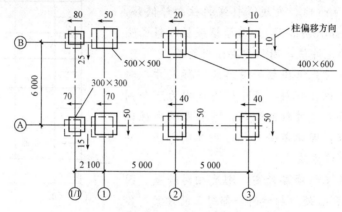

图 5-40 框架柱偏位平面示意图

事故发生后,对工程质量进行了全面的复查,还发现第一层框架略有倾斜,部分基础混凝土强度未达到设计值。

2)处理方法。工地技术人员根据现场实际情况,决定不采用拆除已倾斜变形的模板和钢筋重做的方案,而采用把倾斜较大的柱外包钢筋混凝土的方法处理,加固范围从基础到标高 8.560 m 处。

工地选择这种方法的主要依据如下:

①框架在纵、横两个方向均产生较大的倾斜,钢筋位置偏差较大;

②该框架外加荷载较大,经设计复核,双向倾斜的柱需加固补强,采用外包钢筋混凝土的方法较可靠;

③框架原设计潜力较大,可不加固;

④柱梁交叉处的加固补强较复杂,处理不慎,影响加固质量;

⑤有利于三层以上的框架柱按原设计的位置施工。

3)注意事项。

①外包后的柱截面,仍对称于原柱截面的中心线,Ⓐ~①框架柱加固后的横截面如图 5-41 所示。

②二、三层连接处柱断面及钢筋的处理如图 5-42 所示。新补加的钢筋和外包混凝土都向上延伸至二层(标高 8.560 m 处)以上 $35d$ 的高度，d 为柱纵向钢筋直径。

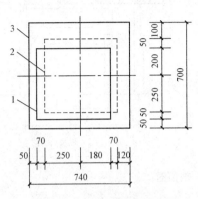

图 5-41　Ⓐ～①柱加固截面
1—偏移位置；2—设计位置；
3—外包后的位置

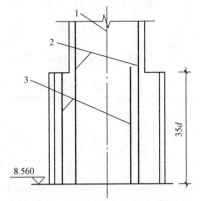

图 5-42　二、三层柱连接方法
1—柱中心线；2—第三层柱设计主筋；
3—第二层柱向上延伸的错位筋

③框架梁柱交叉处必须有足够的钢箍，新加钢箍必须闭合，钢箍穿越框架梁时，在梁上凿洞，洞中插入钢筋后，用环氧砂浆填实。

④这种处理方法造成框架为不等截面柱，已通过设计验算，但在建筑立面处理和砖墙砌筑中，还应采取相应的措施。

⑤由于框架柱双向倾斜，柱外包混凝土有两面较薄，施工中应十分谨慎。当柱纵向钢筋较多时，梁柱交接区附近，应防止纵向钢筋集中在柱角附近。

⑥柱外包混凝土补强的具体要求，详见本章有关内容。

6. 吊车梁位置偏差过大事故处理及实例

吊车梁平面位置或标高偏差太大的常见原因，是施工工艺不当(校正马虎或未校正)和地基产生较大的沉降差。纠正过大偏差常用以下三种方法：

(1)偏差不大时，在安装吊车轨道时调整，这种处理方法最简单，应优先采用。

(2)偏差较大，仅在吊车轨道安装中调整尚不能纠正时，采用图 5-29 所示方法，调整吊车梁的位置和标高。

(3)因地基沉降差太大造成，有的需要纠正柱的倾斜或作必要的加固，有的需要加固地基。

【例 5-21】　采用调整吊车梁轨道方法处理吊车梁标高偏差事故实例。

1)工程事故概况。某单层厂房局部平剖面如图 5-43 所示。吊车梁安装时未经复测和调整即作了最后固定，因而造成吊车梁出现过大的标高误差(表 5-7)。

表 5-7　吊车梁标高误差

测点	1	2	3	4	5	6
误差/mm	+59	+50	+139	+114	+120	+116

2)处理方法。因吊车梁已固定，调整梁标高较困难，因此拟用调整轨道标高的方法处

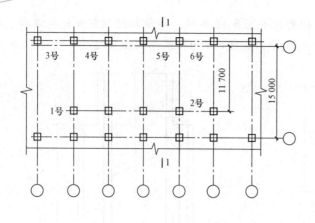 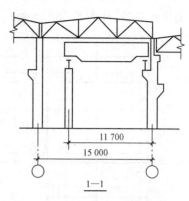

图 5-43 厂房局部平、剖面图

理。首先计算最高的 3 号点标高提高 139 mm 后，吊车与屋架下弦之间的净空尺寸是否符合安全要求；其次要检查标高提高对有关生产工艺及设备的影响，并采取相应的措施，以上两项是处理的前提。计算结果证明，该工程均能满足要求。处理时，以 3 号点为标准，把吊车轨道普遍提高。轨道与梁顶之间的空隙填嵌不同厚度的钢板，经检查合格后，用电焊固定，最后用设计强度等级的水泥砂浆或细石混凝土填实此缝隙。

7. 屋面板安装宽度与屋架(屋面梁)上弦长度不符事故处理

由于屋面板超宽(胀模)，在无组织排水屋面中使檐口屋面板出现悬空；而在内排水屋面中，造成最外边的一块屋面板安装不下。通常处理的方法有以下几种：

(1)调整板安装位置。当屋面板超宽不大时，如每块超宽小于 10 mm，或仅是个别屋面板超宽时，可采用调整板缝宽度的处理方法。若个别板与屋架预埋钢板不能直接焊接时，可加一块铜板先与屋架焊接，再将屋面板焊在后加的钢板上。

(2)用钢板加长屋面梁。当采用无组织排水屋面时，屋面板超宽后，可在梁端加焊一块钢板，钢板下应焊加劲肋(钢板)(图 5-44)。

(3)加长屋架上弦长度。当板超宽较多，且屋架尚未制作时，如建筑构造允许，可适当加长屋架上弦长度(图 5-45)。

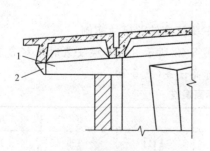 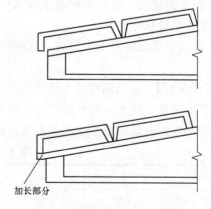

图 5-44 用钢板加长屋面梁
1—后加钢板与屋面梁焊接；2—加劲肋

图 5-45 用混凝土加长屋面梁

(4)用宽度较狭的板代替超宽较多时,可将其中的一块板用现成的较窄的屋面板代替。板缝加大后,可在灌缝混凝土中加钢筋骨架。注意每块屋面板与屋架应保证三点焊接,钢件位置对不上时,可加设过渡钢板。

(5)现浇一块非标准板。若厂房屋面为内排水,屋面板超宽后,就无法安装,只有按实际尺寸现浇一块非标准尺寸的屋面板(图 5-46)。

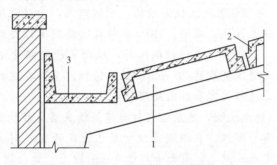

图 5-46　用非标准板处理
1—非标准屋面板;2—标准无面板;3—天沟板

第五节　钢筋工程事故处理

钢筋是钢筋混凝土结构或构件中的主要组成部分,所使用的钢筋是否符合质量标准,配筋量是否符合设计规定,钢筋的安装位置是否准备等,都直接影响着建筑物的结构安全。

钢筋工程常见的质量事故主要有:钢筋表面锈蚀、配筋不足、钢筋错位偏差严重、钢筋脆断等。

一、钢筋表面锈蚀

常见的有钢筋严重锈蚀、掉皮、有效截面减小;构件内钢筋严重锈蚀后,导致混凝土裂缝等。

1. 钢筋锈蚀原因

钢筋表面产生锈蚀是最常见的一种质量问题,产生的原因有以下几点:

(1)保管不良,受到雨、雪或其他物质的侵蚀;

(2)存放期过长,长期在空气中发生氧化;

(3)仓库环境潮湿,通风不良。

2. 预防措施

(1)钢筋原料应存放在仓库货料棚内,保持地面干燥;

(2)钢筋不得堆放在地面上,必须用混凝土墩、砖或垫木垫起,使之距离地面 200 mm 以上;

(3)库存期限不得过长,原则上先进库的先使用。工地临时保管钢筋原料时,应选择地势较高、地面干燥的露天场地;

(4)根据天气情况,必要时加盖苫布;

(5)场地四周要有排水措施;

(6)堆放期尽量缩短。

3. 事故实例

【例 5-22】 某银行办公楼底层柱子钢筋严重锈蚀事故。

(1)工程概况。某银行办公楼建成于 1979 年 8 月,建筑面积约为 1 800 m^2,总高为 18 m,其中部五层,为钢筋混凝土框架结构,两端四层,为砖混结构,并在四角设有构造柱,基础采用毛石基础并设地基圈梁。1979 年年底,使用单位发现底层框架柱与建筑物底层角柱出现纵向裂缝,虽经多次进行粉刷修补,纵向裂缝仍继续发展,1993 年年初,由于底层柱子纵向裂缝最大缝隙宽度达 20 mm,钢筋锈蚀严重,在这种情况下,使用单位不得不停止使用该办公楼,进行鉴定和加固处理。

(2)事故原因分析。检测表明,底层框架柱与建筑物底层角柱均产生纵向裂缝,钢筋锈蚀严重,混凝土开裂,部分剥落。在混凝土保护层已出现开裂或剥落的柱中,纵向受力钢筋因锈蚀而使直径减少 2 mm 以上,最大者超过 4 mm 以上,截面损失率达 20% 以上。

根据混凝土中取样分析结果,混凝土内氯离子含量为混凝土重量的 0.294%。但是,混凝土的质量较好,用回弹仪测得底层柱混凝土强度仍达 27.2 MPa,超过其设计强度。

现场检测还表明,二层以上框架柱及角柱均完好无损,没有发现任何裂缝,钢筋也未发现锈蚀。而据使用单位介绍,底层柱子施工时正值 1978 年冬季,掺有氯盐作为早强抗冻剂,而其他柱子于 1979 年开春以后才继续施工。综合上述情况,可以认为造成底层柱子严重破坏和钢筋锈蚀的原因是混凝土内掺入过量氯盐,导致钢筋锈蚀,柱子出现裂缝。此后由于风雨的侵蚀,裂缝逐渐扩展,保护层大块剥落,钢筋锈蚀日趋严重,最终使该建筑物不得不停止使用。

(3)事故处理措施。

1)柱下基础加固。经核算,柱下基础基本满足要求,但考虑到上部柱子加固的需要,需采用整体围套方法对柱下基础进行加固。基础加固时采用普通混凝土,强度等级为 C25。

2)柱子加固。柱子的加固采用增大截面法。框架底层柱与建筑物底层角柱钢筋锈蚀原因已经查明,是由于混凝土内含有过多的氯盐。已有资料表明,采用普通混凝土对其进行加固,不能有效地防止氯离子进一步侵蚀,很多实验也证明了这一点。因此,为了保证加固效果,采用中国矿业大学建筑工程学院研制的 HPSRM-1 型高效能结构补强材料对其进行加固,以有效防止柱内部混凝土中的氯离子的进一步侵蚀。HPSRM-1 材料属于聚合物水泥混凝土,其强度高、抗渗透性高、粘结性能高,具有良好的流动性能、良好的抗氯盐渗透能力。

二、配筋不足

配筋不足包括漏放或错放钢筋,造成钢筋设计截面不足等。

(一)造成配筋不足的原因

(1)设计方面的原因。如计算简图与梁、板实际受力情况不符,又如少算荷载,特别是一些非专业人员,没有基本理论知识,仅凭一点经验盲目设计,很容易造成事故施工方面的原因。

(2)施工方面的原因。混凝土强度达不到设计要求;钢筋少配、误配;材料使用不当或失误;随便用光圆钢筋代替变形钢筋;使用受潮过期的水泥;随便套用混凝土配合比;砂石质量差等。

(3)使用方面的原因。使用时严重超载,如更改设计、改变功能、增加设备、屋面积灰等均能使构件荷载增加而超载,导致承载力不足;屋面材料因下雨浸水引起荷载增大;随意在墙上打洞,也会引起局部破坏和损伤事故。

(4)其他原因。地基的不均匀沉降,产生附加应力;构件耐久性不足,导致钢筋锈蚀,降低构件承载力;构造方面,锚固不足、搭接长度不够、焊接不牢等,均可能使构件承载力不足。

(二)梁、板承载力不足的事故表现及处理措施

1. 正截面的破坏特征及处理措施

(1)破坏特征。钢筋混凝土梁板结构属受弯构件,正截面的破坏特征主要表现为裂缝的发生和发展。试验表明,受弯构件裂缝出现时的荷载约为极限荷载的15%~25%。对于适筋梁,在开裂以后,随着荷载的增加,表现出良好的塑性特征,并在破坏前,钢筋经历较大的塑性伸长,给人以明显的预兆。但是,当实际配筋量大于计算值时,便成为实际上的超筋梁。超筋梁的破坏始自受压区,破坏时钢筋不能达到屈服强度,挠度不大。超筋梁的破坏是突然的,没有明显的预兆。

(2)处理措施。

1)如果是少筋梁,必须进行加固。可选用在受拉区增加钢筋的加固方法。

2)如果是适筋梁,则可根据裂缝的宽度、构件的挠度和钢筋的应力来判断是否进行加固。裂缝宽度与钢筋应力之间基本呈线性关系:裂缝越宽,裂缝处应力就越高。

当采用在受拉区增加钢筋的方法加固时,应注意加筋后不致成为超筋梁。

3)如果是超筋梁,由于在受拉区进行加筋补强不起作用,因此必须采用加大受压区截面的办法,或采用增设支点的办法进行加固。

2. 斜截面的破坏特征

梁的斜截面抗剪试验表明,斜裂缝始自两种情况:一种是首先在构件的受拉边缘出现垂直裂缝、然后在弯矩和剪力的共同作用下斜向发展;另一种是出现在梁腹的腹剪斜裂缝,对于T形、I形等腹板较薄的梁,常在梁腹部中和轴附近首先出现这类裂缝。然后,随着荷载的增加,分别向梁顶和梁底斜向发展。

当箍筋配置数量过多时,箍筋有效地制约了斜裂缝的扩展,因而出现多条大致相互平行的斜裂缝,把腹板分割成若干个倾斜受压的棱柱体。

当箍筋配置数量过少时,斜裂缝一旦出现,箍筋承担不了原来由混凝土所负担的拉力,箍筋应力立即达到并超过极限强度,产生脆性的斜拉破坏。

(三)事故实例

【例5-23】 某车间屋面大梁支撑端头断裂事故。

(1)工程概况。某车间屋面大梁为12 m跨度的T形薄腹梁,车间建成后使用不当,大梁支撑端头突然断裂,造成厂房局部倒塌。倒塌物包括屋面大梁、大型屋面板等构件。

(2)事故原因分析。事故发生后,通过对事故进行检查分析,发现大梁支撑端部钢筋的锚固长度不够,按照《混凝土结构设计规范(2015年版)》(GB 50010—2010),受拉钢筋的锚固长度的设计要求至少为15 cm,经计算,实际上不足5 cm。

【例 5-24】 某教学楼现浇柱配筋不足。

(1) 工程概况。某 10 层框剪结构的教学楼，在第五层结构完成后发现，四、五层柱少配 39%～66% 钢筋。

(2) 事故原因分析。误将六层柱截面用于四层、五层，施工及质量检查中又未能及时发现和纠正这些错误。由于现浇柱在框剪结构中属于主要受力构件，导致配筋严重不足，影响结构安全，必须加固处理。

(3) 事故处理措施。凿去四、五层柱的保护层层，露出柱四角的主筋和全部箍筋，用通长钢筋加固，加固钢筋从四层柱脚起伸入六层 1 m 处锚固。新加主筋与原柱四角凿出的主筋牢固焊接，使两者能共同工作。焊接间距为 600 mm，每段焊缝长约 190 mm(箍筋净距)。加固主筋焊好后，绑扎加固箍筋，箍筋的接口采用单面搭接焊，形成焊接封闭箍。加固主筋在通过梁边时，设开口箍筋，并将加固主筋与原柱主筋的焊接间距减为 300 mm。钢箍工程完成并经检查合格后，支模浇灌比原设计强度高两级的细石混凝土。

三、钢筋错位偏差严重

常见的钢筋错位偏差事故有：钢筋保护层偏差；钢筋骨架产生歪斜；钢筋网上、下钢筋混淆；钢筋间距偏差过大；箍筋间距偏差过大等。

造成钢筋错位偏差的主要原因如下：

(1) 随意改变设计。常见的随意改变设计的情况有两类，不按施工图施工，把钢筋位置放错；乱改建筑的设计或结构构造，导致原有的钢筋安装固定有困难。

(2) 施工工艺不当。例如，主筋保护层不设专用垫块，钢筋网或骨架的安装固定不牢固，混凝土浇筑方案不当，操作人员任意踩踏钢筋等原因，均可能造成钢筋错位。

【例 5-25】 某住宅阳台倒塌事故。

(1) 工程概况。某住宅建筑面积为 500 m²，三层混合结构，二、三层均有四个外挑阳台。在用户入住后，三层的一个阳台突然倒塌。阳台设计结构断面图如图 5-47 所示。

从倒塌现场可见，混凝土阳台板折断(钢筋未断)后，紧贴外墙面挂在圈梁上，阳台栏板已全部坠落地面。住户迁入后，当时曾反映阳台栏板与墙连接处有裂缝，但无人检查处理。倒塌前几天，因裂缝加大，再次提出此问题，施工单位仅派人用水泥对裂缝做表面封闭处理。倒塌后，验算阳台结构设计，未发现问题。混凝土强度、钢筋规格、数量和材质均满足设计要求，但钢筋间距很不均匀，阳台板的主筋错位严重，从板断口处可见主筋位于板地面附近。实测钢筋骨架位置如图 5-48 所示。

阳台栏板压顶混凝土与墙或构造柱的锚固钢筋，原设计为 2Φ12，实际为 3Φ6，但锚固长度为 40～50 mm，锚固钢筋末端无弯钩。

(2) 事故原因分析。

1) 乱改设计。与阳台板连接的圈梁的高度原设计为 360 mm(图 5-47)。施工时，取消阳台门上的过梁和砖，把圈梁高改为 500 mm，但是，钢筋未作修改，且无固定钢筋位置的措施，因此，使梁中钢筋位置下落，造成根部(固定端处)主筋位置下移，最大达 85 mm，如图 5-48 所示。

2) 违反工程验收有关规定。对钢筋工程不做认真检查，却办理了隐蔽工程验收记录。

3) 发现问题不及时处理。阳台倒塌前几个月就已发现栏板与墙连接处等出现裂缝，住户也多次反映此问题，都没有引起重视，既不认真分析原因，也不采取适当措施，最终导致阳台突然倒塌。

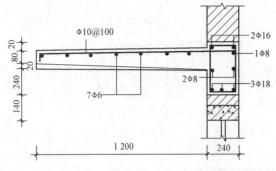

图 5-47 阳台设计结构断面图

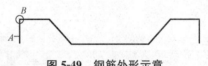

图 5-48 实测钢筋骨架位置

四、钢筋脆断

常见的钢筋脆断有底合金钢筋或进口钢筋运输装卸中脆断、电焊脆断等。主要原因是钢筋加工工艺错误；运输装卸方法不当，使钢筋承受过大的冲击应力；对进口钢筋的性能不够了解，焊接工艺不良，以及不适当地使用电焊固定钢筋位置等。

【例 5-26】 某厂房屋盖薄腹梁脆断事故。

(1)工程概况。某单层厂房建筑面积为 11 000 m^2，屋盖主要承重构件为 12 m 跨的薄腹梁，梁高为 1 300 mm，主钢筋 5ϕ25，其外形如图 5-49 所示。第一次脆断的两根钢筋是在运输过程中发生的，钢筋的

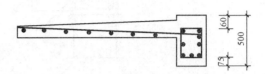

图 5-49 钢筋外形示意

A 段勾在混凝土门桩上而脆断，断点在 B 处；第二次脆断的 5 根钢筋是在卸车时发生的，断口也在 B 处。当时，已制作完成这种钢筋 210 根，其中两次脆断 7 根，占已制作钢筋的 3.3%。

(2)事故原因分析。在钢筋脆断后，对材质进行重新取样检验，钢筋的物理力学性能全部达到和超过了标准的规定。说明钢筋脆断的主要原因不是材质问题，而是由撞击、摔打造成，钢筋弯曲时弯心太小，也带来了不利的影响。

(3)事故处理措施。改变目前运输、装卸方法，避免对钢筋造成撞击或冲击。对已制作的钢筋，用 5 倍放大镜检查弯曲处有无裂纹，如有裂纹者，暂不使用，另行研究处理。实际检查后，没有发现裂纹。以后加工的钢筋，弯心直径一定要符合规范的规定。

【例 5-27】 某大厦钢筋混凝土预制墙板脱落事故。

(1)工程概况。某大厦地上 40 层，总高为 150 m，工程幕墙采用钢筋混凝土预制墙板。墙板的连接构造如图 5-50 和图 5-51 所示，钢材除注明者外均为 Q235。施工中发现已吊装就位的墙板突然脱落。除脱落事故外，工程还存在严重隐患。

(2)事故原因分析。

1)钢材选用不当。幕墙板主要连接件是 M24 螺栓，它在使用中承受由地震荷载和风荷载引起的动载拉力。而该工程却采用可焊性很差的 35 号钢制作 M24，因而留下严重隐患。

2)焊接工艺不当。35 号钢属优质中碳钢，工程所用的 35 号钢含碳量为 0.35%～0.38%，对焊接有特定的要求。焊接前应预热；焊条应采用烘干的碱性焊条，焊丝直径宜小(如 3.2 mm)；焊接应采用小电流(135 A)、慢焊速、短段多层焊接的工艺，焊接长度小

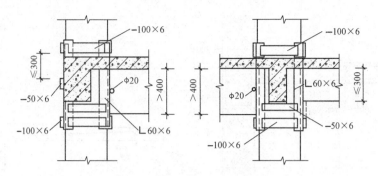

图 5-50 外包钢加固节点示意

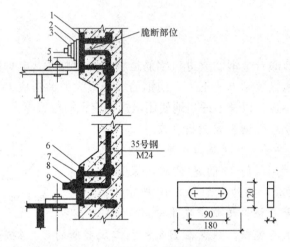

图 5-51 墙板上下节点连接构造

1—预埋钢板 240×190×10；2、7—等肢角钢 160×16，16Mn；
3—导移板 160×90×10；4、8—垫板 90×90×6；5、9—螺母 M24，35号钢；
6—预埋钢板 350×200×10

于 100 mm 等，焊后应缓慢冷却，并进行回火热处理等。加工单位不了解这些要求，盲目采用 T422 焊条，并用一般 Q235 钢的焊接工艺。因此，在焊缝热影响区产生低塑性的淬硬马氏体脆性组织，焊件冷却时易产生冷裂纹。这是导致连接件脆断的直接原因。

(3) 事故处理措施。

1) 未焊接预埋件的处理。

①避免损失过大，圆钢与钢板焊接改用螺栓连接，即圆钢套丝扣，安装后再焊 4 个爪子。已下料的圆钢仍然可用到工程上。

②采用 35 号钢需焊接时，应遵守下述工艺要求。采用碱性焊条并烘干；采用 φ3.2 mm 的细焊条、135 A 的小电流、慢焊速、短段多层焊，焊接长度小于 100 mm；焊接前应预热，温度为 150 ℃～200 ℃，焊缝两侧各为 150～200 mm；焊后可采用包石棉等方法缓慢冷却；焊后热处理的回火温度为 450 ℃～650 ℃。

③未下料的 35 号钢一律改为 16Mn 圆钢，直径相应加大。

2) 已焊接预埋件的处理。只用作幕墙的下节点，上节点圆钢改用 16Mn 钢，代替 35 号钢，并等强换算加大截面。

3)已预制未安装的墙板处理。在固定螺母一侧加贴角焊缝,先预热后焊,采用碱性焊条结606或结507施焊,并将角钢孔扩大,避开贴角焊缝,如图5-52(a)所示,上下节点类同。

4)已安装墙板处理。对下节点,将固定角钢和预埋钢板焊接固定,如图5-52(b)所示;对上节点,加设角钢的一个翼缘和预埋钢板焊牢,另一翼缘压住固定角钢,但不得焊接,如图5-52(c)所示。

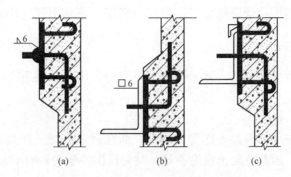

图 5-52 墙板节点加固处理示意

(a)已预制未安装墙板处理;(b)已安装墙板下节点处理;(c)已安装墙板上节点处理

五、其他钢筋工程事故

1. 钢筋材质达不到材料标准或设计要求

常见的有钢筋屈服点和极限强度低、钢筋裂缝、钢筋脆断、焊接性能不良等钢筋材质不合要求,主要因为钢筋流通领域复杂,大量钢筋经过多次转手,出厂证明与货源不一致的情况较普遍,加上从十几个国家进口的不同材质的钢筋,造成进场的钢筋质量问题较多;其次是进场后的钢筋管理混乱,不同品种钢筋混杂;最后是使用前,未按施工规范规定验收与抽查等。

2. 钢筋断脆

这里所指的钢筋断脆,不包括材质不合格钢筋的断脆。常见的有低合金钢筋或进口钢筋运输装卸中脆断、电焊脆断等。其主要原因有钢筋加工成型工艺错误运输装卸方法不当,使钢筋承受过大的冲击应力;对进口钢筋的性能不够了解,焊接工艺不良,以及不适当地使用点焊固定钢筋位置等。

第六节 混凝土强度不足事故处理

一、混凝土强度不足对不同结构的影响

混凝土强度不足除影响结构承载能力外,还伴随着抗渗、耐久性的降低,处理这类事故的前提是必须明确处理的主要目的。例如,为提高承载能力,可采用一般加固补强方法

处理；如果因为混凝土密实性差等内在原因，造成抗渗、抗冻、耐久性差，则主要应从提高混凝土密实度或增加强度、抗渗、耐久性能等方面着手进行处理。

混凝土强度不足所导致的结构承载能力降低主要表现在三个方面：一是降低结构强度；二是抗裂性能差，主要表现为过早地产生过宽、数量过多的裂缝；三是构件刚度下降，如变形过大，影响正常使用等。

根据钢筋混凝土结构设计原理分析，混凝土强度不足对不同结构强度的影响程度差别较大，一般规律如下。

1. 轴心受压构件

通常，按混凝土承受全部或大部分荷载进行设计。因此，混凝土强度不足对构件的强度影响较大。

2. 轴心受拉构件

设计规范不允许采用素混凝土作受拉构件，而在钢筋混凝土受拉构件强度计算中，又不考虑混凝土的作用，因此混凝土强度不足，对受拉构件强度影响不大。

3. 受弯构件

钢筋混凝土受弯构件的正截面强度与混凝土强度有关，但影响幅度不大。如纵向受拉HRB335级钢筋配筋率为0.2%～1.0%的构件，当混凝土强度等级由C30降为C20时，正截面强度下降一般不超过5%，但混凝土强度不足对斜截面的抗剪强度影响较大。

4. 偏心受压构件

对小偏心受压或受拉钢筋配置较多的构件，混凝土截面全部或大部受压，可能发生混凝土受压破坏，因此，混凝土强度不足对构件强度影响明显。对大偏心受压且受拉钢筋配置不多的构件，混凝土强度不足对构件正截面强度的影响与受弯构件相似。

5. 对冲切强度影响

冲切承载能力与混凝土抗拉强度成正比，而混凝土抗拉强度约为抗压强度的7%～14%（平均10%）。因此，混凝土强度不足时抗冲切能力明显下降。

在处理混凝土强度不足事故前，必须区别结构构件的受力性能，正确估计混凝土强度降低后对承载能力的影响，然后综合考虑抗裂、刚度、抗渗、耐久性等要求，选择适当的处理措施。

二、混凝土强度不足的常见原因

(一)原材料质量差

1. 水泥质量不良

(1)水泥实际强度低。常见的有两种情况：一是水泥出厂质量差，而在实际工程中应用时，又在水泥28 d强度试验结果未测出前，先估计水泥强度配制混凝土，当28 d水泥实测强度低于原估计值时，就会造成混凝土强度不足；二是水泥保管条件差或贮存时间过长，造成水泥结块、活性降低，而影响强度。

(2)水泥安定性不合格。其主要原因是水泥熟料中含有过多的游离氧化钙(CaO)或游离氧化镁(MgO)，有时也可能由于掺入石膏过多而造成。因为水泥熟料中的游离CaO和MgO都是烧过的，遇水后熟化极缓慢，熟化所产生的体积膨胀延续很长时间。当石膏掺量过多时，石膏与水化后水泥中的水化铝酸钙反应生成水化硫铝酸钙，也使体积膨胀。这些体积变形若在混凝土硬化后产生,都会破坏水泥结构,大多数导致混凝土开裂。同时,也降低了混凝土强度。尤其需要注意的是,有些安定性不合格的水泥所配制的混凝土,表面虽无明显裂缝,但强度极度低下。

2. 集料(砂、石)质量不良

(1)石子强度低。在有些混凝土试块试压中,可见不少石子被压碎,说明石子强度低于混凝土的强度,导致混凝土实际强度下降。

(2)石子体积稳定性差。有些由多孔燧石、页岩、带有膨胀黏土的石灰岩等制成的碎石,在干湿交替或冻融循环作用下,常表现为体积稳定性差,而导致混凝土强度下降。如变质粗玄岩,在干湿交替作用下体积变形可达 600×10^{-6}。以这种石子配制的混凝土,在干湿变化条件下,可能发生混凝土强度下降,严重的甚至破坏。

(3)石子形状与表面状态不良。针片状石子含量高,影响混凝土强度。而石子具有粗糙和多孔的表面,因与水泥结合较好,而对混凝土强度产生有利的影响,尤其是抗弯和抗拉强度。最普通的一个现象是在水泥和水胶比相同的条件下,碎石混凝土比卵石混凝土的强度高 10 %左右。

(4)集料(尤其是砂)中有机杂质含量高。如集料中含有腐烂动植物等有机杂质(主要是鞣酸及其衍生物),对水泥水化产生不利影响,而使混凝土强度下降。

(5)黏土、粉尘含量高。由此原因造成的混凝土强度下降主要表现在三个方面:一是这些很细小的微粒包裹在集料表面,影响集料与水泥的粘结;二是加大集料表面积,增加用水量;三是黏土颗粒体积不稳定,干缩湿胀,对混凝土有一定破坏作用。

(6)二氧化硫含量高。集料中含有硫铁矿(FeS_2)或生石膏($CaSO_4 \cdot 2H_2O$)等硫化物或硫酸盐,当其含量以二氧化硫量计较高时(如大于 1%),有可能与水泥的水化物作用,生成硫铝酸钙,发生体积膨胀,导致硬化的混凝土裂缝和强度下降。

(7)砂中云母含量高。由于云母表面光滑,与水泥石的粘结性能极差,加之极易沿节理裂开,因此,砂中云母含量较高,对混凝土的物理力学性能(包括强度)均有不利影响。

3. 拌和水质量不合格

拌制混凝土若使用有机杂质含量较高的沼泽水、含有腐殖酸或其他酸、盐(特别是硫酸盐)的污水和工业废水,可能造成混凝土物理力学性能下降。

4. 外加剂质量差

目前,一些小厂生产的外加剂质量不合格的现象相当普遍,尤应注意的是,这些外加剂的出厂证明都是合格品。因此,由于外加剂造成混凝土强度不足甚至混凝土不凝结的事故,时有发生。

(二)混凝土配合比不当

混凝土配合比是决定强度的重要因素之一,其中水胶比的大小直接影响混凝土强度,其他如用水量、砂率、集胶比等,也影响混凝土的各种性能,从而造成强度不足事故。这些因素在工程施工中,一般表现在以下几个方面:

(1)随意套用配合比。混凝土配合比是根据工程特点、施工条件和原材料情况,由工地向试验室申请试配后确定。但是,目前不少工地却不顾这些特定条件,仅根据混凝土强度等级的指标,随意套用配合比,因而造成许多强度不足的事故。

(2)用水量加大。较常见的有搅拌机上加水装置计量不准；不扣除砂、石中的含水量；甚至在浇灌地点任意加水等。用水量加大后，混凝土的水胶比和坍落度增大，造成强度不足的事故。

(3)水泥用量不足。除施工工地计量不准外，包装水泥的重量不足也屡有发生。而工地上习惯采用以包计量的方法，因此混凝土中水泥用量不足，造成强度偏低。

(4)砂、石计量不准。较普遍的是计量工具陈旧或维修管理不好，精度不合格。有的工地砂石不认真过磅，有的将质量比折合成体积比，造成砂、石计量不准。

(5)外加剂用错。主要有两种：一是品种用错，在未搞清外加剂属早强、缓凝、减水等性能前，盲目乱掺外加剂，导致混凝土达不到预期的强度；二是掺量不准，曾发现四川省和江苏省的两个工地掺用木质素磺酸钙，因掺量失控，造成混凝土凝结时间推迟，强度发展缓慢，其中一个工地混凝土浇筑完 7 d 后不凝固，另一个工地混凝土 28 d 的强度仅为正常值的 32%。

(6)碱-集料反应。当混凝土总含碱量较高时，又使用含有碳酸盐或活性氧化硅成分的粗集料(蛋白石、玉髓、黑曜石、沸石、多孔燧石、流纹岩、安山岩、凝灰岩等制成的集料)，可能产生碱-集料反应，即碱性氧化物水解后形成的氢氧化钠与氢氧化钾，它们与活性集料起化学反应，生成不断吸水膨胀的凝胶体，造成混凝土开裂和强度下降。资料显示，在其他条件相同的情况下，碱-集料反应后混凝土强度仅为正常值的 60% 左右。

(三)混凝土施工工艺存在问题

(1)混凝土拌制不佳。向搅拌机中加料顺序颠倒，搅拌时间过短，造成拌合物不均匀，影响强度。

(2)运输条件差。在运输中发现混凝土离析，但没有采取有效的措施(如重新搅拌等)，运输工具漏浆等均影响强度。

(3)浇灌方法不当。如浇灌时混凝土已初凝；混凝土浇灌前已离析等，均可造成混凝土强度不足。

(4)模板严重漏浆。如深圳某工程钢模严重变形，板缝 5~10 mm，严重漏浆，实测混凝土 28 d 的强度仅达设计值的一半。

(5)成型振捣不密实。混凝土入模后的空隙率达 10%~20%。如果振捣不实或模板漏浆，必然影响强度。

(6)养护制度不良。养护制度不良，主要是温度、湿度不够，早期缺水干燥或受冻，造成混凝土强度偏低。

(四)试块管理不善

(1)试块未经标准养护。不少施工人员不知道交工用混凝土试块应在温度为(20±3) ℃和相对湿度为 90% 以上的潮湿环境或水中进行标准条件下养护，而将试块放在施工同条件下养护。有些试块的养护温度、湿度条件很差，并且有的试块被撞砸，因此试块的测试强度偏低。

(2)试模管理差。试模变形，不及时修理或更换。

(3)不按规定制作试块。如试模尺寸与石料粒径不相适应，试块中石子过少，试块没有用相应的机具振实等。

三、混凝土强度不足事故的处理方法与选择

混凝土强度不足事故常采用以下处理方法：

(1)测定混凝土的实际强度。当试块试压结果不合格，估计结构中的混凝土实际强度可能达到设计要求时，可用非破损检验或钻孔取样等方法，测定混凝土实际强度，作为事故处理的依据。

(2)利用混凝土后期强度。混凝土强度随龄期增加而提高，在干燥环境下三个月的强度可达28 d的1.2倍左右，一年可达1.35～1.75倍。如果混凝土实际强度比设计要求低得不多，结构加荷时间又比较晚，可以采用加强养护，利用混凝土后期强度的原则处理强度不足事故。

(3)减小结构荷载。由于混凝土强度不足造成结构承载能力明显下降又不便采用加固补强方法处理时，通常采用减小结构荷载的方法处理。例如，采用高效、轻质的保温材料代替白灰炉渣或水泥炉渣等措施，减轻建筑物自重；又如，降低建筑物的总高度等。

(4)结构加固。当柱混凝土强度不足时，可采用外包钢筋混凝土或外包钢加固，也可采用螺旋筋约束柱法加固；当梁混凝土强度低导致抗剪能力不足时，可采用外包钢筋混凝土及粘贴钢板方法加固；当梁混凝土强度严重不足，导致正截面强度达不到规范要求时，可采用钢筋混凝土加高梁，也可采用预应力拉杆补强体系加固等。

(5)分析验算挖掘潜力。当混凝土实际强度与设计要求相差不多时，一般通过分析验算，多数可不作专门加固处理。因为混凝土强度不足对受弯构件正截面强度影响较小，所以经常采用这种方法处理；必要时，可在验算的基础上做荷载试验，进一步证实结构安全、可靠，不必处理。装配式框架梁柱节点核心区混凝土强度不足，可能导致抗震安全度不足，只要根据抗震规范验算后，在相当于设计震级的作用下满足强度要求，结构裂缝和变形不经修理或经一般修理仍可继续使用，则不必采用专门措施处理。需要指出：分析验算后得出不处理的结论，必须经设计签证同意方有效。同时，还应强调指出，这种处理方法实际上是在挖设计潜力，一般不应提倡。

(6)拆除重建。由于原材料质量问题严重和混凝土配合比错误，造成混凝土不凝结或强度低下时，通常都采用拆除重建。中心受压或小偏心受压柱混凝土强度不足时，对承载力影响较大，如不宜用加固方法处理时，也多用此法处理。

混凝土强度不足处理方法选择见表5-8。

表5-8 混凝土强度不足处理方法选择参考表

原因或影响程度		处理方法					
		测定实际强度	利用后期强度	减小结构荷载	结构加固	分析验算	拆除重建
强度不足差值	大			△	√		△
	小	△	√	△		√	
构件受力特征	轴心或小偏心受压	△		△	√		
	冲切受弯(正截面)			△	△	√	
	抗剪			△	√		

续表

原因或影响程度			处理方法					
			测定实际强度	利用后期强度	减小结构荷载	结构加固	分析验算	拆除重建
强度不足原因	原材料质量差	严重	△			√		√
		一般				△	√	
	配合比不当		△		△	√	√	
	施工工艺不当		△	△	△	√	√	
	试块代表性差		√			△	△	

注：√—常用；△—也可选用。

四、混凝土强度不足事故实例

【例 5-28】 某办公楼工程局部混凝土强度达不到设计要求。

(1)工程概况。某办公楼工程为四层现浇框架结构，当施工至四层楼面时，发现三层局部楼面板混凝土浇捣完成数天后还未硬化，混凝土强度达不到设计要求。

(2)事故原因分析。

1)经现场勘察发现，搅拌混凝土所用的砂石不仅含泥量过高(有的甚至含有拳头大的泥块)，还有烂树根等杂质。

2)混凝土配料计量不准，所用粉煤灰过多。现场搅拌混凝土时，砂、石、水、水泥均用秤计量，唯独粉煤灰是工人凭经验用铁锹直接铲入搅拌机内的，随意性太大。

【例 5-29】 现浇框架混凝土试块达不到设计强度事故。

某教学楼为 10 层现浇框架-剪力墙结构，在主体结构施工中发现：从预制桩基础到柱、剪力墙、现浇板、雨篷等结构构件中，共有 13 组试块强度达不到要求，最低的仅达到设计值的 56.5%。为确定事故性质及处理方法，对这些不合格试块涉及的构件混凝土强度进行实测，其结果是：用回弹仪检测 35 个构件，其中基础混凝土强度普遍接近或超过设计值；柱混凝土强度达到设计值的 80.5%～97%，有一根超过设计值；剪力墙混凝土强度达到设计值的 72.6%～86.2%。钻取混凝土试件 13 个，其实际强度除一个现浇板试件达到设计值 84.7%外，其余的均超过设计要求，有的高达设计值的 2.2 倍。另外，还对外挑长为 3.5 m，宽为 15.0 m 的大雨篷做载荷试验，结果无裂缝，挠度值远小于设计规定。根据上述结果，决定不必对此事故进行专门的处理，其主要理由如下：

(1)根据设计人员指定部位钻芯取样，测得混凝土强度普遍超过设计要求，仅有一块强度达到设计值的 84.7%。该芯样是从现浇楼板上钻取的，其实际强度为 25.4 MPa，根据实际强度验算，对楼板承受能力无明显影响。

(2)大量的回弹仪测试结果表明，混凝土实际强度普遍超过试块强度，74%以上的实测强度大于 90%，设计强度最低的一组为剪力墙，实际强度达到设计值的 72.6%(21.8 MPa)。

(3)结构载荷试验证明雨篷性能良好。

(4)预制桩混凝土试块强度虽未达到设计值，但打桩过程中无异常情况，桩入土后，个别混凝土试块强度虽仅为 173 MPa，但也不致降低单桩承载能力。

(5)经检查,混凝土施工各项原始资料齐全,原材料质量全部合格,混凝土配合比由公司试验室专门试配后确定,工地执行配合比较认真,混凝土工艺和施工组织比较合理。现场对混凝土试块成型、养护、保管较差,因此使试块不能反映混凝土的实际强度。

本章小结

钢筋混凝土结构具有承载力大、整体性能好等优点,是工程上广泛应用的结构类型。但是由于各种各样的原因,常导致钢筋混凝土构件的损坏,因此有必要对构件的外观与位移,钢筋混凝土中的钢筋、混凝土质量进行检测。钢筋混凝土构件发生事故后,除倒塌断裂事故必须重新制作构件外,在许多情况下可以用加固的方法来处理。加固补强方法包括增大截面加固法、外包钢加固法、粘结钢板加固法、碳纤维加固法、预应力加固法等方法。钢筋混凝土工程事故包括结构裂缝及表层缺陷事故、钢筋混凝土结构错位变形事故、钢筋工程事故、混凝土强度不足等,学习过程中应重点掌握各类事故的发生原因和处理方法。

思考与练习

一、填空题

1. 钢筋混凝土结构构件的尺寸直接关系到构件的_____和_____。
2. 钢筋混凝土构件表面的孔洞是由_____或_____所致。
3. 外露的钢筋用_____量取。
4. 钢筋锈蚀程度的检测方法主要有_____与_____两种。
5. 钢筋强度的检测分为_____与_____的测定。
6. 习惯上将外包钢加固法分为_____和_____两种。
7. 配筋不足包括_____或_____钢筋,造成钢筋设计截面不足等。
8. 常见的钢筋脆断有_____或_____运输装卸中脆断、电焊脆断等。

二、选择题

1. 钢筋混凝土构件表面的孔洞是指深度超过保护层厚度,但不超过截面尺寸( )的缺陷。
   A. 1/2 B. 1/3 C. 2/3 D. 1/4
2. 混凝土构件内部均匀性检测常采用( )。
   A. 回弹法 B. 网格法 C. 钻芯法 D. 拔出法
3. 进行混凝土裂缝深度检测时,当有主筋穿过裂缝且与两换能器的连线大致平行时,探头应避开钢筋,避开的距离应大于估计裂缝深度的( )倍。
   A. 1.5 B. 2 C. 2.5 D. 3
4. 灌浆法适用于裂缝宽大于( )mm、深度较深的裂缝修补。

A. 0.3 B. 0.4 C. 0.5 D. 0.6

三、判断题

1. 采用超声波检测混凝土垂直裂缝长度。（   ）
2. 通常，对梁多采用双面外包钢加固，对柱多单面外包钢加固。（   ）
3. 粘结钢板加固法通常用于加固受弯构件。（   ）
4. 预应力加固法即用预应力钢筋对梁、板进行加固的方法。（   ）

四、问答题

1. 回弹法检测的原理是什么？
2. 碳纤维片材加固受弯构件的破坏形态主要有哪几种？
3. 钢筋混凝土结构错位变形事故主要表现在哪些方面？
4. 处理钢筋混凝土构件错位变形事故应注意哪些问题？
5. 钢筋表面锈蚀的预防措施有哪些？
6. 造成钢筋错位偏差的主要原因有哪些？

第六章 钢结构工程事故分析与处理

知识目标

(1) 了解钢结构缺陷类型；

(2) 熟悉钢结构构件平度检测，长细比、局部平整度和损伤检测及钢结构连接检测常用方法与要求；

(3) 熟悉钢结构加固要求及注意事项，掌握钢结构加固方法；

(4) 掌握钢结构脆性断裂事故及疲劳破坏事故原因及预防措施；

(5) 了解钢结构变形事故类型，掌握钢结构变形事故与失稳事故的原因及处理、防范措施；

(6) 掌握铆钉、螺栓连接缺陷事故及锈蚀事故的原因和处理方法。

能力目标

通过本章内容的学习，能够掌握钢结构的加固措施，并能够对钢结构脆性断裂事故、疲劳事故、变形事故、失稳事故、铆钉、螺栓连接缺陷及锈蚀事故的发生原因进行分析，及时采取措施进行事故防范和事故处理。

第一节 钢结构缺陷

一、钢材的性能及缺陷

1. 钢材的化学成分

钢材的种类很多，建筑结构用钢材需具有较高强度，较好的塑性、韧性，足够的变形能力，以及适应冷热加工和焊接的性能。目前，建筑结构用钢主要有低碳钢和低合金钢两种。

低碳钢中，铁约占 99%，碳只占 0.14%～0.22%，另外便是硅(Si)、锰(Mn)、铜(Cu，不经常有)等微量元素，还有在冶炼中不易除尽的有害元素，如硫(S)、磷(P)、氧

(O)、氮(N)、氢(H)等。在低碳钢中添加用以改善钢材性能的某些合金元素，如锰(Mn)、钒(V)、镍(Ni)、铬(Cr)等，就可得到低合金钢。碳和这些元素虽然含量很低(总和仅占1%~2%)，但却决定着钢材的强度、塑性、韧性、可焊性和耐腐蚀性。其中，硫、磷是常见的有害元素，应重点检测，控制其含量。

钢材在高温下进行轧制、锻造、焊接、铆接等热加工时，会使钢内的硫化亚铁(FeS)熔化，形成微裂，使钢材变脆，即所谓的"热脆现象"。另外，硫还会降低钢材的塑性、冲击韧性、疲劳强度和抗锈蚀性，要求含量为 0.035%~0.050%。

磷的存在可提高钢的强度和抗锈蚀性，但会严重地降低其塑性、冲击韧性、冷弯性能和可焊性等；特别是在低温条件下，会使钢材变得很脆(低温冷脆)。另外，适量的磷和铜共存可以提高强度，但最明显的还是提高钢的耐腐蚀性能，要求含量为 0.035%~0.045%。

2. 钢材的物理力学性能

影响钢结构性能的钢材物理力学指标除常用的强度和塑性外，还有以下几种：

(1)冷弯。冷弯性能是指钢材在常温下冷加工弯曲产生塑性变形时抵抗裂纹产生的一种能力。

(2)冲击韧性。冲击韧性是衡量钢材断裂时吸收机械能量的能力，是强度和塑性的综合指标。

(3)可焊性。钢材的可焊性，可分为施工上的可焊性和使用上的可焊性两种类型。

1)施工上的可焊性是指焊缝金属产生裂纹的敏感性，以及由于焊接加热的影响，近缝区母材的淬硬和产生裂纹的敏感性以及焊接后的热影响区的大小。可焊性好是指在一定的焊接工艺条件下，焊缝金属和近缝区钢材均不产生裂纹。

2)使用上的可焊性是指焊接接头和焊缝的缺口韧性(冲击韧性)，以及热影响区的延伸性(塑性)。要求焊接结构在施焊后的力学性能不低于母材的力学性能。

(4)疲劳。钢材的疲劳是指其在循环应力多次反复作用下，裂纹生成、扩展以致断裂破坏的现象。钢材疲劳破坏时，截面上的应力低于钢材的抗拉强度设计值。钢材在疲劳破坏前，并不出现明显的变形或局部收缩；它和脆性断裂一样，是突然破坏的。

(5)腐蚀。钢材的腐蚀有大气腐蚀、介质腐蚀和应力腐蚀。

钢材的介质腐蚀主要发生在化工车间、储罐、储槽、海洋结构等一些和腐蚀性介质接触的钢结构中，腐蚀速度和防腐措施取决于腐蚀性介质的作用情况。

钢材的应力腐蚀是指其在腐蚀性介质侵蚀和静应力长期作用下的材质脆化现象，如海洋钢结构在海水和静应力长期作用下的"静疲劳"。

根据国外挂片试验结果，不刷涂层的两面外露钢材在大气中的腐蚀速度为 8~17 年 1 mm。

(6)冷脆。在常温下，钢材本是塑性和韧性较好的金属，但随着温度的降低，其塑性和韧性逐渐降低，即钢材逐渐变脆，这种现象称为"冷脆现象"。

3. 钢材的缺陷

(1)发裂。发裂主要是由热变形过程中(轧制或锻造)钢内的气泡及非金属夹杂物引起的，经常出现在轧件纵长方向上，裂纹如发丝，一般裂纹长度为 20~30 mm 以下，有时为 100~150 mm。发裂几乎出现在所有钢材的表面和内部。为防止发裂，最好由冶金工艺解决。

(2)分层。分层是钢材在厚度方向不密合，分成多层，但各层间依然相互连接并不脱离的现象。横轧钢板分层出现在钢板的纵断面上，纵轧钢板分层出现在钢板的横断面上。分层不影响垂直厚度方向的强度,但显著降低冷弯性能。另外,在分层的夹缝处还容易锈蚀,甚至形成裂纹。分层将严重降低钢材的冲击韧性、疲劳强度和抗脆断能力。

(3)白点。钢材的白点是因含氢量过大和组织内应力太大,从而相互影响而形成的。它使钢材质地变松、变脆、丧失韧性、产生破裂。炼钢时,尽量不要使氢气进入钢水中,并且做到钢锭均匀退火,轧制前合理加热,轧制后缓慢冷却,即可避免钢材中的白点。

(4)内部破裂。在轧制钢材过程中,若钢材塑性较低或是轧制时压量过小,特别是上下轧辊的压力曲线不相交时,则会与外层的延伸量不等,从而引起钢材的内部破裂。这种缺陷可以用合适的轧制压缩比(钢锭直径与钢坯直径之比)来补救。

(5)斑疤。钢材表面局部薄皮状重叠称为斑疤,这是一种表面粗糙的缺陷,它可能产生在各种轧材、型钢及钢板的表面。其特征为:因水容易浸入缺陷下部,会使钢材冷却加快,故缺陷处呈现棕色或黑色,斑疤容易脱落,形成表面凹坑。其长度和宽度可达几毫米,深度为 $0.01\sim1.0$ mm 不等。斑疤会使薄钢板成型时的冲压性能变坏,甚至产生裂纹和破裂。

(6)划痕。划痕一般产生在钢板的下表面,主要是由轧钢设备的某些零件摩擦所致。划痕的宽度和深度肉眼可见,长度不等,有时会贯穿全长。

(7)切痕。切痕是薄板表面上常见的折叠比较好的形似接缝的褶皱,在屋面板与薄板的表面上尤为常见。如果将形成的切痕的褶皱展平,钢板易在该处裂开。

(8)过热。过热是指钢材加热到上临界点后,还继续升温时,其机械性能变差(如抗拉强度),特别是冲击韧性显著降低的现象。它是由于钢材晶粒在经过上临界点后开始胀大所引起的,可用退火的方法,使过热金属的结晶颗粒变细,恢复其机械性能。

(9)过烧。当金属的加热温度很高时,钢内杂质集中的边界开始氧化或部分熔化时会发生过烧现象。由于熔化的原因,晶粒边界周围形成一层很小的非金属薄膜将晶粒隔开。因此,过烧的金属经不起变形,在轧制或锻造过程中易产生裂纹和龟裂,有时甚至裂成碎块。过烧的金属为废品,无论用什么热处理方法都不能挽回,只能回炉重炼。

(10)机械性能不合格。钢材的机械性能一般要求抗拉强度、屈服强度、伸长率和截面收缩率四项指标得到保证,有时再加上冷弯,用在动力荷载和低温时还必须要求冲击韧性合格。如果上述机械性能大部分不合格,钢材只能报废。若仅有个别项达不到要求,可作等外品处理或用于次要构件。

(11)夹杂。夹杂通常指的是非金属夹杂,常见的为硫化物和氧化物。前者使钢材在 800 ℃~1 200 ℃高温下变脆;后者将降低钢材的力学性能和工艺性能。

(12)脱碳。脱碳是指金属加热表面氧化后,表面含碳量比金属内层低的现象。主要出现在优质高碳钢、合金钢、低合金钢中,中碳钢有时也有此缺陷,钢材脱碳后淬火将会降低钢材强度、硬度及耐磨性。

缺陷有表面缺陷和内部缺陷,也有轻重之分。最严重的应属钢材中形成的各种裂纹,应高度重视其危害后果。

二、钢结构加固制作中可能存在的缺陷

钢结构的加工制作全过程是由一系列工序组成的,钢结构的缺陷也就可能产生于各工种加工工艺中。

1. 钢构件的加工制作及可能产生的缺陷

钢构件的加工制作过程一般为：钢材和型钢的鉴定试验→钢材的矫正→钢材表面清洗和除锈→放样和画线→构件切割→孔的加工→构件的冷热弯曲加工等。

构件加工制作可能产生各种缺陷，主要缺陷有以下几个方面：

(1)钢材的性能不合格。

(2)矫正时引起的冷作硬化。

(3)放样尺寸和孔中心的偏差。

(4)切割边未作加工或加工未达到要求。

(5)孔径误差。

(6)构件的冷加工引起的钢材硬化和微裂纹。

(7)构件的热加工引起的残余应力等。

2. 铆接缺陷

铆接是将一端带有预制钉头的铆钉，经加热后插入连接构件的钉孔中，再用铆钉枪将另一端打铆成钉头，以使连接达到紧固。铆接有热铆和冷铆两种方法。铆接传力可靠，塑性、韧性均较好。在20世纪上半叶以前，铆接曾是钢结构的主要连接方法。由于铆接是现场热作业，目前只在桥梁结构和吊车梁构件中偶尔使用。

铆接工艺带来的缺陷归纳如下：

(1)铆钉本身不合格。

(2)铆钉孔引起的构件截面削弱。

(3)铆钉松动，铆合质量差。

(4)铆合温度过高，引起局部钢材硬化。

(5)板件之间紧密度不够。

3. 栓接缺陷

栓接包括普通螺栓连接和高强度螺栓连接两大类。普通螺栓由于紧固力小，且螺栓杆与孔径间空隙较大(主要指粗制螺栓)，故受剪性能差，但受拉连接性能好且装卸方便，故通常应用于安装连接和需拆装的结构。高强度螺栓是继铆接连接之后发展起来的一种新型钢结构连接形式，它已成为当今钢结构连接的主要手段之一。

螺栓连接给钢结构带来的主要缺陷有以下几项：

(1)螺栓孔引起构件截面削弱。

(2)普通螺栓连接在长期动载作用下的螺栓松动。

(3)高强度螺栓连接预应力松弛引起的滑移变形。

(4)螺栓及附件钢材质量不合格。

(5)孔径及孔位偏差。

(6)摩擦面处理达不到设计要求，尤其是摩擦系数达不到要求。

4. 焊接缺陷

焊接是钢结构最重要的连接手段。焊接方法种类很多，按焊接的自动化程度一般可分为手工焊接、半自动焊接及自动化焊接。

焊接工艺可能存在以下缺陷：

(1)焊接材料不合格。手工焊采用的是焊条,自动焊采用的是焊丝和焊剂。在实际工程中通常容易出现三个问题:一是焊接材料本身质量有问题;二是焊接材料与母材不匹配;三是不注意焊接材质的烘焙工作。

(2)焊接引起焊缝热影响区母材的塑性和韧性降低,使钢材硬化、变脆开裂。

(3)因焊接产生较大的焊接残余变形。

(4)因焊接产生严重的残余应力或应力集中。

(5)焊缝存在多种缺陷,如裂纹、焊瘤、边缘未熔合、未焊透、咬肉、夹渣和气孔等。

三、钢结构运输、安装和使用维护中的缺陷

钢结构运输、安装和使用维护中,可能产生的缺陷有以下几个方面:

(1)运输过程中引起结构或其构件产生的较大变形和损伤。

(2)吊装过程中引起结构或其构件的较大变形和局部失稳。

(3)安装过程中没有足够的临时支撑或锚固,导致结构或其构件产生较大的变形、丧失稳定性,甚至倾覆等。

(4)施工连接(焊缝、螺栓连接)的质量不满足设计要求。

(5)使用期间由于地基不均匀沉降等原因造成的结构损坏。

(6)没有定期维护,使结构出现较严重腐蚀,影响结构的可靠性能。

第二节 钢结构构件的检测

由于钢材在工程结构中强度最高,制成的构件具有截面小、质量轻、延性好、承载能力大等优点,从而被广泛应用于单层厂房的承重骨架和吊车梁、多层和高层大跨度空间结构和高耸结构中。使用过程中,有的钢结构要承受重复荷载的作用,有的要承受高温、低温、潮湿、腐蚀性介质的作用。钢结构因其连接构造传递应力大,结构对附加的局部应力、残余应力、几何偏差、裂缝、腐蚀、振动、撞击效应也比较敏感,因此,需对钢结构的可靠性进行检测。主要的检测内容有以下几项:

(1)构件平整度的检测。

(2)构件长细比、局部平整度和损伤检测。

(3)连接的检测。

一、构件平整度的检测

梁和桁架构件的整体变形有垂直变形和侧向变形两种,因此要检测两个方向的平直度。柱子的变形主要有柱身倾斜与挠曲两种。

检查时,可先目测,发现有异常情况或疑点时,对梁或桁架,可在构件支点间拉紧一根细钢丝,然后测量各点的垂度与偏度;对柱子的倾斜度,则可用经纬仪检测;对柱子的挠曲度,可用吊锤线法测量。如超出规程允许范围,应加以纠正。

二、构件长细比、局部平整度和损伤检测

构件的长细比在粗心的设计或施工中,以及构件的型钢代换中常被忽视而不满足要求,应在检查时重点加以复核。

构件的局部平整度可用靠尺或拉线的方法检查,其局部挠曲应控制在允许范围内。

构件的裂缝可用目测法检查,但主要用锤击法检查,即用包有橡皮的木槌轻轻敲击构件各部分,如出现声音不脆、传声不匀、有突然中断等异常情况,则必有裂缝。另外,也可用10倍放大镜逐一检查。如怀疑有裂缝,但不能肯定时,可用滴油的方法检查。无裂缝时,油渍呈圆弧形扩散;有裂缝时,油会渗入裂隙呈直线伸展。

当然,也可用超声探伤仪检查。原理和方法与检查混凝土时相仿。

三、连接的检测

钢结构事故往往出在连接上,故应将连接作为重点对象进行检查。连接的检查内容包括以下几项:

(1)检测连接板尺寸(尤其是厚度)是否符合要求。

(2)用直尺作为靠尺检查其平整度。

(3)检测因螺栓孔等造成的实际尺寸的减少。

(4)检测有无裂缝、局部缺陷等损伤。

目前焊接连接应用最广,出现事故也较多,应检查其缺陷。检查焊接缺陷时,首先进行外观检查,借助于10倍放大镜观察,并可用小锤轻轻敲击,细听异常声响。必要时,可用超声探伤仪或射线探测仪检查。

第三节 钢结构的加固

一、钢结构加固的基本要求

(1)钢结构的加固设计应综合考虑其经济效益,并应不损伤原结构,以避免不必要的拆除或更换。

(2)钢结构加固设计应与实际施工方法紧密结合,并应采取有效措施保证新增截面、构件和部件与原结构连接可靠,形成整体能够共同工作,应避免对未加固部分或构件造成不利影响。

(3)钢结构的加固应根据可靠性鉴定所评定的可靠性等级和结论进行。通过鉴定、评定其承载力(包括强度、稳定性、疲劳等)、变形、几何偏差等,不满足或严重不满足现行钢结构设计规范的规定时,必须进行加固方可继续使用。

(4)加固后钢结构的安全等级应根据结构破坏后果的严重程度、结构的重要性(等级)和加固后建筑物功能是否改变、结构使用年限确定。

(5)对于高温、腐蚀、冷脆、振动、地基不均匀沉降等原因造成的结构损坏,应先提出其相应的处理对策后,再进行加固。

(6)对于可能出现倾斜、失稳或倒塌等不安全因素的钢结构,在加固之前,应采取相应的临时安全措施,以防止事故的发生。

(7)钢结构在加固施工过程中,若发现原结构或相关工程隐蔽部位有未预估到的损伤或严重缺陷时,应立即停止施工,会同加固设计者采取有效措施进行处理后,方能继续施工。

二、钢结构加固施工注意事项

(1)表面的清除。加固施工时,必须清除原有结构表面的灰尘,刮除油漆、锈迹,以利于施工。加固完毕后,应重新涂刷油漆。

(2)结构的稳定性。加固施工时,必须保证结构的稳定,应事先检查各连接点是否牢固。必要时,可先加固连接点或增设临时支撑。

(3)缺陷、损伤的处理。对结构上的缺陷、损伤(如位移、变形、挠曲等)一般应首先予以修复,然后再进行加固。加固时,应先装配好全部加固零件。如用焊接连接,则应先两端、后中间,以点焊固定。

(4)负荷状态下焊接加固。在负荷状态下用焊接连接加固时,应注意以下几个方面:

1)采用焊接加固的环境温度应在 0 ℃以上,最好在大于或等于 10 ℃的环境下施焊。

2)应慎重选择焊接参数(如电流、电压、焊条直径、焊接速度等),尽可能减小焊接时输入的热能量,避免由于焊接输入的热量过大,而使结构构件丧失过多的承载能力。

3)应先加固最薄弱的部位和应力较高的杆件。

4)确定合理的焊接顺序,以使焊接应力尽可能减小,并能促使构件卸荷。如在实腹梁中宜先加固下翼缘,然后再加固上翼缘;在桁架结构中,应先加固下弦,后再加固上弦等。

5)凡能立即起到补强作用,并对原构件强度影响较小的部位先施焊,如加固桁架的腹杆时,应先焊杆件两端节点的焊缝,然后再焊中段焊缝,并且在腹杆的悬出肢(应力较小处)上施焊。

三、钢结构加固的方法

钢结构加固的常用方法有结构卸荷加固法、改变结构计算简图加固法和加大构件截面加固法等。

(一)结构卸荷加固法

1. 柱子

柱子卸荷加固法是指采用设置临时支柱,卸去屋架和起重机梁荷载的方法。临时支柱也可立于厂房外面,这样不影响厂房内的生产。当仅需加固上段柱时,也可利用起重机桥架支托屋架使上段柱卸荷。

当下段柱需要加固甚至截断拆换时,一般采用托梁换柱的方法。采用托梁换柱的方法时应对两侧相邻柱进行承载力验算。当需要加固柱子基础时,可采用托柱换基的方法。

2. 托架

托架的卸荷可以采用屋架的卸荷方法,也可利用起重机梁作为支点使托架卸荷。当起重机梁制动系统中辅助桁架的强度较大时,可在其上设临时支座来支托托架。利用杠杆原理，以起重机梁作为支点，外加配重使托架卸荷的方法也是一种可取的方法。通过控制吊重Q，可以较精确地计算出托架卸荷的数量。利用起重机梁和辅助桁架卸荷时，应验算其强度。尤其应注意，当利用杠杆原理卸荷时，作为支点的起重机梁所受的荷载除外加吊重Q外，还应叠加上托架被卸掉的荷载。

3. 梁式结构

梁式结构如屋架，可以在屋架下弦节点下增设临时支柱或组成撑杆式结构，张紧其拉杆，对屋架进行改变应力卸荷。由于屋架从两个支点变为多个支点，所以需进行验算，特别应注意应力符号改变的杆件。当个别杆件（如中间斜杆）由于临时支点反力的作用，其承载能力不能满足要求时，应在卸荷前予以加固。验算时，可将临时支座的反力作为外力作用在屋架上，然后对屋架进行内力分析。临时支座反力可近似地按支座的负荷面积求得，并在施工时通过千斤顶的读数加以控制，使其符合计算中采用的数值。临时支撑节点处的局部受力情况也应进行核算。应注意，该处的构造处理不要妨碍加固施工。施工时，还应根据下弦支撑的布置情况采取临时措施，防止支撑点在平面外失稳。

4. 工作平台

工作平台卸荷加固，一般采用临时支柱进行卸荷。

(二)改变结构计算简图加固法

改变结构计算简图加固法，是指采用改变荷载分布状况、传力路径、节点性质和边界条件，增设附加杆件和支撑，施加预应力，考虑空间协同工作等措施对结构进行加固的方法。改变结构计算简图的加固方法，包括增加结构或构件的刚度、改变受弯构件截面内力、改变桁架杆件内力、与其他结构共同工作形成混合结构，以改善受力情况。

(三)加大构件截面加固法

采用加大构件截面的方法加固钢结构时，会对结构基本单元——构件甚至结构的受力工作性能产生较大的影响，因而应根据构件缺陷、损伤状况、加固要求考虑施工可能，经过设计比较，选择最有利的截面形式。

加固可能是在负荷、部分卸荷或全部卸荷状况下进行的。加固前后结构的几何特性和受力状况会有很大的不同，因而需要根据结构加固期间及前后，分阶段考虑结构的截面几何特性、损伤状况、支承条件和作用其上的荷载及其不利组合，确定计算简图，进行受力分析，以期找出结构的可能最不利受力，设计截面加固，以确保安全、可靠。对于超静定结构，还应考虑因截面加大、构件刚度改变使体系内力重新分布的可能。

使用加大构件截面加固法时应注意以下事项：

(1)采用的补强方法应能适应原有构件的几何形状或已发生的变形情况，以利于施工。

(2)注意加固时的净空限制，要使补强零件不与其他杆件或者构件相碰。

(3)补强方法应考虑补强后的构件便于油漆和维护，避免形成易于积聚灰尘的坑槽而引起锈蚀。

(4)焊接补强时应采取措施，尽量减小焊接变形。

(5)应尽可能使被补强构件的重心轴位置不变，以减少偏心所产生的弯矩。当偏心较大时，应按压弯或拉弯构件复核补强后的截面。

(6)应尽量减少补强施工工作量。无论原有结构是铆接结构还是焊接结构,只要其钢材具有良好的可焊性,便可根据具体情况尽可能采用焊接方法补强。当采用焊接补强时,应尽量减少焊接工作量和注意合理的焊接顺序,以降低焊接应力并尽量避免仰焊。对铆接结构,应以少动原有铆钉为基本原则。

(7)当受压构件或受弯构件的受压翼缘破损和变形严重时,为避免矫正变形或拆除受损部分,可在杆件周围包以钢筋混凝土,形成劲性钢筋混凝土的组合结构。为保证两者共同工作,应在外包钢筋混凝土部位焊接能传递剪力的零件。

四、火灾后的钢结构加固

火灾损伤钢结构的修复加固工作,首先是进行结构变形的复原,然后进行承载力不足的加固。钢结构火灾变形的复原一般采用千斤顶复原法,具体步骤如下:

(1)测定钢结构的变形量,确定复原程度。
(2)确定千斤顶作用位置及千斤顶数量。
(3)安装千斤顶。
(4)操作千斤顶,将钢结构变形顶升复位。
(5)进行承载力加固,加固结束后再拆除千斤顶。

五、钢结构加固实例

【例 6-1】 钢托架卸荷加固。

(1)工程概况。大冶钢厂二炼钢主厂房在大修将近结束时,决定将轴线钢屋架南端的钢托架除锈涂油,在拆除围护砖墙后,发现 10 m 跨度的钢托架严重锈蚀,下弦为 10 mm 厚的双肢角钢,局部只剩下 2 mm 厚,有 2 根斜腹板锈蚀更为严重,8 mm 厚的双肢角钢局部只剩下 1 mm 厚,厂房岌岌可危。欲掀掉屋面结构更换新托架至少要 1 个月,但生产不允许停顿。根据实际情况,决定卸荷加固托架。

(2)事故处理措施。托架加固较简单,关键是顶升屋架,使托架卸荷。屋架顶升方案如图 6-1 所示,具体做法如下:

1)利用厂房生产用的 50 t 起重机,在其南端放置钢托梁。起重机纵向中心线应与轴线屋架中心线重合,起重机需加焊临时车挡固定,其他生产起重机不得与其相碰。50 t 起重机下部的 10 m 钢起重机梁下设 3 个临时支撑点,顶升加固后立即拆除。

2)钢托梁上支设小立柱和 50 t 千斤顶。千斤顶的纵横中心要同小立柱、托梁的纵横中心相对应。

3)在轴线钢屋架南端头焊上顶升专用的新支座。新支座的加劲板不得与屋架下弦接触,因为下弦角钢及连接焊缝均处于负荷受力状态。

4)在顶升屋架时,要注意观测钢托架上弦当托架上弦基本成一条直线时,即可停止顶升。

【例 6-2】 钢柱加固(压弯构件)。

(1)工程概况。有一工字形截面实腹柱,如图 6-2 所示,原设计荷载为轴向压力 1 350 kN(设计值),跨中有一水平集中荷载 207.5 kN(设计值),在跨中产生弯矩 700 kN·m,钢材 Q235。现改变使用条件,增加了轴心压力 850 kN(设计值),因此需要加固柱子截面。

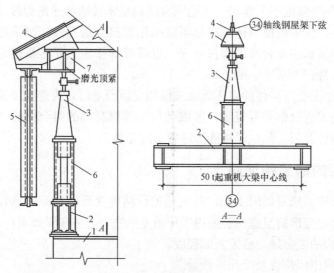

图 6-1 屋架顶升

1—生产用 50 t 起重机；2—钢托梁；3—50 t 千斤顶；4—欲顶升的屋架；
5—待加固的钢托架；6—支千斤顶的小立柱；7—顶升专用新支座

(2) 事故处理措施。经分析，决定采用在原翼缘板上加焊钢板的方法加固（图 6-2）。加固时把横向集中荷载卸掉，则柱仅受轴压力，按轴压柱计算原柱中应力小于 60% 钢材设计强度，故可不再用支撑卸荷载。采用钢板补强翼缘板，所需钢板面积可按新增轴力 850 kN 初步估算：

$$\Delta A = \frac{N}{k \cdot f} = \frac{850 \times 10^3}{0.9 \times 215} = 4\ 393 (\text{mm}^2) \tag{6-1}$$

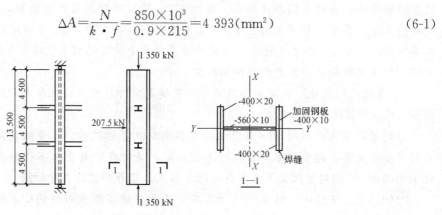

图 6-2 柱子加固

由于加固验算中，将引入折减系数 k，会减小原柱截面的承载能力，所减小的承载能力也要由新增补的钢板来担当，故上述计算的面积 ΔA 必须扩大。扩大多少合适，往往要经过试算确定。本例经过推算，把 ΔA 扩大一倍左右，可使承载力满足要求，故决定采用两块 400 mm×10 mm 钢板，分别焊于两翼缘外侧。

经过对加固后柱截面进行几何特性、强度、整体稳定性的验算后，发现平面外稳定性不够，应加大加固用钢板，或增设柱侧向支撑点在中部，或改加固钢板为型钢等。

第四节 钢结构脆性断裂事故及疲劳破坏事故处理

一、钢结构脆性断裂事故

结构发生脆性破坏前没有任何征兆，不出现异样的变形，没有早期裂缝。脆性断裂破坏时，荷载可能很小，甚至没有任何外荷载的作用。由于脆性断裂具有突发性和破坏过程的瞬间性，大大增加了结构破坏的危险性，因此作为钢结构专业技术人员，应高度重视脆性破坏的严重性并加以防范。

1. 脆性断裂的概念

钢结构的脆性断裂是指钢材或钢结构在低于名义应力（低于钢材屈服强度或抗拉强度）情况下发生的突然断裂破坏。脆性破坏时几乎不发生变形，而且瞬间发生，破坏时应力低于极限承载力。钢材晶格之间的剪切滑移受到限制，使变形无法发生，脆性破坏的结果是钢材晶格间被拉断且发生的机会较多，因此非常危险。

在处于韧性状态的材料中，裂纹的扩展必须有外力做功，如果外力停止做功，裂纹也就停止扩展。在处于脆性状态的材料中，裂纹的扩展几乎不需要外力做功，仅在裂纹起裂时，从拉应力场中释放出的弹性能可驱动裂纹极为迅速地扩展。对于钢结构，发生脆性破坏时，主要有以下一些共同的特征：破坏时的应力常小于钢材的屈服强度 f_y，有时仅为 f_y 的 0.2 倍；破坏之前没有显著变形，吸收能量很小，破坏突然发生，无事故先兆；断口平齐、光亮。

2. 钢结构脆性断裂事故的原因分析

钢结构脆性断裂事故产生的原因有以下几个方面：

(1)材质缺陷。当钢材中碳、硫、磷、氧、氮、氢等元素的含量过高时，将会严重降低其塑性和韧性，脆性则相应增大。通常，碳导致可焊性差，硫、氧导致"热脆"，磷、氮导致"冷脆"，氢导致"氢脆"。另外，钢材的冶金缺陷，如偏析、非金属夹杂、裂纹等，也会降低抗脆性断裂的能力。

(2)应力集中。钢结构由于孔洞、缺口、截面突变等缺陷不可避免，在荷载作用下，这些部位将产生局部高峰应力，而其余部位应力较低且分布不均匀的现象，称为应力集中。通常，把截面高峰应力与平均应力之比称为应力集中系数，以表明应力集中的严重程度。

(3)钢板厚度。随着钢结构向大型化发展，尤其是高层钢结构的兴起，构件钢板的厚度有增加的趋势。钢板厚度对脆性断裂有较大影响，通常钢板越厚，脆性破坏倾向越大。

(4)使用环境。当钢结构受到较大的动载作用或者处于较低的环境温度下工作时，钢结构脆性破坏。当温度在 0℃以下时，随温度降低，钢材强度略有提高，而塑性和韧性降低，脆性增大。尤其是当温度下降到某一温度区间时，钢材的冲击韧性值急剧下降，出现低温脆断。通常，又将钢结构在低温下的脆性破坏称为"低温冷脆"现象，产生的裂纹称为"冷裂纹"。因此，在低温下工作的钢结构，应具有负温冲击韧性的合格保证，以提高抗低温脆断的能力。

3. 钢结构脆性断裂事故预防

随着现代钢结构的发展以及高强度钢材的大量采用,防止其脆性断裂已显得十分重要。钢结构脆性断裂事故预防措施如下:

(1) 合理选择钢材。钢材选用的原则是既要保证结构安全、可靠,同时又要经济、合理、节约。具体而言,应考虑到结构的重要性、荷载特征、连接方法以及工作环境,尤其是低温下承受动载的重要的焊接结构,选择韧性高的材料和焊条,是减少脆断的有效途径。

(2) 合理设计。合理的设计应该在考虑材料的断裂韧性水平、最低工作温度、荷载特征、应力集中等因素后,再选择合理的结构形式,尤其是合理的构造细节。设计时,应力求使缺陷引起的应力集中减少到最低限度,尽量保证结构的几何连续性和刚度的连贯性。

(3) 合理制作与安装。钢结构制作,冷热加工易使钢材硬化变脆,焊接尤其易产生裂纹、类裂纹缺陷以及焊接残余应力。安装时,不合理的工艺容易造成装配残余应力及其他缺陷。因此,采取合理的制作、安装工艺,制定减少缺陷及残余应力的措施是十分重要的。

(4) 合理使用与维修。钢结构在使用时应力求满足设计规定的用途、荷载及环境,不得随意变更。另外,还应建立必要的维修措施,监视缺陷或损坏情况,防患于未然。

4. 钢结构脆性断裂事故实例

【例 6-3】 我国东北钢桥脆性断裂事故。

我国哈尔滨的滨洲线松花江大钢桥,77 m 跨的有八孔,33.5 m 跨的有十一孔,是铆接结构。1901 年由俄国建造,1914 年发现其出现裂纹。1927 年由苏联和中方试验研究证明,该桥钢材化学成分为:碳 $0.04\%\sim0.13\%$,锰 $0.14\%\sim0.80\%$,磷 $0.04\%\sim0.14\%$,硫 $0.01\%\sim0.07\%$。板材厚为 $10\sim14$ mm,屈服强度为 294 N/mm^2,极限强度为 392.4 N/mm^2,$\delta=21\%$。这批钢材是俄国从比利时买进的,为马丁炉钢,脱氧不够。由于 FeO 及 S 增加脆性,特别是金相颗粒不均匀,所以不适于低温加工,其冷脆临界温度为 0 ℃;母材冷弯试验在 90°时已开裂,到 180°时已有断的,且钢材边缘发现夹层。裂纹大部分在钢板的边缘或铆钉孔周围呈辐射状。

这批钢材冷脆临界温度为 0 ℃,而使用时最低气温为 -40 ℃,这是造成裂缝的主要原因。当时,得出的结论有以下四点:

(1) 该桥的实际负荷不大;
(2) 大部分裂纹不在受力处;
(3) 钢材的金相分析后材质不均匀;
(4) 各部分构件受力情况较好,所以钢桥可以继续使用。

1950 年检查发现各桥端节点有裂缝,大多在铆钉孔处,于是进行缝端钻孔以阻止裂缝发展,并且继续观察使用。1962 年把主跨八孔 77 m 跨的大钢桥全部换下,其余十一孔 33.5 m 跨的钢桥至 1970 年才换下。复查换下的这十一孔钢桥,共计裂纹 2 000 多条,其中最大的为 110 mm 长,$0.1\sim0.2$ mm 宽,大于 50 mm 长的裂纹有 150 多处。

我国沈大铁路线上辽阳附近的太子河桥,跨度为 33 m。1973 年年初,大桥桁架的第一根斜拉杆断裂,因此桥架的第二节间下挠达 50 mm。奇怪的是此拉杆断裂后竟然还先后通过十次列车而未发生事故。其后立即抢修加固,并于 1974 年换了新桥。

二、钢结构疲劳破坏事故

1. 疲劳破坏的概念

钢结构的疲劳破坏是指钢材或构件在反复交变荷载作用下,在应力远低于抗拉极限强度甚至屈服点的情况下发生的一种破坏,是从裂纹起始、扩展到最终断裂的过程。

钢结构的疲劳破坏往往是在其循环应力作用下发生的。在钢结构的疲劳分析中,习惯把循环次数 $N<10^5$ 称为低周疲劳,而把 $N>10^5$ 称为高周疲劳。经常承受动力荷载的钢结构,如吊车梁、桥梁、近海结构等在其工作期限内所经历的循环应力次数远超过 10^5 级。

疲劳破坏与塑性破坏、脆性断裂破坏相比,具有以下特点:

(1)疲劳破坏是钢结构在反复交变动载作用下的破坏形式,而塑性破坏和脆性破坏是钢结构在静载作用下的破坏形式。

(2)疲劳破坏虽然具有脆性破坏特征,但不完全相同。疲劳破坏经历了裂缝起始、扩展和断裂的漫长过程,而脆性破坏往往是在无任何先兆的情况下瞬间发生。

(3)就疲劳破坏断口而言,一般可分为疲劳区和瞬断区。疲劳区记载了裂缝扩展和闭合的过程,颜色发暗,表面有较清楚的疲劳纹理,呈沙滩状或波纹状。瞬断区真实反映了当构件截面因裂缝扩展削弱到一临界尺寸时脆性断裂的特点,瞬断区晶粒粗亮。

2. 疲劳破坏的影响因素分析

疲劳是一个十分复杂的过程,从微观到宏观,疲劳破坏受到众多的影响,尤其是对材料和构件静力强度影响很小的因素,对疲劳影响却非常显著,如构件的表面缺陷、应力集中等。影响钢结构疲劳破坏的主要因素是应力幅、构造细节和循环次数,而与钢材的静力强度和最大应力无明显关系。

应力集中对钢结构的疲劳性能影响显著,而构造细节是应力集中产生的根源。构造细节常见的不利因素如下:

(1)钢材的内部缺陷,如偏析、夹渣、分层、裂纹等;
(2)制作过程中剪切、冲孔、切割;
(3)焊接结构中产生的残余应力;
(4)焊接缺陷的存在,如气孔、夹渣、咬肉、未焊透等;
(5)非焊接结构的孔洞、刻槽等;
(6)构件的截面突变;
(7)结构由于安装温度应力、不均匀沉降等产生的附加应力集中。

3. 提高和改善疲劳性能的措施

由疲劳性能的影响因素来看,提高和改善疲劳性能的途径只有从减小应力集中入手。其具体措施如下:

(1)精心选材。对用于动载作用的钢结构构件,应严格控制钢材的缺陷,并选择优质钢材。
(2)精心设计。力求减少截面突变,避免焊缝集中,使钢结构构造做法合理化;
(3)精心制作。使缺陷、残余应力等减少到最低程度;
(4)精心施工避免附加应力集中的影响;
(5)精心使用。避免对结构的局部损害,如划痕、开孔、撞击等;
(6)修补焊缝。目的是缓解缺陷产生的应力集中;

(7) 严格执行《钢结构设计标准》(GB 50017—2017)中建立的疲劳验算方法，此方法对防止疲劳破坏的发生具有重要的作用。

(8) 总之，依靠精心的选材、设计、制作、安装和使用，再加上焊接之后的一些特殊工艺措施，可以达到提高和改善疲劳性能的作用。

4. 钢结构疲劳破坏实例

【例 6-4】 某厂平台装机轨道梁的疲劳破坏。

某厂作业平台装料机焊接实腹轨道梁长为 12 m，高为 1.6 m。该梁于 1980 年开始使用，在 1990 年检查厂房结构时，发现梁的两端受压区主焊缝出现裂纹，左端裂纹长为 1.5 m，右端裂纹长为 2.0 m，均呈贯通性裂纹。当年年底对裂纹进行了修补。修补后的轨道梁使用 3 年后，又出现更为严重的破坏：梁上翼缘板与腹板的连接焊缝全部开裂，梁腹板多处错位，梁中段腹板最大错位达 109 mm，梁上轨道因梁腹板变位下沉而折断称 3 节，装料机被迫停止运行。

从现场调查来看，该梁在制作阶段和加固阶段存在严重的缺陷：梁的上翼缘板属多板拼接，而且拼接焊缝质量差，坡口过小，根本没有焊透，外观检查有可见的孔洞、焊瘤、气泡等缺陷修补后的主焊缝，焊缝严重偏离或高度不足。造成构件早期疲劳破坏的主要原因为：一是构件制作质量差；二是由于生产工艺的影响，在带有腐蚀介质 SO_2 的湿热环境中（SO_2 浓度为 $1.144 \sim 1.956$ mg/m^3，相对湿度为 68%～100%，温度为 44 ℃～61 ℃），腐蚀介质和交变应力对构件的共同作用，产生的腐蚀疲劳；三是对出现裂纹的构件采用的修补方法不正确。

该平台装机轨道梁的疲劳破坏给我们的教训是深刻的，经济损失也是巨大的，我们应从这次教训中总结经验、提高认识，以避免相同的事故发生。

(1) 对结构应细致检查。疲劳破坏，无论是高周疲劳还是低周疲劳，裂纹都有一个发展的过程，在使用中必须进行定期检查，以减免事故的发生。

(2) 对于超重级工作制吊车梁使用 20 年以上或重级工作制吊车梁在达到疲劳周期时，要特别注意检查吊车梁的各部位，一旦发现与疲劳有关的裂纹应立即采取有效的补救措施，把事故消灭在萌芽状态。

(3) 对于已出现裂纹的构件修复时，应优先采用更换的办法。对已出现裂纹的焊缝补焊时，必须先用风铲或碳弧气刨清根，直至焊肉，然后重新施焊；补焊时，一定要控制好焊接电流和焊条的直径，以保证焊缝厚度的提高量每道不超过 2 mm，后加的焊缝要在前一道焊缝降温到 100 ℃以后才进行。

第五节　钢结构变形事故及失稳事故处理

一、钢结构变形事故

1. 钢结构变形事故的类型

钢结构的变形，可分为总体变形和局部变形两类。

(1)总体变形是指整个结构的外形和尺寸发生变化,出现弯曲、畸变和扭曲等,如图 6-3 所示。

(2)局部变形是指结构构件在局部区域内出现变形,如构件凹凸变形、板边折皱波浪变形、端面的角变位等,如图 6-4 所示。

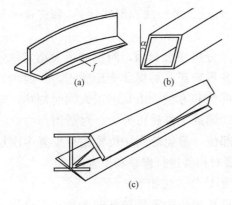

图 6-3　总体变形
(a)弯曲;(b)畸变;(c)扭曲

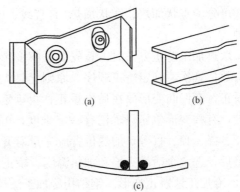

图 6-4　局部变形
(a)凹凸变形;(b)折皱波浪变形;(c)角变位

总体变形与局部变形在实际的工程结构中有可能单独出现,但更多的是组合出现。无论何种变形,都会影响到结构的美观,降低构件的刚度和稳定性,给连接和组装带来困难,尤其是附加应力的产生,将严重降低构件的承载力,影响到整体结构的安全。

2. 钢结构变形事故的原因

(1)原材料变形。钢厂出来的材料,少数可能受不平衡热过程作用或其他人为因素而存在一些变形,所以制作结构构件前应认真检查材料、矫正变形,不允许超出材料规定的变形范围。

(2)冷加工时变形。剪切钢板产生变形,一般为弯扭变形,窄板和厚板变形会大一点;刨削以后产生弯曲变形,薄板和窄板变形大一点。

(3)焊接、火焰切割变形。电焊参数选择不当、焊接顺序和焊接遍数不当,是产生焊接变形的主要原因。焊接变形有弯曲变形、扭曲变形、畸变、折皱和凹凸变形。

(4)制作、组装变形。制作操作台不平、加工工艺不当、组装场地不平、支撑不当、组装方法不正确等,是钢结构制作中产生变形的主要原因。组装引起的变形有弯曲、扭曲和畸变。

(5)运输、堆放、安装变形。吊点位置不当,堆放场地不平和堆放方法错误,安装就位后临时支撑不足,尤其是强迫安装,均会使结构构件变形明显。

(6)使用过程中变形。长期高温的使用环境,使用荷载过大(超载),操作不当而使结构遭到碰撞、冲击,都会导致结构构件变形。

3. 钢结构变形事故的处理

钢结构的变形处理,应根据变形的大小采取不同的处理方法。如果变形大小未超过容许破坏程度,可不做处理。钢结构构件的容许破坏程度,应针对不同材质通过使用情况的大量调查研究,积累资料,并按实际破坏情况进行必要的验算和试验工作后,综合分析拟定;当构件的变形不大时,可采用冷加工和热加工矫正;当变形较大而又很难矫正时,应采用加固或调换新件进行修复。对变形构件应按构件的实际变形情况进行强度验算，截面上局部变形可按扣除变形部分的截面进行强度验算，强度不足时也应采取加固措施。

(1)热加工法矫正变形。热加工法是采用乙炔气和氧气混合燃烧火焰为热源，对变形结构构件进行加热，使其产生新的变形，来抵消原有变形。正确使用火焰和温度是关键；加热方式可分为点状加热、线状加热(有直线、曲线、环线、平行线和网线加热)和三角形加热三种。

采取热加工矫正方法时，首先要了解变形情况，分析变形原因，测量变形大小，做到心中有数；其次，确定矫正顺序，原则上是先整体变形矫正，后局部变形矫正，一般角变形先矫正，而凹凸变形放在后面矫正；再确定加热部位和方法，由几名工人同时加热，效果较佳，有些变形单靠热矫正有一定难度，可以借助辅助工具施以外力，对适当部位进行拉、压、撑、顶、打等，加热位置应尽量避开关键部位，避免对同一位置进行反复多次加热；最后，选定合适的火焰和加热温度。矫正后，要对构件进行修整和检查。

(2)冷加工法矫正变形。钢结构冷加工法矫正变形处理方法如下：

1)手工矫正。采用大锤和平台为工具，适用于尺寸较小的零件局部变形矫正，也作为机械矫正和热矫正的辅助矫正方法；手工矫正是用锤击使金属延伸达到矫正变形的目的。

2)机械矫正。采用简单弓架、千斤顶和各种机械来矫正变形。表6-1是机械矫正变形的几种方法及其适用范围。

冷加工矫正方法必须保证杆件和板件无裂纹、缺口等损伤，利用机械使力逐渐增加，变形消失后应使压力保持一段时间。

表6-1 机械矫正变形方法

矫正方法		示 意 图	适 用 范 围
拉伸机矫正			薄板凹凸及翘曲矫正，型材扭曲矫正，管材、线材、带材矫直
压力机矫正			管材、型材、杆件的局部变形矫正
辊式机矫正	正辊		板材、管材矫正，角钢矫直
	斜辊		圆截面管材及棒材矫正
弓架矫正			型钢弯曲变形(不长)矫正

续表

矫正方法	示意图	适用范围
千斤顶矫正		杆件局部弯曲变形矫正

4. 钢结构变形事故实例

【例6-5】 某焊接主梁腹板局部变形。

(1) 工程概况。某钢板焊接主梁为工字形截面,在焊接横向加劲肋和节点板(水平)之后,腹板产生凹凸变形,凹凸范围为 $\phi300\sim\phi600$ 的圆形区域,深度为 $3\sim6$ mm(图6-5)。

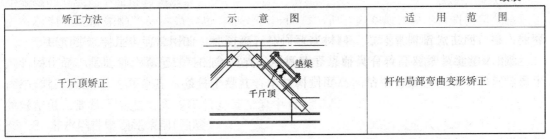

图 6-5 凹凸变形矫正

(2) 事故处理措施。首先,用中性火焰缓慢地点状加热腹板凸面,加热点直径一般为 5 080 mm,加热深度同腹板厚度;然后,对微有不平处垫以平锤击打。

【例6-6】 某组合梁产生翘形。

(1) 工程概况。某 24 m 焊接组合梁如图 6-6 所示,整体组装后,由于横向连接组装不当,在支点悬空,与其他三支点不在同一平面,故产生翘形。

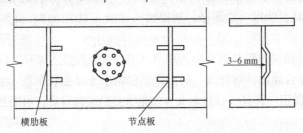

图 6-6 组合梁翘形矫正

(2) 事故处理措施。用中性火焰线加热横连杆3、4角钢,稍等片刻后,用三角形法加热靠近主梁一侧的杆件1、2,使连杆3、4收缩,这样可使变形得到矫正。

矫正变形是解决钢结构构件变形的重要措施,但矫正本身可能产生新的变形,甚至带来裂纹和材质变化,所以防止和减小变形是更积极的措施。

二、钢结构失稳事故

钢结构工程事故的发生,因失稳造成者屡见不鲜。例如,1907年,加拿大魁北克大桥在施工中破坏,900 t钢结构全部坠入河中,桥上施工人员有75人遇难,其破坏是因悬臂的受压下弦失稳造成的;1970年前后,世界范围内也多次出现大跨箱形截面钢梁桥事故;美国哈特福特体育馆网架结构,平面尺寸为 95 m×110 m,突然于1978年破坏而落地,破坏起因是压杆屈曲;我国也不例外,1988年,太原曾发生过 13.2 m×17.99 m 网架塌落事故。

1. 失稳的概念

钢结构构件由于材料强度高，所用截面相对较小，也就最容易产生失稳。失稳也称为屈曲，是指钢结构或构件丧失了整体稳定性或局部稳定性，属承载力极限状态的范围。

钢结构的基本构件，可分为轴心受力构件(轴拉、轴压)、受弯构件和偏心受力构件三大类。其中，轴心受拉构件和偏心受拉构件不存在稳定问题，其余构件除强度、刚度外，稳定问题是重点问题。因此，在钢结构设计中保证其构件不丧失稳定极为重要，钢结构的稳定性往往对承载力起到控制作用。

钢结构具有塑性好的显著特点，当结构因抗拉强度不足而破坏时，破坏前有先兆，会呈现出较大的变形。但当结构因受压稳定性不足而破坏时，可能失稳前变形很小，呈现出脆性破坏的特征，而且脆性破坏的突发性也使得失稳破坏更具危险性。对此，应予以高度重视。

2. 失稳破坏的原因分析

稳定问题是钢结构最突出的问题，钢结构的失稳事故分为整体失稳事故和局部失稳事故两大类，两类失稳形式都将影响结构或构造的正常承载和使用，或引发结构的其他形式破坏。整体失稳事故和局部失稳事故产生的原因分别如下：

(1)整体失稳事故原因。

1)设计错误。设计错误主要与设计人员的水平有关。例如，缺乏稳定概念；稳定验算公式错误；只验算基本构件的稳定，忽视整体结构的稳定验算；计算简图及支座约束与实际受力不符，设计安全储备过小等等。

2)制作缺陷。制作缺陷通常包括构件的初弯曲、初偏心、热轧冷加工以及焊接产生的残余变形等。这些缺陷将对钢结构的稳定承载力产生显著影响。

3)临时支撑不足。钢结构在安装过程中，当尚未完全形成整体结构之前，属几何可变体系，构件的稳定性很差。因此必须设置足够的临时支撑体系来维持安装过程中的整体稳定性。若临时支撑设置不合理或者数量不足，轻则会使部分构件失稳，重则会造成整个结构在施工过程中倒塌或倾覆。

4)使用不当。结构竣工投入使用后，使用不当或意外因素也是导致失稳事故的主因。例如，使用方随意改造使用功能；改变构件的受力状态；由积灰或增加悬吊设备引起的超载；基础的不均匀沉降和温度应力引起的附加变形；意外的冲击荷载等等。

(2)局部失稳事故原因。局部失稳主要是针对构件而言，其失稳的后果虽然没有整体失稳严重，但对以下原因引起的失稳也应引起足够的重视。

1)设计错误。设计人员忽视甚至不进行构件的局部稳定验算，或者验算方法错误，致使组成构件的各类板件宽厚比和高厚比大于规范限值。

2)构造不当。通常在构件局部受集中力较大的部位，原则上应设置构造加劲肋。但实际工程中，加劲肋数量不足、构造不当的现象比较普遍。

3)原始缺陷。原始缺陷包括钢材的负公差严重超标，制作过程中焊接等工艺产生的局部鼓曲和波浪形变形等。

4)吊点位置不合理。在吊装过程中，尤其是大型的钢结构构件，吊点位置的选定十分重要。吊点位置不同，构件受力的状态也不同。有时，构件内部过大的压应力将会导致构件在吊装过程中局部失稳。因此，在钢结构设计中，针对重要构件应在图纸中说明起吊方法和吊点位置。

3. 失稳事故的处理与防范

当钢结构发生整体失稳事故而倒塌后，整个结构已经报废，事故的处理已没有价值，只剩下责任的追究问题；但对于局部失稳事故，可以采取加固或更换板件的做法。钢结构失稳事故应以防范为主，并应遵循以下原则：

（1）设计人员应强化稳定设计理念，防止钢结构失稳事故的发生：

1）结构布置必须考虑整个体系及其组成部分的稳定性要求，尤其是支撑体系的布置。

2）结构稳定计算方法的前提假定必须符合实际受力情况，尤其是支座约束的影响。

3）构件的稳定计算与细部构造的稳定计算必须配合，尤其要有强节点的概念。

4）强度问题通常采用一阶分析，而稳定问题原则上应采用二阶分析。

5）叠加原理适用于强度问题，不适用于稳定问题。

6）处理稳定问题应有整体观点，应考虑整体稳定和局部稳定的相关影响。

（2）制作单位应力求减少缺陷。在常见的众多缺陷中，初弯曲、初偏心、残余应力对稳定承载力影响最大，因此，制作单位应通过合理的工艺和质量控制措施，将缺陷降低到最低程度。

（3）施工单位应确保安装过程中的安全。施工单位只有制定科学的施工组织设计、采用合理的吊装方案、精心布置临时支撑，才能防止钢结构在安装过程中失稳，确保结构安全。

（4）使用单位应正常使用钢结构建筑物。一方面，使用单位要注意对已建钢结构的定期检查和维护；另一方面，当需要进行工艺流程和使用功能改造时，必须与设计单位或有关专业人士协商，不得擅自增加负荷或改变构件受力。

4. 失稳事故实例

【例 6-7】 某医院屋架失稳倒塌。

（1）事故概况。某医院屋架总长为 54.3 m，柱距为 3.43 m，进深为 7.32 m，檐口高为 3 m（图 6-7）；结构为砖墙承重结构，轻钢屋架；屋面为圆木檩条，上铺苇箔两层，抹一层大泥。后来院方决定铺瓦，于是在原泥顶面又铺了 250 mm 厚旧草垫子、100 mm 厚的炉灰渣子、100 mm 厚的黄土，最后铺上厚 20 mm 的水泥瓦。1982 年 12 月 15 日盖完最后一间房屋面瓦时，工程尚未验收，医院即起用。当天下午 3 时 30 分左右，约 130 人在该会议室开会时，5 间房的屋盖全部倒塌，造成 8 人死亡、7 人重伤、3 人轻伤。

（2）事故原因分析。

1）屋架构造不合理。由图 6-7（c）所示可见，屋架端部第二节间内未设斜腹杆，$BCED$ 很难成为坚固的不变体系，因为 BC 杆为零杆，很难起到支撑上弦的作用。这样，杆 ABD 在轴力作用下，因计算长度增大而大大降低其承载力。另外，屋架上弦为单角钢 L 40×4，在檩条集中力的作用下构件还可能发生扭转，使其受力条件恶化。又因单角钢 L 40×4 的回转半径为 7.9 mm，这样上弦杆的长细比接近 195，比规范要求的 150 超出许多。经计算，杆的强度及稳定性均严重不足，这是屋架破坏的主要原因。

2）屋架之间缺乏可靠的支撑系统。圆木檩条未与屋架上弦锚固，很难起到系杆或支撑的作用。屋架间虽设有三道 φ8 钢筋的系杆，但过于柔软，不能起到支撑作用，即使能起到支撑作用，由于间距过大，使上弦的平面外长细比达 302，也和规范要求相差甚远。加之，屋架间支座处与墙体也无锚固措施，整个屋架的空间稳定性很差，只要有 1 榀屋架首先失稳，则整个屋盖必会发生大面积的倒塌。

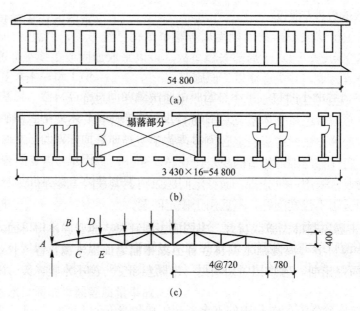

图 6-7 会议室的立面、平面及屋架示意(mm)
(a)南立面图；(b)平面示意图；(c)屋架示意图

3)屋架制作的质量很差。尤其是腹杆与弦杆的焊接，只有点焊接，许多地方的焊接长度达不到规范要求的 8 倍焊缝厚度。

4)工程管理混乱。设计上的审查不严和医院领导的盲目指挥，尤其是不考虑屋架的承载力而盲目增加屋盖的重量，最终酿成严重的事故。

第六节　铆钉、螺栓连接缺陷事故及锈蚀事故处理

一、铆钉、螺栓连接缺陷事故

1. 铆钉、螺栓连接常见缺陷与检查方法

(1)常见缺陷。铆钉连接常见的缺陷有铆钉松动、钉头开裂、铆钉被剪断、漏铆以及个别铆钉连接处贴合不紧密。

高强度螺栓连接常见的缺陷有螺栓断裂、摩擦型螺栓连接滑移、连接盖板断裂、构件母材断裂。

(2)检查方法。铆钉与螺栓连接检查，着重检查铆钉和螺栓是否在使用阶段切断、松动和掉头，同时也要检查建造时留下的缺陷。

1)铆钉检查采用目测或敲击，常用方法是两者相结合，所用工具有手锤、塞尺、弦线和 10 倍以上的放大镜。

2)螺栓质量缺陷检查除目测和敲击外,还需用扳手测试,对于高强度螺栓要用测力扳手等工具测试。

3)要正确判断铆钉和螺栓是否松动或断裂,需要有一定的实践经验,因此,对重要的结构检查,至少需换人重复检查1~2次并做好记录。

2. **铆钉、螺栓连接缺陷处理**

(1)铆钉连接缺陷处理措施。

1)处理原则。发现铆钉松动、钉头开裂、铆钉被剪断、漏铆等应及时更换、补铆,或用高强度螺栓更换(应计算作等强代换),不得采用焊补、加热再铆方法处理有缺陷的铆钉。

2)铆钉更换。

①更换铆钉时,应首先更换损坏严重的铆钉,为避免因风铲振动而削弱邻近的铆钉连接,局部更换时宜用气割割除铆钉头,但施工时,应注意不能烧伤主体金属,也可锯除或钻去有缺陷的铆钉。

②取出铆钉杆后,应仔细检查钉孔并予以清理。若发现有错孔、椭圆孔、孔壁倾斜等情况,当用铆钉或精制螺栓修复时,上述钉孔缺陷必须消除。为消除钉孔缺陷,应按直径增大一级予以扩钻,用直径较大级的铆钉重铆,精制螺栓的直径应根据清孔和扩孔后的孔径决定。

③需扩孔时,若铆钉间距、行距及边距均符合扩孔后铆钉或螺栓直径的现行规范规定时,扩孔的数量不受限制,否则扩孔的数量宜控制在50%范围内。如发现个别铆钉连接处贴合不紧,可用防腐蚀的合成树脂填充缝隙。

④当在负荷状况下更换铆钉时,应根据具体情况分批更换。更换过程中,铆钉的应力不得超过其强度。一般,不容许同时去掉占总数10%以上的铆钉,铆钉总数在10个以下时,仅容许一个一个地更换。

(2)螺栓连接缺陷处理措施。

1)紧固后的螺栓伸出螺母处的长度不一致的处理。此缺陷即使不影响连接承载力,至少也影响螺栓的外观质量和连接的结构尺寸,故应做适当处理。处理时,应首先判明其发生的原因,根据不同情况采取相应的处理方法。

2)螺栓孔移位,无法穿过螺栓的处理。对普通螺栓,可用机械扩钻孔法调整位移,禁止用气割扩孔。对高强度螺栓,应先采用不同规格的孔量规分次进行检查:第一次用比孔公称直径小1.0 mm的量规检查,应通过每组孔数的85%;第二次用比螺栓公称直径大0.2~0.3 mm的量规检查,应全部通过。对二次不能通过的孔应经主管设计同意后,采用扩孔或补焊后重新钻孔来处理。

3)摩擦型高强度螺栓连接滑移处理。对于承受静载结构,如连接滑移是因螺栓漏拧或扭紧不足造成的,可采用补拧并在盖板周边加焊的方法来处理;对于承受动载结构,应使连接在卸荷状态下更换接头板和全部高强度螺栓,原母材连接处表面重做接触面处理。对于连接处盖板或构件母材断裂,必须在卸荷情况下进行加固或更换。

4)高强度螺栓断裂处理。如此缺陷是个别断裂,一般仅做个别替换处理,并加强检查。如螺栓断裂发生在拧紧后的一段时期,则断裂与材质密切有关,称为高强度螺栓延迟(滞后)断裂,这类断裂是材质问题,应拆换同一批号全部螺栓。拆换螺栓要严格遵守单个拆换和对重要受力部位,按先加固(或卸荷)后拆换的原则进行。

3. 铆钉、螺栓连接缺陷事故实例

【例 6-8】 某工程高强度螺栓超拧事故。

(1) 工程概况。某公司的喷漆机库扩建工程，机库大厅东西长为 51 m，南北宽为 81.5 m，东西两面开口，屋顶高为 33.9 m。机库屋盖为钢结构，由两榀双层桁架组成宽为 4 m、高为 10 m 的空间边桁架，与中间焊接空心球网架连接成整体。平面桁架采用交叉腹杆，上、下弦采用钢板焊成 H 形截面，型钢杆件之间的连接均采用摩擦型大六角头高强度螺栓，双角钢组成的支撑杆件连接采用螺栓加焊形式，共用 10.9 级、M22 高强度螺栓 39 000 套，螺栓采用 20MnTib。

钢桁架于 2004 年 4 月下旬开始试拼接，5 月上旬进行高强度螺栓试拧。在高强度螺栓安装前和拼接过程中，建设单位项目工程师曾多次提出终拧扭矩值采用偏大，势必加大螺栓预拉力，对长期使用安全不利，但未引起施工单位的重视，也未对原取扭矩值进行分析、复核和予以纠正。直至 6 月 4 日设计单位在建设单位再次提出上述看法后，才正式通知施工单位将原采用的扭矩系数 0.13 改为 0.122，原预拉力损失值取设计预拉力的 10% 降为 5%，相应的终拧扭矩值由原采用的 629 N·m 改为 560 N·m，解决了应控制的终拧扭矩值。但当采用 560 N·m 终拧扭矩值施工时，M22、$l=60$ mm 的高强度螺栓终拧时仍然多次出现断裂。为查明原因，首先测试了 $l=60$ mm 高强度螺栓的机械强度和硬度，未发现问题。6 月 12 日，设计、施工、建设、厂家再次对现场操作过程进行全面检查，当用复位法检查终拧扭矩值时，发现许多螺栓的终拧扭矩值超过 560 N·m，暴露出已施工螺栓超拧的严重问题。

(2) 事故原因分析。

1) 施工前未进行电动扳手的标定。
2) 扭矩系数取值偏大。
3) 重复采用预拉力损失值。

(3) 事故处理措施。

1) 凡以前终拧扭矩值采用 629 N·m、560 N·m 的高强度螺栓，无论受力大小，一律拆除更换。
2) 可以采用摩擦型和扭剪型高强度螺栓代换，但同一节点上不得混用两种型号的螺栓。
3) 对新进场的高强度螺栓，在使用或代换前，必须做扭矩系数和标准偏差、紧固轴力以及变异参数的检验，合格后方准使用。
4) 所有高强度螺栓在完成终拧和终拧检查后，方允许安装中间部分焊接空心球节点网架。

【例 6-9】 高强度螺栓因疲劳而断裂。

(1) 工程概况。美国肯帕体育馆建于 1974 年，承重结构为三个立体钢框架，屋盖钢桁架悬挂在立体框架梁上，每个悬挂节点用 4 个 A490 高强度螺栓连接。1979 年 6 月 4 日晚，高强度螺栓断裂，屋盖中心部分突然塌落。

(2) 事故原因分析。

1) 屋盖倒塌的主要原因是高强度螺栓长期在风荷载作用下发生疲劳破坏。
2) 在风荷载作用下，屋盖钢桁架与立体框架梁间产生相对移动，使吊管式悬挂节点在连接中产生弯矩，从而使高强度螺栓承受了反复荷载。而高强度螺栓受拉疲劳强度仅为其初始最大承载力的 20%，对 A490 高强度螺栓的试验表明，在松、紧五次后，其强度仅为原有承载力的1/3。另外，螺栓在安装时没有拧紧，连接件中各钢板没有紧密接触，从而加剧了螺栓的破坏。

(3)事故处理措施。体育馆主要承重结构立体框架完好、正常。由于屋顶悬挂设计成吊管连接不适宜，因此屋顶需重新设计，更换所有的吊管连接件。

二、钢结构锈蚀事故

1. 钢结构锈蚀的类型

钢材由于和外界介质相互作用而产生的损坏过程称为腐蚀，又叫作钢材锈蚀。钢材锈蚀可分为化学腐蚀和电化学腐蚀两种。

(1)化学腐蚀是大气或工业废气中含的氧气、碳酸气、硫酸气或非电解质液体与钢材表面作用(氧化作用)产生氧化物引起的锈蚀。

(2)电化学腐蚀是由于钢材内部有其他金属杂质，具有不同电极电位，在与电解质或水、潮湿气体接触时，产生原电池作用，使钢材腐蚀。绝大多数钢材锈蚀是电化学腐蚀或化学腐蚀与电化学腐蚀同时作用形成的。

"铁锈"吸湿性强，吸收大量水分后体积膨胀，形成疏松结构，易被腐蚀性气体和液体渗入，使腐蚀继续扩展到内部。

钢材腐蚀速度与环境湿度、温度及有害介质浓度有关，在湿度大、温度高、有害介质浓度高的条件下，钢材腐蚀的速度会加快。

2. 钢结构锈蚀的处理措施

钢结构防腐蚀方法很多，如使用耐蚀钢材、钢材表面氧化处理、表面用金属镀层保护和涂层涂料保护等。对已有腐蚀的钢结构进行腐蚀处理，采用涂层防腐蚀是可行的；涂层防腐蚀不仅效果好，而且涂料价廉、品种多、适用范围广、施工方便，基本不会增加结构质量，还可以给构件涂以各种色彩。涂层防腐蚀耐久性虽差一点，但在一定周期内注意维护是可耐久的，所以仍被广泛采用。

涂层(俗称"油漆")能防止钢材腐蚀，是因为涂层有坚实的薄膜，使构件与周围腐蚀介质隔离，涂层有绝缘性，能够阻止离子活动。防腐蚀涂层要起作用，必须在涂刷前将钢材表面腐蚀性物质和涂膜破坏因素彻底除掉。

原有钢结构的涂层防腐蚀处理较新建钢结构复杂，很难用单一涂层材料和统一处理方法来解决，必须根据实际情况选择涂层材料，决定除锈和涂刷程序；根据锈蚀面积来决定是局部维护涂层还是全面维修涂层，一般锈蚀面积超过1/3的要全面重新做涂层。周期性的(一般情况为3~5年)全面涂层维修是十分必要的。

钢结构防锈蚀涂层处理包括旧漆膜处理、表面处理和涂层选择。

3. 钢结构锈蚀事故实例

【例6-10】 悬索结构屋顶塌落。

(1)工程概况。上海市某研究所食堂为17.5 m直径圆形砖墙加扶壁柱承重的单层建筑。檐口总高度为6.4 m，中部内环部分高度为4.5 m。屋盖采用17.5 m直径的悬索结构，主要由沿墙钢筋混凝土外环和型钢内环(直径为3 m)以及90根ϕ7.5 mm的钢绞索组成，预制钢筋混凝土异形板搭接于钢绞索上。板缝内浇筑配筋混凝土，屋面铺油毡防水层，板底平板粉刷。屋盖平面与剖面示意图如图6-8所示。该工程于1960年建成交付使用。

1983年9月22日20时30分左右,值班人员突然听见一声巨响,随之大量尘垢随气流从食堂内涌出,此时屋盖已整体塌落。经检查,90根钢绞索全部沿周边折断,门窗大部分被震裂,但周围砖墙和圈梁均无塌陷损坏迹象。因倒塌发生在晚上,无人员伤亡,但经济损失严重。

(2)事故原因分析。

1)该工程是一项实验性建筑,其目的是通过该工程探索大跨度悬索结构屋盖的应用技术,并通过试验获得必要的资料,积累施工经验。1965年,因该院内迁,停止了专门观察。20余年来,该建筑物使用情况正常,除曾因油毡屋面局部渗漏做过一般性修补外,悬索部分因被油毡面层和平顶粉刷所掩蔽,未能发现其锈蚀情况,塌落前也未见任何异常迹象。

2)屋盖塌落后,原上海市建委会同市某局组织设计、施工、科研等12个单位的工程技术人员进行了现场调查,原施工单位介绍了当时的施工情况。经综合分析认为,屋盖的塌落主要与钢绞索的锈蚀有关,而钢绞索的锈蚀除与屋面渗水有关外,另一主要原因是食堂的水蒸气上升,上部通风不良,因而加剧了钢绞索的大气电化学腐蚀和某些化学腐蚀(如盐类腐蚀)。由于长时间腐蚀,钢绞索断面减小,承载能力降低,因此,当超过极限承载能力后断裂。

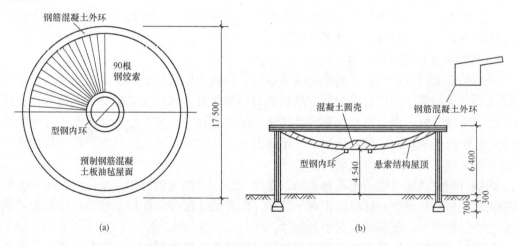

图 6-8 屋盖平面与剖面示意图
(a)平面图;(b)剖面图

第七节 钢结构构件裂缝事故与倒塌事故处理

一、钢结构构件裂缝事故

1. 钢结构构件裂缝形成的原因

钢结构构件裂缝在钢结构制作、安装和使用阶段都会出现,原因大致有以下几种:

(1)构件材质差。

(2)荷载或安装、温度和不均匀沉降作用,产生的应力超过构件承载能力。

(3)金属可焊性差或焊接工艺不妥,在焊接残余应力下开裂。

(4)构件在动力荷载和反复荷载作用下疲劳损伤。

(5)构件遭受意外冲撞。

2. 钢结构构件裂缝的处理

(1)裂缝处理基本要求。在全面、细致地对同批同类构件进行检查后,还要对裂缝附近构件的材质和制作条件进行综合分析,只有在钢材和连接材料都符合要求,而且裂缝又是少数的情况下,才能对裂缝进行常规修复;如果裂缝产生原因属材料本身或裂缝较大且相当普遍,则必须对构件做全面分析,找出事故原因,慎重对待,要采用加固或更新构件的方法处理,不能修补了事。

(2)较小裂缝处理。

1)用电钻在裂缝两端各钻一个直径为 12~16 mm 的圆孔(直径大致与钢材厚度相等),裂缝尖端必须落入孔中,减小裂缝处的应力集中。

2)沿裂缝边缘用气割或风铲加工成 K 形(厚板为 X 形)坡口。

3)裂缝端部及缝侧金属预热到 150 ℃~200 ℃,用焊条(Q235 钢用 E4316,16Mn 钢用 E5016)堵焊裂缝,堵焊后用砂轮打磨平整为佳。

除上述常规方法外,在铆接构件铆钉附近裂缝,可采用在其端部钻孔后,用高强度螺栓封住。

(3)较大裂缝处理。如果裂缝较大或出现网状、分叉裂纹区,甚至出现破裂时,应进行加固修复,一般采用拼接板或更换有缺陷部分。对局部破裂构件应采取加固修复措施,如起重机梁腹板局部破裂,可用两侧加拼接板以电焊或高强度螺栓连接,拼接板的总厚度不得小于梁腹板的厚度,焊缝厚度与拼接板板厚相等。修复可按下列顺序进行:先割除已破坏的部分;再修理可保留的部分;最后,用新制的插入件修补割去的破坏部分。

3. 钢结构构件裂缝事故实例

【例 6-11】 某钢厂均热炉车间有的柱在起重机肢柱头部位出现裂缝。

(1)工程概况。某钢厂均热炉车间内设特重级钳式起重机两台(20/30 t)。厂房建成使用 10 年左右,发现运锭一侧一列的 39 根的柱子中,有 26 根(占 67%)柱在起重机肢柱头部位出现严重裂缝,如图 6-9 所示。多数裂缝开始于加劲肋下端,然后向下、向左右展开,有的裂缝已延伸到柱的翼缘,甚至有的翼缘全宽度裂透,有的裂缝延伸至顶板并使顶板开裂下陷。

(2)事故原因分析。通过仔细调查,发现这批柱的裂缝和损坏既普通又严重,其主要原因,首先是起重机肢柱头部分设计构造处理不当,作为柱头主要传力部件的加劲肋,设计得太短,仅有肩梁高的 2/5,如图 6-9 所示,加上起重机肢柱头腹板较薄(16 mm),加劲肋下端又无封头板加强,使加劲肋下端腹板平面外刚度很低;其次,是起重机梁轨道偏心约 30 mm,起重机行走时,随轮压偏心力变化,使加劲肋下端频繁摆动,如图 6-9 所示的虚线。其他原因,如加劲肋端是截面突变处,又是焊接点火或灭火处,应力集中严重,成为裂缝源;再加上起重机自重大(达 3 100 kN),运行又特别繁忙,产生裂缝后不断发展,导致柱头严重损坏。

(3)事故处理措施。将所有破柱"柱头"(图6-9中"Ⓐ"部分)全部割除更换,更换时将顶板和垫板加厚,加劲肋加长。经过处理后使用7年左右,经多次检查,没有发现异常。

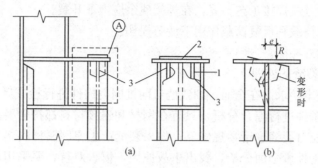

图6-9　钢柱起重机肢柱头裂缝损坏

(a)起重机肢柱头裂缝;(b)Ⓐ处放大

1—加劲肋;2—顶板;3—裂缝

二、钢结构倒塌事故处理

1. 单层厂房屋盖倒塌

【例6-12】　杆件材料用错造成屋盖倒塌。

(1)事故概况。某工厂锻压车间系5跨27 m、柱距6 m的全钢结构厂房,钢屋架上放置钢筋混凝土屋面板。在厂房设备已安装完成但尚未使用前,发生7榀屋架与屋面板等倒塌事故,倒塌面积约为1 200 m²。事故部位局部平面示意如图6-10所示。

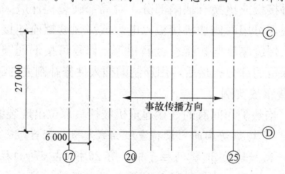

图6-10　倒塌区局部平面示意

(2)事故原因分析。事故发生前几分钟曾有金属断裂声,接着㉑轴线屋架首先倒塌,然后向两边发展,共有7榀屋架倒塌。检查倒塌屋架时发现,有的节点漏焊或焊缝有气孔,因而怀疑屋架的倒塌是由于支座节点焊接质量不合格、支座处的1条焊缝被剪断而造成的。但是在进一步的检查中又发现,除3块支座板外,其他焊接焊缝没有完全断裂,而屋架杆件的断裂(包括局部)都出现在母材上,说明屋架的焊接连接是有足够强度和塑性的。对屋面上的各层材料和积雪质量进行实测,其结果与设计荷载相符合,因此证明不是超载原因造成倒塌的。检查中还发现,有3榀屋架的第二节间受压斜杆弯曲矢高达100~200 mm,同时又发现,该压杆是由∟275×6的角钢组成的,而原设计中该斜杆应为∟290×8。查对施工图可见,同一节点的两根斜杆长度相同,均为2 900 mm,但因受力性质相反,一根受压,另一根受拉,制作时把两根杆件用错,由于压杆失稳破坏导致屋架破坏倒塌。检查发现,32榀屋架中共有38根腹杆被改小了。

(3)事故处理措施。对已倒塌的屋架进行整形恢复,更换压杆。对于没有塌落尚可使用的屋架,对其受压腹杆及节点进行补强处理。

2. 网架屋盖坍塌

【例6-13】 某仓库网架全部坍塌。

(1)事故概况。天津某仓库,平面尺寸为48 m×72 m,屋盖采用了正放四角锥螺栓球节点网架,网格与高度均为3.0 m,支承在周边柱距6 m的柱子上。网架工程于2004年10月31日竣工,11月3日通过阶段验收,于12月4日突然全部坍塌。塌落时屋面的保温层及GRC板已全部施工完毕,找平层正在施工,屋盖实际荷载约为2.1 kN/m²。

(2)事故原因分析。现场调查发现,除个别杆件外,网架连同GRC板全部塌落在地。因支座与柱顶预埋件为焊接,虽然支座已倾斜,但大部分没有坠落,并有部分上弦杆、腹杆与之相连,上弦跨中附近大直径压杆未出现压曲现象,下弦拉杆也未见被拉断。腹杆的损坏较普遍,杆件压曲,杆件与球的连接断裂。另外,杆件与球连接部分的破坏随处可见,多数为螺栓弯曲。该网架内力计算采用非规范推荐的简化计算方法,该简化计算方法所适用的支承条件与本工程不符,与精确计算法相比较,两种计算方法所得结果相差很大,个别杆件内力相差高达200%以上。按网架倒塌时的实际荷载计算,与支座相连的周围4根腹杆应力达—559.6 N/mm²,超过其实际临界力。这些杆件失稳压屈后,网架中其余杆件之间发生内力重分布,一些杆件内力增加很多,超过其承载力,最终导致网架由南至北全部坠落。

施工安装质量差也是造成网架整体塌落的原因。网架螺栓长度与封板厚度、套筒长度不匹配,导致螺栓可拧入深度不足;加工安装误差大,使螺栓与球出现假拧紧,网架坍塌前,支座上一腹杆松动,而该腹杆此时内力只有56.0 kN,远远小于该杆的高强度螺栓的极限承载力,从现场发现了一些螺栓从螺孔中拔出的现象。另外,螺孔间夹角误差超标,使螺栓偏心受力,施工中支座处受拉腹杆断面受损,都使得网架安全储备降低,加速了网架的整体坍塌。

(3)事故处理措施。清除原有倒塌的网架,屋盖结构重新设计、安装,仍采用网架结构。

本章小结

钢结构缺陷包括钢材的缺陷、钢构件的缺陷及钢结构在运输、安装和使用维护中的缺陷。在使用过程中,钢结构构件要承受重复荷载的作用,因此,需对钢结构的可靠性进行检测,包括构件平整度检测、构件长细比、局部平整度和损伤检测及其连接的检测。钢结构事故发生后,很多情况下可以通过钢结构的加固进行补救,加固措施包括结构卸荷加固法、改变结构计算简图加固法和加大构件截面加固法等。钢结构事故包括钢结构脆性断裂事故及疲劳破坏事故、钢结构变形与失稳事故、铆钉、螺栓连接缺陷事故及锈蚀事故等,学习过程中应重点掌握各类事故的发生原因和处理方法。

思考与练习

一、填空题

1. 钢材的_____是因含氢量过大和组织内应力太大,从而相互影响而形成的。
2. _____是薄板表面上常见的折叠比较好的形似接缝的褶皱。
3. 栓接包括_____和_____两大类。
4. 按焊接的自动化程度一般可分为_____、_____及_____。
5. 梁和桁架构件的整体变形有_____和_____两种。
6. _____指采用设置临时支柱卸去屋架和起重机梁的荷载的方法。
7. 钢结构火灾变形的复原一般采用_____。
8. 钢结构的_____是指钢材或钢结构在低于名义应力(低于钢材屈服强度或抗拉强度)情况下发生的突然断裂破坏。
9. 钢结构的变形可分为_____和_____两类。
10. 钢结构_____也称为屈曲,是指钢结构或构件丧失了整体稳定性或局部稳定性,属承载力极限状态的范围。
11. 钢结构的基本构件,可分为_____、_____和_____三大类。

参考答案

二、选择题

1. 低碳钢中,铁约占(　　)%。
    A. 69　　　　B. 79　　　　C. 89　　　　D. 99
2. 钢材表面局部薄皮状重叠称为(　　),这是一种表面粗糙的缺陷。
    A. 疤痕　　　B. 斑疤　　　C. 蜂窝　　　D. 麻面
3. 构件的(　　),可用靠尺或拉线的方法检查。
    A. 长细比　　B. 局部平整度　　C. 构件平直度　　D. 构件连接
4. 下列各项关于总体变形与局部变形的描述,错误的是(　　)。
    A. 总体变形是指整个结构的外形和尺寸发生变化,出现弯曲、畸变和扭曲等
    B. 局部变形是指结构构件在局部区域内出现变形,如构件凹凸变形、板边折皱波浪变形、端面的角变位等
    C. 总体变形与局部变形在实际的工程结构中有可能单独出现,但更多的是组合出现
    D. 总体变形与局部变形在实际的工程结构中不可能单独出现

三、判断题

1. 划痕一般产生在钢板的上表面。(　　)
2. 构件的裂缝不可用目测法检查,只能用锤击法检查。(　　)
3. 临时支柱不可立于厂房外面。(　　)
4. 工作平台卸荷加固一般采用临时支柱进行卸荷。(　　)
5. 钢结构的脆性断裂往往是在其循环应力作用下发生的。(　　)
6. 钢材锈蚀可分为化学腐蚀和电化学腐蚀两种。(　　)

四、问答题

1. 影响钢结构性能的钢材物理力学指标有哪些?
2. 钢构件加工制作过程中可能产生哪些方面的缺陷?
3. 钢结构运输、安装和使用维护中可能产生的缺陷有哪些?
4. 钢结构脆性断裂事故的预防措施有哪些?
5. 钢结构疲劳破坏的特点是什么?
6. 如何进行铆钉与螺栓连接检查?
7. 钢结构裂缝产生的原因是什么?

第七章 防水工程事故分析与处理

知识目标

(1) 熟悉建筑工程常用的密封材料、灌浆堵漏材料及其性能;
(2) 了解屋面防水工程事故类型,掌握各类型事故的发生原因及处理措施;
(3) 掌握砖砌墙体、混凝土墙体及檐口、女儿墙、施工孔洞、管线处等防水渗漏事故的发生原因和处理措施;
(4) 了解地下室防水工程特点,熟悉地下室防水工程材料,掌握地下室防水防渗漏事故处理措施;
(5) 掌握厨房、卫生间防水事故的发生原因和处理措施。

能力目标

通过本章内容的学习,能够对屋面防水、墙体防水、地下室防水及厨房、卫生间防水工程常见事故的发生原因进行分析并采取相应的处理措施。

第一节 建筑物防水防渗漏材料要求

我国目前用于防漏、堵漏方面的材料品种很多,性能也不同。在进行渗漏事故处理时,应按各种密封堵漏材料的技术性能、特点、使用范围进行施工,才能达到防渗、堵漏的目的。

一、密封材料的基本性能及主要表征

1. 密封材料的基本性能

(1) 密封材料在固化前呈膏体状,具有流动性,固化后成为非渗透材料,具有水密性和气密性。

(2)具有良好的粘结性,具有与基层相适应的拉伸压缩循环性,以适应长期伸缩变形的疲劳损害。

(3)具有优良的耐候性,具有良好的耐高低温性能,具有高温不流淌、低温不冷脆的特点,使用寿命长。

(4)有良好的施工性质,便于挤注或嵌填。稳定性良好,为无毒或低毒产品,易于储存。

2. 密封材料的主要表征

(1)拉伸压缩循环性:反映密封材料在使用过程中,因温度变化引起接缝位移而经受周期性拉、压循环后,保持密封的能力。

(2)粘结性:合成高分子密封材料的粘结性用强度和延伸率表示;高聚物改性沥青密封材料的粘结性,则要求用 25 ℃条件下的拉伸长度和粘结延伸率来表示。

(3)耐热度:材料在一定温度下,在规定时间内发生软化变形,流淌的能力。

(4)施工度:在一定温度下,一定重量测定仪器的下沉量;或在规定压力、温度下的挤注速度,用以表征施工的难易程度。

(5)柔性:材料在负温时会变硬、变脆、延展率大大降低,它以负温度值来表示,值越小则说明材料在低温状况下的工作性能越优良。

二、常用的密封材料

1. 高聚物改性沥青密封材料

(1)建筑防水沥青嵌填油膏:以石油沥青为基料,加入改性材料(废橡胶、树脂等)及填充材料制备的一种密封防水材料。其适用于预制板、墙板等构件及各种板缝的嵌填。具有夏季不流淌,冬季不脆裂,粘结性强,延展性、耐久性、弹塑性较好,便于常温施工。

(2)聚氯乙烯建筑防水接缝材料:以聚氯乙烯树脂为基料,加以适量的改性材料及其他添加剂配制而成的密封材料。其适用于墙板、刚性屋面及混凝土分隔缝灌缝,节点密封处理。具有良好的粘结性、防水性和弹性,适应振动、沉降、拉伸引起的变形要求,耐低温、耐腐蚀及耐老化性较好。施工方法为热施工。

(3)SBS改性沥青弹性密封膏:以热塑性弹性体 SBS 改性沥青,加入软化剂,防老剂等助剂,采用适当的工艺均匀混合制成。其适用于屋面、墙板接缝、地下建筑接缝防水,建筑物裂缝修补。具有高弹性、低模量、延伸大、温感小、耐老化,价格较低,施工方便,不污染环境等特点。施工工艺为热熔施工。

(4)橡胶、桐油改性沥青前锋油膏:以石油沥青为基料,用橡胶,桐油为改性材料,加入滑石粉、石棉绒等填充材料配置而成、使用屋面板、墙板的接缝,以及各种分隔缝的密封处理。具有夏季不流淌,冬季柔软,粘结力强,耐久性、延性好,价格较低等特点。施工为常温冷施工。

2. 合成高分子密封材料

(1)丙烯酸酯建筑密封膏:丙烯酸酯建筑密封膏是以丙烯酸酯乳液为胶结剂,加入少量表面活性剂、增塑剂以及填充料、颜料等配制而成。其适用于门窗框与墙的密封,楼板裂缝密封。该产品无污染、无毒、不燃,良好的粘结性、延展性、施工性、耐低温性、耐热性及抗老化性,可在潮湿基层上施工,施工方便,易于清洗。

(2) 聚氨酯建筑密封膏：聚氨酯建筑密封膏是以异氰酸基为基料，与含有活性氢化合物的固化剂组成的一种弹性密封材料。有单组分和双组分型，目前主要施工双组分，该种材料属中高档材料。其适用于有较大运动的接缝密封（如伸缩缝、沉降缝等），常应用与建筑物一般部位的密封防水。具有模量低、延展率大、弹性高、粘结性好、耐低温、耐水、耐油、耐酸碱、耐疲劳及使用年限长等特点。

(3) 聚硫建筑密封膏：聚硫建筑密封膏是以液态聚硫橡胶为主剂，与硫化剂反应，在常温下形成的弹性体，是一种高档材料。可用于高层建筑物的接缝，窗框周围防水，卫生间节点防水处理，建筑各部位渗漏处理等，应用广泛。其具有良好的耐候性、气密性、水密性、低温柔性，使用温度范围广，耐油、耐湿热，与金属、非金属都具有良好的粘结性。操作时应避免密封膏直接接触皮肤。

(4) 氯磺化聚乙烯建筑密封膏：氯磺化聚乙烯建筑密封膏是以具有很好的耐候性的氯磺化聚乙烯胶为主体材料，加入适量的填充剂，经过配料、混炼、研磨、包装等工序加工制成的膏状体。其适用于一般基层的伸缩变形，可用于屋面板接缝，墙板接缝以及节点的防水处理。其具有很好的弹性、高的内聚力粘结性和难燃性，耐臭氧、耐紫外线、耐湿热、耐老化性能突出，使用寿命长，能在 $-20\ ℃\sim100\ ℃$ 下保持柔韧性，可配成各种颜色。

(5) 硅橡胶建筑防水涂料：硅橡胶建筑防水涂料是以硅橡胶乳配制成的液态防水涂料。其适用于各种建筑的屋面、厕浴间、地下工程、输水及蓄水构筑物等工程的平面、立面防水、防渗漏及渗漏修补，特别适用于处理阴阳角、穿墙管等特殊部位。施工时涂刷于工作面数遍。

(6) 堵漏密封胶带：堵漏密封胶带是以氯化丁基橡胶为基料，加入适量的辅助材料复合而成的带状密封材料，是不干性均质塑性体。其适用于内外墙板接缝刚性屋面伸缩缝、穿楼地面管道接触面、门窗框与墙体接缝，管道连接卫生间防水密封。使用温度范围为 $-45\ ℃\sim120\ ℃$。能与水泥、混凝土、陶瓷、橡胶等材料较好的粘结及密封，有很好的气密性、水密性及延展性。施工简便。

(7) 自粘性橡胶密封条：自粘性橡胶密封条是以特殊橡胶、防老剂和无机填料等材料混炼后压成条状的密封材料。其适用于卫生洁具与墙面等接缝的密封防水，各种管道的接缝密封，陶瓷、塑料等材料接缝或裂缝的密封处理。其具有较强的粘结性和很高的延伸性，能适应各种复杂缝隙的要求，施工方便。使用时将密封条嵌入缝隙中。

(8) 遇水膨胀橡胶：遇水膨胀橡胶分为制品型和腻子型两种，具有遇水膨胀和以水止水的功能。制品型遇水膨胀橡胶可用于建筑物变形缝、施工缝、混凝土、金属等各类预制构件接缝防水。腻子型遇水膨胀橡胶适用于现浇混凝土施工缝，可填入预制构件的接缝及混凝土裂缝漏水处理。遇水膨胀橡胶具有一定的弹性和很大的可塑性，遇水膨胀后，塑性进一步增大，堵塞缝隙，达到防水止水的目的，使用非常方便。

三、常用灌浆堵漏材料

1. 水泥及水泥水玻璃灌浆材料

水泥灌浆材料和水泥水玻璃灌浆材料均为常用的颗粒性灌浆材料，水泥灌浆材料用水泥和水配制而成，水泥水玻璃灌浆材料用水泥、水和水玻璃按一定比例配制而成。常用于灌注不存在留洞水条件的较大砖结构裂缝或混凝土结构裂缝，以及混凝土蜂窝状施工缺陷。其具有结石强度高、材料来源广、价格低、运输贮存方便、灌浆工艺简单等优点，但对微小裂缝的处理，不能得到满意。

2. 环氧糖醛浆料

环氧糖醛浆料是当前常用的一种防渗、补强灌浆材料，以环氧树脂为主剂，掺入稀释剂、固化剂、促凝剂、填充材料配合而成。环氧糖醛浆料具有较高对细裂缝渗入的能力，固结体韧性较好，并可在有水条件下灌注。本材料强度高、粘结力强、收缩小和化学稳定性好，可在常温下固化。

3. 非水溶性聚氨酯浆料（氰凝）

非水溶性聚氨酯浆料以过量的异氰酸酯在一定条件下与羟基的聚醚反应，生成低聚氨酯——"预聚体"，并与表面活性剂、乳化剂、催化剂配合成浆液。浆液不遇水是稳定的，遇水则立即发生化学反应，生成不溶于水的固结物。遇水反应后，放出大量 CO_2 气体，使浆液膨胀，并向四周渗透扩散，因而有较大的渗透半径和凝固体积比。用于有水条件下的地下室、蓄水构筑物等因混凝土内部松散、蜂窝、孔洞、局部开裂或结合不严密造成的渗漏。本材料固结体稳定性高，有较高的机械强度，耐磨、耐酸碱、耐霉烂、耐老化及使用寿命长。

4. 水溶性聚氨酯浆料

水溶性聚氨酯浆料以环氧乙烷或环氧乙烷及环氧丙烷开环共聚的聚醚与异氰酸酯合成制得。其适用于地下室、水池、水塔等混凝土结构的灌浆堵漏。该材料与水混合后黏度小，可灌性好，凝胶后形成含水的弹性固体有良好的适应变形能力，止水性好，具有一定的粘结强度。

5. 弹性聚氨酯浆料

弹性聚氨酯浆料主要由多异氰酸酯和多元醇反应形成。根据所用多异氰酸酯和多元醇的比例不同，可以得到不同材性的产品。用作处理变形缝和在反复作用下的混凝土裂缝。本材料弹性好、强度高、粘结力强，在常温下可固化，是较理想的柔性灌缝材料，但货源较少，价格较高。

6. 丙烯酰胺灌浆材料（丙凝或 ZH656、MG646）

丙烯酰胺灌浆材料，甲液是丙烯酰胺（主剂）、甲亚基双丙烯酰胺（交联剂）、三乙醇胺（促凝剂）的混合水溶液；乙液是过硫酸铵（引发剂）的水溶液。当甲、乙两液注入漏水孔洞或裂缝中混合后，立即开始反应，很快形成不溶于水的凝胶，起到堵水作用。其用于长期浸没水中的部位，不宜用于经常发生干湿变化的部位，在裂缝较宽、水压较大的工程上不宜使用。本材料粘度低，可灌性好，胶凝时间可根据需要调整，还具有耐酸碱、耐细菌侵蚀、浆液易于备制等特点。但其凝固后强度较低，胶体湿胀干缩，只有长期浸在水中，才能保持其止水性。

第二节 屋面防水工程事故分析与处理

一、常见卷材屋面渗漏事故

(一)卷材防水层起鼓

1. 原因分析

(1)材料起鼓。屋面保温、找坡层材料含水率过大，产生水汽，引起卷材起鼓。

(2)空气起鼓。在卷材防水层施工中，由于铺贴时压实不紧，残留的空气未全部赶出而产生起鼓现象。

(3)含水起鼓。卷材起鼓一般在施工后不久产生（在高温季节），鼓包由小到大逐渐发展，小的直径约数 10 mm，大的可达 200～300 mm。在卷材防水层中，粘结不实的部位窝有水分，当其受到太阳照射或人工热源影响后，内部体积膨胀，造成起鼓，形成大小不等的鼓包。鼓包内呈蜂窝状，并有冷凝水珠。

(4)溶剂挥发起鼓。合成高分子防水卷材施工时，胶粘剂未充分干燥就急于铺贴卷材，将溶剂残留在卷材内部，当溶剂挥发时就产生了起鼓现象。

2. 处理措施

处理卷材防水层起鼓时必须将鼓泡内气体排出，较大鼓泡应割开、晾干，基层必须达到干燥要求。铺贴卷材应与基层结合牢固，周边密封严密。

卷材防水层起鼓修复应符合下列规定：

(1)对直径小于等于 300 mm 的鼓泡修复，可采用割破鼓泡或钻眼的方法，排出泡内气体，使卷材复平。在鼓泡范围面层上部铺贴一层卷材或铺设带有胎体增强材料防水层时，其外露边缘应封严。

(2)对直径在 300 mm 以上的鼓泡修复，可按斜十字形将鼓泡切割，翻开晾干，清除原有胶粘材料，将切割翻开部分的防水层卷材重新分片，按屋面流水方向粘贴，并在面上增铺贴一层卷材(边长比开刀范围大 100 mm)，将切割翻开部分卷材的上片压贴，粘牢封严。

当采取割除起鼓部位卷材重新铺贴时，应分片与周边搭接密实，并在面上增铺贴一层卷材(大于割除范围四边 100 mm)，粘牢贴实。

(二)卷材防水层开裂

1. 原因分析

(1)产生无规则裂缝。

1)女儿墙与屋面交接处、穿过防水层管道的周围等部位，因温度变化影响混凝土、砂浆干缩变形，产生通缝或环向裂缝。

2)屋面面积较大，分格缝设置不合理。

3)找平层强度低、质量差。

4)屋面面积较大，分格缝设置不合理。

5)防水层老化、脆裂。

(2)产生轴裂。

1)温度冷热变化，使屋面板发生胀缩变形。

2)屋面板在结构允许范围内的挠曲变形引起板端的角变位。

3)混凝土屋面板本身的干缩。

4)结构下沉引起屋面变形。

5)起重机等设备振动引起屋面变形。

2. 处理措施

(1)单边点粘宽度不小于 100 mm 的卷材隔离层。面层用宽度大于 300 mm 的卷材铺贴覆盖，与原防水层有效粘结宽度不应小于 100 mm。嵌填密封材料前，应先清除缝内杂物及裂缝两侧面层浮灰，并喷、涂基层处理剂。

(2)采用密封材料修复裂缝时,应清除裂缝处宽约为 50 mm 范围内的卷材,沿缝剔成宽 20~40 mm、深为宽度的 50%~70%的缝槽。清理干净后,喷、涂基层处理剂并设置背衬材料,缝内嵌填密封材料且超出缝两侧不应小于 30 mm,高出屋面不应小于 3 mm,表面应呈弧形。

采用防水涂料修复裂缝时,应沿裂缝清理面层浮灰、杂物,铺设两层带有胎体增强材料的涂膜防水层,其宽度不应小于 300 mm,宜在裂缝与防水层之间设置宽度为 100 mm 的隔离层,接缝处应用涂料多遍涂刷封严。

无规则裂缝的位置、形状、长度各不相同,宜沿裂缝铺贴宽度不小于 250 mm 的卷材或铺设带有胎体增强材料的涂膜防水层。修复前,应将裂缝处面层浮灰和杂物清除干净,满粘满涂,贴实封严。

(三)卷材防水层流淌

1. 原因分析

(1)玛琋脂的耐热度偏低。

(2)使用了未加脱蜡处理的高蜡沥青。

(3)屋面坡度大,却采用了平行屋脊的铺贴方法。

(4)粘结层过厚,厚度超过了 2 mm。

2. 处理措施

(1)全部重铺法。当表层油毡多处严重皱褶,隆起 50 mm 以上,接头脱开 150 mm 以上时,应将表层油毡整张揭去,重新铺上新油毡。

(2)局部铲除法。该方法用于天沟处及屋架端坡已流淌、皱褶成团的局部油毡,先铲除表层皱褶成团的油毡,保留平整部分,将留下油毡边缘揭开约 150 mm,刮去油毡下的沥青,在铲除部分贴新油毡,并将上部老油毡盖贴上,撒上绿豆砂即可。

(3)切割法。该方法常用于处理屋面泛水和坡端油毡因流淌而耸肩、脱空部位,其做法是将脱空油毡切开,刮去油毡下积存的沥青胶和内部冷凝水汽,晒干后,将下部油毡先用沥青胶粘材料贴平,再补贴一层新油毡,并将上部老油毡盖贴上,撒上绿豆砂即可。

(四)防水层破损

1. 原因分析

(1)操作人员穿带钉的硬底鞋,在铺好的卷材屋面上行走、作业,易将卷材刺穿。

(2)在进行卷材防水层施工时,对于厚度较薄的合成高分子卷材,常因基层清理不干净,夹带砂粒或石屑,铺贴防水卷材后,在滚压或操作人员行走时,碰到下部硬点尖棱,将卷材扎破。

(3)在防水层上铺设刚性保护层、施工架空隔热层,以及工具不慎掉落等,致使防水层局部损坏。

(4)在卷材防水层施工完后,在上面行走运输车辆、搭设脚手架、搅拌砂浆和混凝土、堆放脚手架工具或砖等材料,将防水层损坏。

2. 处理措施

发现卷材防水层被刺穿、扎破,应立即修补,以免扎破处出现渗漏。修补工作应视破损情况和损坏面积而定,一般采用相同材料在上部覆盖粘贴。如果破坏面积较大,则应铲除破损部分,重新修补。

(五)卷材屋面大面积积水

1. 原因分析

(1)卷材搭接缝未清洗干净。

(2)卷材与基层、卷材与卷材间的胶粘剂品种选材不当,材性不相容。

(3)胶粘剂涂刷过厚或未等溶剂挥发就进行粘合。

(4)找平层强度过低或表面有油污、浮皮或起砂。

(5)未认真进行排气、辊压。

(6)铺设卷材时的基层含水率过高。

2. 处理措施

卷材屋面大面积积水的处理方法有周边加固法、栽钉处理法和搭接缝密封法等。

除以上事故外,卷材防水屋面渗漏事故还有卷材防水层剥离、卷材防水层脱缝、山墙女儿墙部位漏水、天沟排水不畅、变形缝漏水、块体保护层拱起、伸出屋面管道根部渗漏、泛水部脱落、落水口周围渗漏等质量事故。

(六)事故实例

【例 7-1】 某屋面局部卷材拉裂事故。

(1)工程概况。某屋面防水工程,卷材铺设正逢夏季(气温为 30 ℃~32 ℃),卷材铺设 5 d 后,发现局部卷材被拉裂。经检验,找平层采用体积比 1∶2.5(水泥∶砂)水泥砂浆,二次抹压成活,找平层厚度符合规范要求,设置的分格缝缝距为 10 m。

(2)事故原因分析。

1)分格缝纵横缝缝距太大(不宜大于 6 m),找平层干缩裂缝很难集中于分格缝中,分格缝钢筋未断开,局部裂缝拉裂卷材。

2)找平抹完 2 d 后开始铺贴卷材,铺贴时间过早。水泥砂浆硬化初期收缩量大,未待稳定。养护时间太短,砂浆早期失水,加速水泥砂浆找平层开裂。

【例 7-2】 某车间卷材鼓裂事故。

(1)工程概况。某单层单跨(跨距 18 m)装配车间,屋面结构为 1.5 m×6 m 预应力大型屋面板。其设计要求为屋面板上设 120 mm 厚沥青膨胀珍珠岩保温层、20 mm 厚水泥砂浆找平层、二毡三油一砂卷材防水层。保温层、找平层分别于 8 月中旬、下旬完成施工,9 月中旬开始铺贴第一层卷材,第一层卷材铺贴 2 d 后,发现 20%的卷材起鼓,找平层也出现不同程度鼓裂。起泡直径大小不一,直径最大达 4.5 m,起泡高度最高达 60 mm。

(2)事故原因分析。

1)卷材与基层粘结不牢,空隙处有水分和气体,受到炎热太阳光照射,气体急剧膨胀,形成鼓泡。

2)保温层施工用料没有采取机械搅拌,有沥青团;现浇时遇雨又没有采取防雨措施;保温层材料含水率较高,又是采用封闭式现浇保温层,气体水分受到热源膨胀,造成找平层不同程度的鼓裂。

3)铺贴卷材贴压不实、粘结不牢,使卷材与基材之间出现少量鼓泡。

【例 7-3】 某仓库檐沟积水事故。

(1)工程概况。某厂单层金属材料仓库,建筑面积为 3 000 m²,平屋顶,内檐沟组织排水。使用一年后,遇大暴雨,室内地面积水 4 cm,雨水沿内墙面流入。维修工人上屋面检查,发现落水口全被粉煤灰和豆石堵死。将雨水口疏通后,檐沟仍有积水,不能排净。

(2)事故原因分析。在防水屋面施工时,进行了找坡处理,但檐沟的纵向找坡小于 1%;豆石加热温度不够,撒布后未对浮石予以清除。檐沟垂直面的豆石全部脱落,与粉煤灰相裹,堵死落水口。

二、刚性防水屋面渗漏事故

(一)刚性屋面开裂引起渗漏

1. 原因分析

(1)温度裂缝。温度裂缝一般都是有规则的、通长的,裂缝分布与间距比较均匀。温度裂缝是由于大气温度、太阳辐射、雨、雪以及车间热源作用等的影响,在施工中温度分隔缝设置不合理或处理不当而产生的。

(2)施工裂缝。施工裂缝通常是一些不规则、长度不等的断续裂缝。混凝土配合比设计不当、浇筑时振捣不密实、压光不好以及早期干燥脱水、后期养护不当等,都会产生施工裂缝。也有一些是因水泥收缩而产生龟裂。

(3)结构裂缝。通常发生在屋面板的接缝或大梁的位置上,一般宽度较大,并穿过防水层而上下贯通。结构变形、基础不均匀沉降、混凝土收缩徐变等,都可以引起结构裂缝。

2. 处理措施

(1)对于稳定裂缝,可用环氧胶粘剂、胶泥、砂浆进行修补,也可用预热熔化的聚氯乙烯油膏或薄质石油沥青涂料覆盖修补,裂缝较大时加贴玻璃丝布。

(2)对于不稳定裂缝,可沿裂缝涂刷石灰乳化沥青涂料。当裂缝较大时,需将裂缝口凿成 V 形,刷冷底子油,用沥青胶粘材料做一布二油。

(二)细石混凝土防水层表面起砂、脱皮

1. 原因分析

(1)由于混凝土密实度差、强度低,受大自然的风化、碳化、冻融循环等影响而出现起砂、脱皮。

(2)施工操作不认真,未用平板振捣器将细石混凝土振捣密实。

(3)压光时,在细石混凝土表面撒干水泥或水泥砂混合物,使防水层表面形成一层薄薄的硬壳,由于硬壳与细石混凝土干缩不一致,从而出现表面起砂、脱皮。

(4)细石混凝土的配合比、水胶比、砂率、灰砂比等不符合规范规定。

(5)混凝土养护不及时,水泥水化不充分,而且因混凝土表面水分蒸发很快,形成毛细管渗水通道,降低了防水效果。

(6)使用了质量不合格的水泥。

(7)施工马虎,振捣后没有及时用滚筒进行表面滚压,混凝土收水后未进行二次压光。

(8)混凝土强度等级低于 C20。

2. 处理措施

(1)涂膜封闭法。先将防水层上严重酥松、起砂部分铲除、修补，然后将屋面清扫干净，涂刷基层处理剂，上面涂刷 2~3 mm 厚的涂膜防水层，将细石混凝土中的毛细孔渗水通道封闭。

(2)铺贴卷材法。清除表面的脱皮部分，在细石混凝土防水层上空铺或条铺卷材。但屋面四周 800 mm 范围内要满粘牢固，必要时可采用机械固定法进行卷材固定。

除以上事故外，刚性防水屋面渗漏事故还有节点处理不当引起渗漏、刚性屋面檐口爬水引起渗漏、屋面局部积水引起渗漏等。

(三)事故实例

【例 7-4】 某单层仓库渗漏。

(1)工程概况。某单层仓库，建筑面积为 1 200 m², 无保温层的装配式钢筋混凝土屋盖，刚性防水屋面。使用半年后，发现屋面有少许渗漏后，把该仓库改为金属加工车间，渗漏加剧。检查发现，防水层多处出现规则或不规则裂缝。

(2)事故原因分析。

1)渗漏加剧。该建筑原为仓库，后改为生产车间，又装有 4 台振动机械设备，对刚性防水屋面极为不利。

2)分格缝留置错误。结构屋面板的支承端部分漏留分格缝，纵横分格缝大于 6 m。分格缝面积大于 36 m²。

3)防水层温差、混凝土干缩、徐变、振动等因素，均可造成防水层开裂。

【例 7-5】 某住宅渗漏。

(1)工程概况。某住宅小区，砌体结构，六层，共 16 幢。屋面为刚性防水屋面，隔离层采用水泥砂浆找平层铺卷材。

做法为：用 1∶3 水泥砂浆在结构层上找平、压实抹光，找平层干燥后，铺一层厚 4 mm 的干细石滑动层，在其上铺设一层卷材，搭接缝用热玛脂粘结。

防水层施工完全符合施工规范。一年以后，有两栋住六楼的用户反映，屋面漏水。检查发现，防水层多处出现不规则裂缝。

(2)事故原因分析。裂缝位置不规则，是由结构层温度变形引起的。对出现屋面渗漏的两栋住宅，为赶工期，隔离层完工后没有对其进行保护，混凝土运输直接在其上进行，绑扎钢筋网片时，隔离层表面多处被刺破。

三、涂膜防水屋面渗漏事故

(一)涂膜防水层开裂

1. 原因分析

当屋面基层变形较大，特别是在软土地基地区，由于不均匀沉降引起屋面变形，防水层开裂。另外，涂膜防水层厚度较薄，所选用的防水涂料延伸率和抗裂性较差，也会因为气温变化、构件胀缩、找平层开裂而将涂料防水层拉裂。

2. 处理措施

对于在涂膜防水层上出现的轴向裂缝，可先用密封材料嵌填缝隙，再将裂缝两侧的涂膜表面清洗干净，干铺一层宽 200 mm 的胎体增强材料，在胎体增强材料上涂刷同类型的涂料两遍，然后再按原来涂膜防水层的做法进行涂刷（或加筋涂刷），宽度以 300 mm 为宜。在新加的这层涂膜条两侧搭接缝处，可用涂料进行多遍涂刷，将缝口封严，如图 7-1 所示。

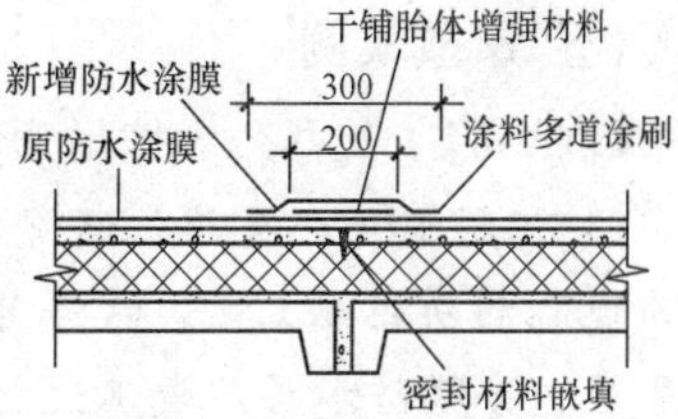

(二)涂膜防水层气泡

1. 原因分析

一些水乳型防水涂料在倾倒、搅拌及涂刷过程中，常常会裹入一些微小气泡。当这些气泡随涂料涂布后，在干燥过程中会自行破裂，在防水层上形成无数的针眼，严重时就会出现屋面渗漏。

2. 处理措施

应根据所用涂料的品种，提前做好准备，待涂料中气泡消除后，在已有气泡的防水层上再涂刷一次涂料。要按单方向涂刷，不要来回涂刷，避免产生小气泡，总厚度要控制在 2 mm 以上。

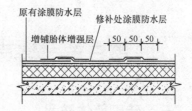

图 7-1 轴向裂缝处理

(三)涂膜防水层鼓泡

1. 原因分析

(1)冬季低温施工，仅涂膜表干但没有实干就涂刷下一遍涂料，在高温季节就容易出现鼓泡。

(2)每道涂料涂刷太厚，表层干燥结膜，而内部水分不能逸出，也容易产生鼓泡。

(3)找平层含水率过高，尤其在夏季高温条件下施工时，涂层表面干燥结膜快，找平层中的水分受热蒸发。当涂膜与基层还没有粘结牢固时，即可造成鼓泡。

2. 处理措施

当涂膜防水层上的鼓泡较小，且数量很少，不影响防水质量时，可以不做处理。对于一些中小型鼓泡，可用针刺法将鼓泡内的气体放出，再用防水涂料将针孔封严。如果鼓泡直径较大，则应将其切开，在找平层上重新涂刷涂料，新旧涂膜搭接处应增铺胎体增强材料，并用涂料多道涂刷封严，如图 7-2 所示。

图 7-2 新旧涂膜搭接处处理

(四)涂膜防水层老化

1. 原因分析

(1)防水层涂膜厚度过薄。

(2)使用了已变质的防水涂料。

(3)防水涂料材质低劣，达不到国家规定的质量标准。

2. 处理措施

涂膜防水层老化，已失去了防水功能，因此应将其清除干净，重新涂刷涂膜防水层。除以上所述事故外，涂膜防水层屋面渗漏事故还包括涂膜防水层露筋、防水层破损、防水层屋面积水等。

(五)事故实例

【例 7-6】 某办公大楼吊顶脱落、积水、渗漏。

(1)工程概况。某单位新建的办公大楼分砖砌体结构,共六层。屋面采用涂膜防水,屋面为现浇钢筋混凝土板,六楼为会议厅。考虑到夏日炎热,分别设置了保温层(隔热层)、找平层、涂膜防水层。竣工交付使用不久,晴天吊顶潮湿,遇雨更为严重。一年后,外墙面抹灰层脱落。检查发现,屋面略有积水,防水层无渗漏。

(2)事故原因分析。

1)屋面积水是找平层不平所致,材料找坡,坡度小于2%。

2)搅拌保温材料时,拌制不符合配合比要求,加大了用水量;保温层完工后,没有采取防雨措施,又没有及时做找平层。找平层做好后,保温层积水不易挥发,渗漏是保温层内存水受压所致。

3)保温层内部积水的原因:女儿墙根部在冬季被积水冻胀,产生外根部裂缝,抹灰脱落,遇雨时由外向内渗漏。

【例 7-7】 某建筑屋面天沟、檐沟处渗漏。

(1)工程概况。某建筑屋面采用涂膜防水。因屋面结构采用的是装配式混凝土板,板端缝均按施工规范进行了柔性密封处理。使用的防水涂料的物理性能均符合质量要求。该工程投入使用后,发现天沟、檐沟多处渗漏。

(2)事故原因分析。

1)天沟、檐沟与屋面交接处虽然增铺了附加层,但空铺的宽度小于200 mm,降低了附加层的防水作用。

2)泛水处的涂膜尽管刷至女儿墙的压顶下,但收头没有用防水涂料多遍涂刷封严,压顶没有做防水处理。

第三节 墙面防水工程事故分析与处理

一、砖砌墙体防水

1. 墙面大面积渗漏

墙面大面积渗漏的处理措施如下:

(1)当墙面大面积渗漏时,对于清水墙面灰缝渗漏,剔除并清理渗漏部位的灰缝,剔除深度为15~20 mm,浇水湿润后,应用聚合物水泥砂浆勾缝。勾缝应密实,不留孔隙,接槎平整,渗漏部位外墙应喷涂无色或与墙面相似色防水剂两遍。

(2)墙面层风化、碱蚀、局部损坏时,应剔除风化、碱蚀、损坏部分及其周围100~200 mm的面层,清理干净,浇水湿润,刷基层处理剂,用1:2.5聚合物水泥砂浆抹面两遍,粉刷层应平整、牢固。

(3)当墙面(或饰面层)坚实完好,防水层起皮、脱落、风化时,应清除墙面污垢、浮灰,用水冲刷,干燥后,在损坏部位及其周围150 mm范围内喷涂无色或与墙面相似色防水剂或防水涂料两遍。损坏面积较大时,可整片墙面喷涂防水涂料。

2. 外粉刷分格缝渗漏

外粉刷分格缝渗漏的处理措施:清除缝内的浮灰、杂物,满涂基层处理剂,干燥后嵌填密封材料。密封材料与缝壁应粘牢封严,表面刮平。

二、混凝土墙体防水

1. 预制混凝土墙板结构墙体渗漏

对于墙板接缝处的排水槽、滴水线、挡水台、披水坡等部位的渗漏,应将损坏部分及周围酥松部分剔除,用钢丝刷清理,用水洗刷干净。基层干燥后,涂刷基层处理剂一道,用聚合物水泥砂浆补修粘牢。防水砂浆勾抹缝隙,新旧缝隙接头处应粘结牢固,横平竖直,厚薄均匀,不得有空、漏现象。

2. 现浇混凝土墙板结构墙体渗漏

现浇混凝土墙板结构墙体渗漏的处理措施如下:

(1)现浇混凝土施工缝渗漏,可在外墙面喷涂无色透明或与墙面相似色防水剂或防水涂料,厚度不应小于1 mm。

(2)墙体外挂模板穿墙套管孔渗漏,宜采用外墙外侧维修的方法,如图7-3所示;也可采用外墙内侧维修的方法,如图7-4所示。

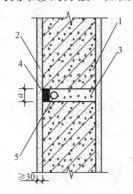

图7-3 外挂模板穿墙套管
孔渗漏外墙外侧维修

1—现浇混凝土墙体;2—外墙面;3—外挂模板
穿墙套管孔内用C20细石混凝土填嵌密实;
4—密封材料;5—背衬材料;a—外挂
模板穿墙套管孔直径

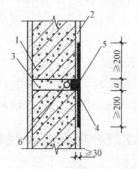

图7-4 外挂模板穿墙套管
孔渗漏外墙内侧维修

1—现浇混凝土墙体;2—内墙面;3—外挂模板穿墙
套管孔内用C20细石混凝土填嵌密实;
4—密封材料;5—合成高分子涂膜;
6—背衬材料;a—外挂模板穿墙套管孔直径

三、檐口、女儿墙渗漏事故

1. 事故类型

(1)女儿墙顶部开裂。主要是女儿墙顶部的水泥砂浆粉刷层,由于风吹日晒、温度变化的影响、砂浆干缩等,使压顶上的砂浆开裂,雨水沿裂缝渗入墙体的竖缝中(一般砖砌体的竖缝灰浆不饱满),再经冻融循环,墙体上也产生了竖向裂缝,成为渗水通道,造成房屋渗漏。

(2)墙体上沿屋面板部位的水平裂缝。钢筋混凝土与砌体的热胀变形不一致，圈梁在外界温度影响下会产生纵向和横向变形，在圈梁与砌体的结合面上形成水平推力，从而产生剪应力和拉应力。当剪应力超过粘结面的抗剪强度时，圈梁与砌体之间就会出现水平裂缝，雨水沿水平裂缝进入室内而发生渗漏。

2. 处理措施

(1)压顶处理法。此方法适用于女儿墙压顶砂浆面层开裂的情况。可在压顶上部铺贴高弹性卷材或者涂刷防水涂料，将裂缝部位封闭，阻止雨水由顶部裂缝浸入墙体内。

(2)拆除重砌法。此方法适用于墙体上的水平裂缝十分严重，且裂缝宽度较大，不仅造成墙体严重渗漏，而且危及使用安全的情况。将裂缝上部的女儿墙全部拆除，清洗干净后，重新砌筑女儿墙。

(3)涂刷防水层法。此方法适用于墙体上的水平裂缝较小，无明显的错动痕迹，且不影响正常使用的情况。用压力灌浆的方法将缝隙用膨胀水泥浆灌填密实，外部涂刷"万可涂"等憎水材料。

四、施工孔洞、管线处渗漏事故

1. 原因分析

建筑施工时，龙门架等垂直运输设备要留设外墙进出口、起重设备的缆风绳和脚手架附墙件的穿墙孔、脚手眼，各种水电及电话线、天线等安装时要留管洞等。由于最后修补时，不重视这些孔洞的处理，或马虎行事，内部嵌填不密实，形成漏水通道，雨水常沿这些通道进入室内，造成渗漏。

2. 处理措施

当渗漏严重时，可将后补的砖块拆下，重新补砌严实。如外墙上的穿墙管道、孔眼渗漏，可根据具体情况，用密封材料嵌填封严。

五、建筑外墙防水工程事故实例

【例 7-8】 某学院综合楼内外墙多处渗漏。

(1)工程概况。某学院综合楼工程，框架结构，八层。该工程被列为新型墙体应用技术推广示范工程。填充墙使用的是陶粒混凝土空心砌块。陶粒混凝土空心砌块，干密度小(550～750 kg/m^3)，保温隔热性能好，与抹灰层粘结牢固，是近年来兴起的一种新型建筑材料，得到了广泛应用。该工程竣工还没有正式验收前，发现内外墙面多处出现裂缝，引起渗漏。

(2)事故原因分析。

1)外墙面无规则裂缝产生的原因：墙体材料、基层、面层、外墙饰面(面砖)等材料，均属脆性材料，彼此膨胀系数、弹性模量不同。在相同的温度和外力作用下，变形不同，产生裂缝渗漏。

2)内墙有规则裂缝均出现在两种不同材料的结合处，是由陶粒混凝土空心砌块强度低、收缩性大引起的。

第四节 地下室防水工程事故分析与处理

一、地下室防水工程的特点和对材料的要求

1. 地下室防水工程的特点

地下工程是指埋置或半掩埋于地下或水下的构筑物。由于受到地下水的毛细作用、渗透作用以及侵蚀作用的危害,地下工程要采取有效的措施,防止地下水的侵蚀和损坏。因此,对地下水必须做到"综合治理""多道防线""综合治理"就是从工程的地质、结构、施工等几个方面综合考虑,采取有效的措施。"多道防线"不是指防水层的层数越多越好,而是要将围岩(掘开式地下工程的回填土)、结构自防水处理及地面采取排水措施等,都看成是防水的防线,认真做好,以减弱地下水对地下工程的危害。

2. 地下室防水工程对材料的要求

(1)要求防水材料具有耐久性。
(2)要求防水卷材采用抗菌性的高分子类、沥青(非纸胎)类材料,并采用与其相适应的胶粘剂。
(3)要求防水涂料采用防水、抗菌、五毒、无刺激性的涂料。
(4)处于侵蚀性介质中的防水材料应选用耐侵蚀性的涂料品种。
(5)对有震动或抗震要求的地下工程,应选用延伸性好的防水涂料,且结构的裂缝宽度应控制在 0.2 mm 以内。
(6)防水混凝土结构的混凝土垫层强度等级≥C10,厚度≥100 mm。
(7)防水混凝土结构厚度应≥200 mm。
(8)防水混凝土结构中钢筋保护层厚度(迎水面)≥35 mm。
(9)防水混凝土宜采用普通硅酸盐水泥强度等级不低于 42.5 级。
(10)防水砂浆的水泥宜采用强度等级≥32.5 级的普通硅酸盐水泥、膨胀水泥或矿渣硅酸盐水泥。
(11)防水砂浆中的砂宜采用中砂,水应采用不含有害物质的洁净水。
(12)防水砂浆中的基层须为混凝土或砖石砌体墙面。混凝土强度≥C10;砖石结构的砌筑砂浆≥M5,基层应保持湿润、清洁、平整、坚实、粗糙。

二、地下室工程防水渗漏的处理原则

(1)找出准确的渗漏部位,并在设计、材料、施工、各种自然条件变化等方面,找出造成地下室渗漏的原因。
(2)根据具体情况,选择适合的防水堵漏材料,做好最后漏水点的封堵工作。
(3)要切断水源,尽量使堵漏工作在无水状态下进行(当然有的堵漏材料可以带水作业)。

(4)要做好渗漏水的疏导工作，疏导的原则是把大漏变小漏、线漏变点漏、片漏变孔漏，最后用灌浆材料封孔。

(5)在渗漏水状况下进行修堵时，必须尽量减小渗漏水面积，使漏水集中于一点或几点，以减小其他部位的渗水压力，确保修堵工作顺利进行。

(6)地下室渗漏大都是在有水压力情况下出现的，因此修堵时应采取有效措施，防止水压力将刚刚施工的材料冲坏。

三、地下室防水混凝土结构渗漏事故

(一)防水混凝土裂缝渗漏

1. 原因分析

(1)设计考虑不周。建筑物发生不均匀沉降，使混凝土墙、板断裂而出现渗漏。

(2)混凝土中碱含量过多。

(3)施工时混凝土拌和不均匀、水泥品种选择不当或混用，产生裂缝。

(4)混凝土结构缺乏足够的刚度，在土的侧压力及水压作用下产生变形而出现裂缝。

(5)混凝土成型后，由于养护不当、成品保护得不好等原因引起裂缝，产生渗漏。

2. 处理措施

(1)较小的裂缝。水压较小的裂缝可采用速凝材料直接堵漏。修堵时，应沿裂缝剔出深度不小于 30 mm、宽度不小于 15 mm 的 U 形沟槽。用水冲刷干净，用水泥胶浆等速凝材料填塞，挤压密实，使速凝材料与槽壁紧密粘结，其表面低于板面不应小于 15 mm。

经检查无渗漏后，用素浆、砂浆沿沟槽抹平、扫毛，并用掺外加剂的水泥砂浆分层抹压做防水层。

(2)局部较深的裂缝。局部较深的裂缝且水压较大的急流漏水，可采用注浆堵漏。

(3)较大裂缝。可在剔出的沟槽底部沿裂缝放置线绳，用水泥砂浆等速凝材料填塞并挤压密实。抽出线绳，使漏水顺绳流出后进行修堵。裂缝较长时，可分段堵塞，各段之间留 20 mm 空隙，每段用胶浆等速凝材料压紧，空隙用包有胶浆的钉子塞住，待胶浆快要凝固时将钉子转动拔出。钉孔采用孔洞漏水直接堵塞的方法堵住。堵漏完毕，应用掺外加剂的水泥砂浆分层抹压，做好防水层。

(4)大裂缝急流漏水。较大的裂缝急流漏水，可在剔出的沟槽底部每隔 500~1 000 mm 扣一个带有圆孔的半圆铁片，把胶管插入圆孔内，按裂缝渗漏水直接堵塞法分段堵塞。

(二)防水混凝土表面蜂窝、麻面渗漏

混凝土表面出现蜂窝、麻面渗漏，应先将酥松、起壳部分剔除，堵住漏水，排除地面积水，清除污物，然后按以下方法处理：

(1)混凝土表面蜂窝、麻面，剔凿深度不应小于 15 mm，清理并用水冲刷干净。表面涂刷混凝土界面剂后，应用掺外加剂的水泥砂浆分层抹压至与板面齐平。

(2)混凝土表面深度大于 10 mm 的凹凸不平处，剔成慢坡形，表面凿毛，用水冲刷干净。面层涂刷混凝土界面剂后，应用掺外加剂的水泥砂浆分层抹压至与板面齐平。

(3)混凝土蜂窝孔洞，维修时应剔除松散石子，将蜂窝孔洞周边剔成斜坡并凿毛，用水冲刷干净。表面涂刷混凝土界面剂后，用比原强度等级高一级的细石混凝土或补偿收缩混凝土填补捣实，养护后，应用掺外加剂的水泥砂浆分层抹压至板面找平，抹压密实。

(三)防水混凝土施工缝渗漏

1. 原因分析

(1)下料方法不当,集料集中于施工缝处。

(2)新浇筑混凝土时,未在接头处先铺设一层水泥砂浆,造成新旧浇筑的混凝土不能紧密结合,或者在接头处出现蜂窝。

(3)新旧混凝土接头部位产生收缩,使施工缝开裂。

(4)留设施工缝的位置不当,如将施工缝留设在底板上,或在混凝土墙上留垂直施工缝。

(5)钢筋过密,内外模板间距狭窄,混凝土未按要求振捣,尤其是新旧混凝土接头处不易振捣密实。

(6)在支模、绑钢筋过程中,锯屑、钢钉、砖块等掉入接头部位,新浇筑混凝土时未将这些杂物清除,而在接头处形成夹心层。

2. 处理措施

(1)尚未渗漏的施工缝。沿缝剔成 V 形槽,用水冲刷后,用水泥素浆打底,再以 1∶2 水泥砂浆分层抹平压实,如图 7-5(a)所示。

(2)混凝土自身原因形成的施工缝。当混凝土存在自身缺陷,施工缝的新旧混凝土结合不密实而出现大量渗漏时可用氰凝灌浆堵漏法,即用如图 7-5(b)所示灌浆工艺进行压力灌注氰凝浆液,待灌实后用快硬水泥砂浆将灌浆口封闭。

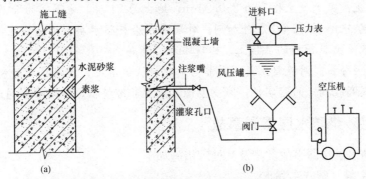

图 7-5 防水混凝土施工缝渗漏处理措施
(a)尚未渗漏施工缝处理示意;(b)施工缝新旧混凝土结合不密实而出现大量渗漏处理示意

(3)已经渗漏的施工缝。当水压较小时,可按照"直接堵漏法"进行堵漏;如果水压较大,则可按照"下线堵漏法"或"下钉堵漏法"进行堵漏;若遇急流漏水,则可按照"下半圆铁片法"进行堵漏。

(4)使用膨胀止水条处理。为了使膨胀止水条与混凝土表面粘结密合,除采用自粘结固定外,还宜在适当距离内用水泥钉加固。膨胀止水条接头尺寸应大于 50 mm。

(四)事故实例

【例 7-9】 某市影剧院地下室渗漏。

(1)工程概况。某市影剧院工程,一层地下室为停车库,采用自防水钢筋混凝土。该结构用作承重和防水。当主体封顶后,地下室积水深度达 300 mm,抽水排干,发现渗水多从底板部位和止水带下部渗出。后经过补漏处理,仍有渗漏。

(2) 事故原因分析。

1) 根据施工日志记载，施工前没有进行技术交底。施工工人对变形缝的作用都不甚了解，更不懂得止水带的作用，操作马虎。对止水带的接头没有进行密封粘结。

2) 变形缝的填缝用材不当，没有采用高弹性密封膏嵌填。封缝也没有采用抗拉强度、延伸率高的高分子卷材。

3) 底板部位和转角处的止水带下面的钢筋过密和振捣不实，从而形成空隙。

4) 使用泵送混凝土时，施工现场发生多起因泵送混凝土而使管道堵塞的事故，临时加大用水量，水胶比过大，导致混凝土收缩加剧，出现开裂。

5) 在处理渗漏时，使用的聚合物水泥砂浆抗拉强度低。

【例7-10】 某地铁车站顶板和侧墙严重渗漏。

(1) 工程概况。上海地铁一号线车站，自防水钢筋混凝土结构，顶板还设置了柔性附加防水层。在设计和施工中，特别注重混凝土强度和防渗等级。车站投入运营后，发现顶板多处出现无规律微细裂缝，在顶板和侧墙交接处多有45°斜裂缝，严重渗漏。

(2) 事故原因分析。该地下建筑是利用混凝土自身的密实性防水的。混凝土是非匀质性的多孔建筑材料，其内部存在大小不同的微细孔隙，具有透水性。单位水泥用量较大，加大了混凝土内部的水化热，从而产生温差收缩裂缝。

【例7-11】 某地下室四周及底板出现渗水。

(1) 工程概况。某大厦主楼高为250.28 m，地上为24层，地下室为3层，基底埋深为21 m，底板厚为4 m，掺用UFA外加剂。外墙采用涂料防水层。检查发现，在-3层地下室四周及距墙6.4 m范围内的底板上，出现渗水、滴漏。

(2) 事故原因分析。对混凝土是一种非匀质材料认识不足。没有从材料和施工方面采取有效措施，以提高混凝土的密实性，减少空隙和改变孔隙特征，阻断渗水通道。

四、水泥砂浆防水层渗漏事故

水泥砂浆防水层渗漏事故类型及其处理措施如下。

1. 防水层空鼓、裂缝渗漏水

防水层空鼓、裂缝渗漏水时，剔除空鼓处水泥砂浆，沿裂缝剔成凹槽。混凝土裂缝采用速凝材料堵漏。砖砌体结构应剔除酥松部分并清除污物，采用下管引水的方法堵漏。经检查无渗漏后，重新抹防水层补平。

2. 阴阳角处渗漏

防水层阴阳角处渗漏水，采用速凝材料堵漏。阴阳角的防水层应抹成圆角，抹压应密实。

3. 局部渗漏

防水层局部渗漏水，剔除渗漏部分并查出漏水点，按防水混凝土的要求进行堵漏。经检查无渗漏水后，重新铺抹防水层补平。

【例7-12】 某工程水泥砂浆防水层空鼓。

(1) 工程概况。某建筑工程考虑结构刚度强，埋深不大，对抗渗要求相对较低，决定采用水泥砂浆防水层。施工完毕后，经观察和用小锤轻击检查，发现水泥砂浆防水层各层之间粘结不牢固，有空鼓。

(2)事故原因分析。

1)材料品质。虽然选用了普通硅酸盐水泥,但其强度等级低于32.5级。混凝土的聚合物为氯丁胶乳,虽方便施工,抗折、抗压、抗震,但收缩性大,加之施工工艺不当,加剧了收缩。

2)基层质量。基层表面有积水,产生的孔洞和缝隙虽然做了填补处理,却没有使用同一品种水泥砂浆。

3)施工工艺不当。操作工人对多层抹灰的作用,不甚了解。第一层刮抹素灰层时,只是片面知道增加防水层的粘结力,仅刮抹两遍,用力不均,基层表面的孔隙没有被完全填实,留下了局部渗水隐患。素灰层与砂浆层的施工,前后间隔时间太长;素灰层干燥,水泥得不到充分水化,造成防水层之间、防水层与基层之间粘结不牢固,产生空鼓。

五、地下室特殊部位渗漏事故

地下室特殊部位渗漏事故处理措施如下:

(1)变形缝渗漏处理。

1)埋入式止水带变形缝渗漏水,宜在变形缝两侧使基面洁净、干燥,重新埋入止水带。

2)后埋式止水带(片)变形缝渗漏水,应全部剔除覆盖层混凝土及止水带(片),按防水混凝土裂缝渗漏水的堵修要求进行,并更换止水带。

3)粘贴式胶片变形缝渗漏水,应将混凝土和水泥砂浆覆盖层及粘贴的胶片全部剔除,处理方法同上。

(2)管道穿墙(地)部位渗漏。

1)常温管道穿墙(地)部位渗漏水,沿管道周边剔成环形沟槽,用水冲刷干净,宜用速凝材料堵塞严实,经检查无渗漏后,表面分层抹压,掺外加剂水泥砂浆与基面嵌平;也可用密封材料嵌缝,管道外 250 mm 范围内涂刷涂膜防水层。

2)热力管道穿透内墙部位渗漏水,可采用埋设预制半圆套管的方法,将穿管孔剔凿扩大,在管道与套管的空隙处用石灰麻刀或石棉水泥等填充料嵌填,套管外的空隙处应用速凝材料堵塞。

3)热力管道穿透外墙部位渗漏水,应先将地下水水位降至管道标高以下,宜采用设置橡胶止水套的方法,并做好嵌缝、密封处理。

六、地下室卷材防水层渗漏

1. 原因分析

(1)在地下室结构的墙面与底板转角部位,卷材未能按转角轮廓铺贴严实,后浇或后砌主体结构时,此处卷材遭到破坏。

(2)所使用的卷材韧性不好,转角包贴时出现裂纹,不能保证防水层的整体严密性。

(3)拐角处未按有关要求增设附加层。

2. 处理措施

应针对具体情况,将拐角部位粘贴不实或遭到破坏的卷材撕开,灌入热玛脂,用喷灯烘烤后,将卷材逐层搭接补好。

【例 7-13】 某住宅楼地下室渗漏。

(1) 工程概况。某城镇兴建一栋住宅楼,地下室为砖体结构。为了降低成本,防水层采用纸胎防水卷材。交付使用半年后,多处发现渗漏。

(2) 事故原因分析。地下建筑工程防水层按规范要求,严禁使用纸胎防水卷材。纸胎防水卷材胎基吸油率小,难以被沥青浸透;长期被水浸泡,容易膨胀、腐烂,失去防水作用;加之强度低,延伸率小,地下结构不均匀沉降,容易被撕裂。

第五节 厨房、厕浴间防水工程事故分析与处理

厨房、浴厕等有水房间管道多、设备多、阴阳转角多和施工面积小,长期处于受水潮湿状态,各种防水工程缺陷引起的渗漏经常发生。易漏水的部位有楼地面、墙根部以及卫生洁具、排水管等。

一、厨房、厕浴间穿楼板管道渗漏事故

1. 原因分析

(1) 厨房、厕浴间的管道,一般都是土建完工后方可进行安装,但常因预留孔洞不合适,安装施工时随便开凿,安装完管道后,没有用混凝土认真填补密实,形成渗水通道,地面稍有水,这些薄弱处就会发生渗漏。

(2) 暖气立管在通过楼板处不设置套管,当管子发生冷热变化、胀缩变形时,管壁就与楼板混凝土脱开、开裂,形成渗水通道。

(3) 穿过楼板的管道受振动影响,也会使管壁与混凝土脱开,出现裂缝。

2. 处理措施

(1) 穿楼管道的根部积水渗漏,应沿管根部轻轻地剔凿出宽度和深度均不小于 10 mm 的沟槽,清理浮灰、杂物后,槽内嵌填密封材料,并在管道与地面交接部位涂刷管道高度及地面水平宽度均不小于 100 mm、厚度不小于 1 mm 的无色或浅色合成高分子防水涂料。

(2) 因穿楼管道的套管损坏而引起的渗漏水,应更换套管,对所设套管要封口,并高出楼地面 20 mm 以上,套管根部要密封,如仍渗漏,可按上述方法进行修缮。

二、厨房、厕浴间墙面渗漏事故

厨房、厕浴间墙面渗漏的处理措施如下:

(1) 涂膜防水层局部损坏,应清除损坏部位,修整基层,补做涂膜防水层,涂刷范围应大于剔除周边 5 080 mm。裂缝大于 2 mm 时,必须批嵌裂缝,然后涂刷防水涂料。

(2) 墙面粉刷起壳、剥落、酥松等损坏部位应凿除并清理干净后,用 1:2 防水砂浆修补。

(3) 穿过墙面管道根部渗漏,宜在管道根部用合成高分子防水涂料涂刷两遍。管道根部空隙较大且渗漏较为严重时,应按管道穿过楼地面部位渗漏维修的规定处理。

(4) 墙面防水层高度不够引起的渗漏,处理时应符合下列规定:

1)维修后的防水层高度应为:淋浴间防水高度不应小于 1 800 mm,浴盆临墙防水高度不应小于 800 mm。

2)在增加防水层高度时,应先处理加高部位的基层,新、旧防水层之间的搭接宽度不应小于 80 mm。

(5)浴盆、洗脸盆与墙面交接处渗漏水,应用密封材料嵌缝密封处理。

三、厨房、厕浴间墙根部渗漏事故

厨房、厕浴间墙根部渗漏的处理措施如下:

(1)堵漏灵嵌填法处理。沿渗水部位的楼板和墙面交接处,用凿子凿出一条截面为倒梯形或矩形的沟槽,深为 20 mm 左右,宽为 10~20 mm,清除槽内浮渣,并用水清洗干净后,将堵漏灵块料砸入槽内,再用浆料抹平,如图 7-6 所示。

(2)地面填补法处理。用于厨房、厕浴间地面向地漏方向倒坡,或地漏边沿高出地面,积水不能沿地面流入地漏的情况。处理时,最好将原地面面层拆除,并找好坡度重新铺抹。如倒坡轻微,地漏高出地面较小,可在原地面上找好坡度,加铺砂浆和铺贴地面材料,使地面水能流入地漏中,如图 7-7 所示。

(3)贴缝法处理。当墙根部裂缝较小,渗水不严重时,可采用贴缝法进行处理。具体处理方法是在裂缝部位涂刷防水涂料,并加贴胎体增强材料将缝隙密封,如图 7-8 所示。

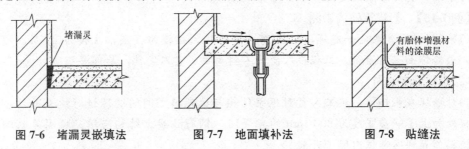

图 7-6 堵漏灵嵌填法　　图 7-7 地面填补法　　图 7-8 贴缝法

四、卫生洁具与给水排水管连接处渗漏事故

卫生洁具与给水排水管连接处渗漏的处理措施如下:

(1)便器与排水管连接处漏水引起楼地面渗漏时,宜凿开地面,拆下便器重装。重新安装时,应用防水砂浆或防水涂料做好便池底部的防水层。

(2)卫生洁具更换、安装、修复完成,经检查无渗漏水后方可进行其他修复工序。

五、事故实例

【例 7-14】 某办公楼出现渗漏。

(1)工程概况。某办公楼卫生间为 80 mm 厚、C20 钢筋混凝土现浇板,马赛克铺贴地面,瓷砖墙裙高为 1.5 m,蹲式大便器。使用后不久,卫生间楼面四周的外墙潮湿,顺排水处存水弯向下漏水,地面积水比较严重,导致下层房间无法使用,被迫长期锁门。

(2)事故原因分析。

1)该办公楼卫生间楼板为现浇钢筋混凝土平板,与此毗邻的房间均为预应力空心楼板,现浇板与预制板都支撑在墙上。施工时,瓷砖墙裙与马赛克楼面交接部位出现砂浆铺抹不密实，楼面积水沿存在的缝隙和砖的毛细孔产生渗漏。在使用初期，由于砂浆和砖墙均比较干燥，少量的渗水由砂浆和砖体吸收，短时期内不会出现渗漏现象。使用一段时间后，砂浆和砖墙吸水达到饱和，再有积水即可快速渗透楼板，从而造成楼板渗漏、滴水现象。

2) 施工时，大便器存水弯的排水口与铸铁管的承口衔接处的杂物、尘渣清理不干净，密封材料难以填充密实，大便器与存水弯之间连接不牢，密封材料嵌填不实，造成了顺排水管滴水的现象。

(3) 事故处理措施。

1) 为避免楼面面层在墙根处开裂，防止积水吸附至墙内造成渗水，在浇筑钢筋混凝土楼板时，振捣一定要密实，靠墙根转角处应抹成半径为 10 mm 的圆角。墙面贴瓷砖、地面铺贴马赛克时，底面砂浆一定要饱满，勾缝一定要密实，楼面应按规定进行找坡，坡面均要向着地漏。

2) 墙面出现反碱粉酥的部位，首先应凿除并清理干净，然后再用灰砂比为 1∶2.5 的防水砂浆进行修补。

3) 大便器与排水管存水弯间的密封材料一定要填实，其连接处的渗漏，必须拆开重新施工，并严格遵守施工验收规范，高水箱冲洗管与大便器间的皮碗要用铜丝绑扎牢固。

4) 为提高卫生间楼地面的抗渗能力，在铺贴瓷砖和马赛克的水泥砂浆中，应当加入适量的防水剂，其防渗效果更好。

【例 7-15】 某建筑外墙渗漏。

(1) 工程概况。某地一建筑，框架-剪力墙结构，裙楼为 3 层，主楼为 22 层。填充为轻质墙，外墙饰面选用涂料。工程投入使用不到两年，室内发霉，局部渗漏。

(2) 事故原因分析。

1) 外墙抹灰装饰前，施工人员对框架结构与填充墙之间的缝隙进行填充处理，并在部分交接处加上了一层宽度为 300 mm 的点焊网。钢筋混凝土结构与填充墙温差收缩率不一致，使漏加点焊网部位出现了开裂。

2) 外墙打底砂浆，局部厚度大于 20 mm，却一遍成活，引起干缩开裂。

3) 外墙面分格缝采用分格条是木制的，取出后，缝内嵌实柔性防水材料不密实，导致渗漏。

【例 7-16】 某住宅卫生间漏水。

(1) 工程概况。某住宅工程为混合结构，七层，共计 11 幢。交付使用不久，用户普遍反映卫生间漏水。施工单位立即派人返修，并对造成渗漏问题进行认真分析。

(2) 事故原因分析。现浇楼地板预留洞口位置准确，但洞口与穿板主管外壁间距太小，无法用细石混凝土灌实，在存在空隙的情况下直接找平。管道周围虽然做二油一布附加层防水，但粘贴高度不够，接口处密封不严密，造成开裂。防水层做完后，没有进行 24 h 的蓄水检验。在防水层存在渗漏的情况下，做了水泥砂浆保护层。

本章小结

我国目前用于防漏、堵漏方面的材料品种很多，性能也不同，学习过程中应熟悉防水工程常用的防水防渗漏材料及其性能。屋面防水事故包括卷材屋面的卷材防水层起鼓、开裂、流淌、破损、积水,刚性防水屋面渗漏、防水层表面起砂、脱皮,涂膜防水屋面的防水层开裂、防水层气泡、鼓泡、防水层老化;墙面防水包括砖砌墙体、混凝土墙体、檐口、女儿墙、施工孔洞、管线处的渗漏事故及地下室、厨房、卫生间的渗漏事故。学习过程中应重点掌握各类事故的发生原因和处理、防范措施。

思考与练习

一、填空题

1. 合成高分子密封材料的粘结性用_____和_____表示。
2. _____材料用水泥和水配制而成。
3. 卷材屋面大面积积水的处理方法有_____、_____和_____等。
4. 檐口、女儿墙渗漏事故的处理措施包括_____、_____和_____。

参考答案

二、问答题

1. 防水工程常用密封材料具备哪些性能?
2. 造成卷材屋面的卷材防水层起鼓的原因是什么?
3. 刚性防水屋面的细石混凝土防水层表面起砂、脱皮的处理措施有哪些?
4. 造成涂膜防水屋面涂膜防水层鼓泡的原因是什么?
5. 卫生洁具与给排水管连接处渗漏应如何处理?

第八章 地面工程事故分析与处理

知识目标

(1) 掌握水泥地面和细石混凝土地面裂缝、地面空鼓、水泥地面起砂与麻面、水泥地面返潮、地面倒泛水或积水、楼梯踏步缺棱掉角等事故的发生原因与处理措施；

(2) 掌握水磨石地面空鼓、裂缝、面层缺陷等事故的发生原因和处理措施；

(3) 掌握块料地面面层常见质量事故的产生原因和处理措施。

能力目标

通过本章内容的学习，能够对地面工程常见的裂缝、空鼓及其他面层缺陷的产生原因进行分析，并能够对各类地面事故采取相应的处理、防范措施。

第一节 水泥地面和细石混凝土地面工程事故分析与处理

人们对地面的使用要求越来越高，一般要求能耐磨损、美观、清洁，并有防水、防潮、保温、隔热和隔声等功能。有的工程对地面还有特殊的使用要求如防爆、防汞、防毒、防凉、防辐射、电磁屏蔽和防腐蚀等。地面是建筑室内六面体中使用率最高的一面，发现施工质量或质量缺陷问题应及时认真处理，满足设计要求和使用功能。

一、水泥地面和细石混凝土地面裂缝

(一) 底层地面裂缝

地面裂缝和室外散水坡、明沟、台阶、花台的裂缝，均影响建筑物的使用功能和美观。

1. 原因分析

(1) 基土和垫层都不按规范规定回填夯实。一般多层建筑工程的基坑（槽）深度都大于 2 m，在回填土前没有排干积水和清除淤泥，就将现场周围多余的杂质土一次填满基坑，仅在表面夯两遍，下部是没有夯实的虚土。

(2)地面下的松软土层没有挖除。有的地面下基土是杂堆松土,有的是耕植土。地面施工前,仅将原土平整夯一遍,上面就铺设垫层。由于基土不密实、不均匀,所以不能承托地面的刚性混凝土板块,板块在外力作用下弯沉变形过大,导致地面破坏和裂缝。

(3)垫层质量差垫层用的碎石、道砟质量低劣,如风化石过多,含泥量达30%以上。有的用低强度等级的混凝土作垫层时,混凝土是铺刮平整的,与基土之间密实度差。靠墙边、柱边的垫层夯压不到边,又没有加工补夯密实。

(4)大面积地面没有按规定留设伸缩缝,没有按规定留设伸缩缝。有的面层与垫层的伸缩缝和施工缝不在同一条直线上,因伸缩不能同步,常沿错缝处产生裂缝。

2. 处理方法

(1)破损严重的地面需要查明原因。基土确是松软土层时,要返工重做,挖除松软的腐殖土、淤泥层。选用含水量为19%~23%的黏土或含水量为9%~15%的砂质黏土作填土料。按规定分层夯填密实。用环刀法取样测试合格,方可铺设垫层夯实,确保表面平整,按要求做好面层。

(2)局部破损。查清楚破损范围,在地面的破损周围弹好直角线,用切割机沿直角线割断混凝土,凿除面层和垫层,挖除局部松软土层,换土分层夯填密实。铺夯垫层,重做的面层,应和原地面材质相同、色泽一致、一样平整。

(3)裂缝不多,缝宽不大先将缝隙中清扫干净,用压力水冲洗晾干,用配合比为1:4:8的108胶:水:42.5级普通水泥,搅拌均匀的水泥浆,灌满缝隙,收水后抹平、刮光。

3. 事故实例

【例8-1】 某仓库的地面上,垫150 mm×150 mm方木作楞,楞木上面堆放钢材。随着荷载的加大,150 mm高的楞木在受压后沉到地面一样平。查明原因,主要是基土没有夯压密实,地面混凝土浇筑在虚土上。地面受外荷载的作用下局部弯沉破裂,影响使用。

经研究决定返工重做。挖除地面以下。深度为1 m左右的软弱土层。选用含水率在15%左右的黏土作填土料,每层虚铺厚度为250 mm,用蛙式打夯机打4遍,共分5层填平,每层用环刀法取样测试合格后方可再填铺上层土。测水平钉垫面水平桩,铺150 mm厚的碎石垫层,夯实刮平。然后立面层混凝土分格缝板,浇水湿润,每一分仓块内的混凝土要一次铺足刮平,不留设施工缝。用平板振动器振实,随用长刮尺刮平,并检查表面平整度,如有低洼处随用拌混凝土的水泥和砂拌制1:2的水泥砂浆,水胶比不大于0.4,加浆刮平振实。靠分格缝板边、柱边、墙边,设专人负责拍平拍实,初凝前抹光,间隔时间要根据所用水泥品种、强度等级、环境气温高低等而定,以表面转白色收水、干湿度适宜,用木抹子由边向中间槎抹平整,用钢抹子收压抹光。待抹面脚踩不下窝时,再压抹第二遍。终凝前,用钢抹子试抹没有抹子纹时,用钢抹子全面压光。浇水湿养护不少于7 d。认真保护成品不少于28 d。

该地面到现在已使用多年没有发现裂缝、起砂等缺陷。

(二)楼层地面裂缝

1. 沿预制楼板平行裂缝

(1)原因分析。该裂缝的位置多数离前檐墙2 m左右,缝宽常在0.5~2 mm者居多。裂缝的主要原因有:混合结构的地基纵横交接处的应力有重叠分布,该处地基承载力约增加15%~40%,则持力层易产生不均匀沉降;檐墙上还有悬挑阳台、雨篷等荷载的影响;

安装预制楼板的支座面上坐浆不匀或不坐浆,因板端变形而导致板缝开裂;使用低劣的预制楼板;灌缝质量差,不能传递相邻板的内力。

(2)处理方法。

1)裂缝数量较少,裂缝较细,楼面无渗漏要求时,可采用配合比为1∶4∶6的108胶∶水∶水泥浆灌注封闭,在灌注前扫刷干净缝隙,隔天浇水冲洗晾干,用搅拌均匀的聚合物水泥浆液沿板缝灌注,并用小木槌沿裂缝边轻轻敲打,使水泥浆渗透缝隙。当水泥浆收水初凝时,用小钢抹子刮平抹光。隔24 h后喷水养护。

2)对有防水要求的裂缝处理。扫刷干净所有缝隙内积灰,用压力水冲洗后晾干,用氰凝浆液或环氧树脂浆液灌注缝隙,用小木槌沿缝隙边轻敲,使化学浆液渗透缝隙,将原有裂缝密封,凝固后成为不渗水的整体。

3)裂缝缝宽大于1 mm时,要凿开缝隙检查原有板缝的灌缝质量是否合格。如灌缝的砂浆或细石混凝土酥松,也要凿除,扫刷干净,用压力水冲洗晾干,用108胶∶水∶水泥为1∶4∶8的水泥浆刷板缝两侧,吊好板缝底模。随用水∶水泥∶砂∶细石子为0.5∶1∶2∶2的混凝土灌注板缝,插捣密实,拍平,用小钢抹子抹光,隔24 h浇水养护,在浇水的同时检查灌缝的板底,不漏水方为合格。如发现漏水严重处,需返工重行灌筑混凝土;再按原地面品种配制同品种、同颜色的砂浆、混凝土或石渣浆,按规定铺抹平整、拍实抹平、认真湿养护14 d后方可使用。

2. 沿预制楼板端头的横向通长裂缝

裂缝位置:沿预制楼板支座上的裂缝,包括挑阳台、走道的裂缝。

裂缝宽度:上口宽为2~3 mm,下口比上口缝窄。

(1)原因分析。

1)预制楼板为单向简支板,在外荷载作用下,板中产生挠曲引起板端头的角变形,拉裂楼面面层。裂缝宽可用下式推导:

$$\theta = \frac{16}{5L} \times \frac{180}{\pi} \Delta Y \tag{8-1}$$

式中 L——构件长度(mm);

ΔY——挠度值(mm);

θ——转角度(°)。

楼面裂缝宽用下式计算:

$$\Delta_1 = 2\sin\theta h \tag{8-2}$$

式中 Δ_1——裂缝宽度(mm);

h——预制构件厚度(mm)。

【例8-2】板长$L=3\ 600$ mm;板厚$h=120$ mm;板的允许挠度值为$L/200$,则$\Delta Y=3\ 600/200=18$ mm;考虑在地面施工后的挠度值$\Delta Y=10$ mm。

以上数据代入式(8-1)、式(8-2)

$$\theta = \frac{16}{5 \times 3\ 600} \times \frac{180}{\pi} \times 10 = 0.500(°)$$

$$\Delta_1 = 2\sin 0.509° \times 120 = 2.31(\text{mm})$$

则缝宽为2.13 mm。

2)预制钢筋混凝土楼板在安装后的干缩值约为0.15‰,则3 600 mm长的板端头缝加宽值为

$$\Delta_2 = 0.15‰ \times 3\ 600 = 0.54 (mm)$$

以上两项叠加后,板端裂缝上口宽为2.67 mm。还没有考虑支座沉降差、温差等不利因素。

3)施工不良所造成板端头的裂缝。如板端的支座面上没有认真找平,安装楼板不坐浆,则减少预制板的铰支作用。

(2)处理方法。

1)工业厂房楼板端头裂缝的处理。在端头裂缝处弹线,用切割机沿直线割到预制板面,缝宽控制在20 mm左右,扫刷干净,用柔性密封材料灌注到地面面层底平。上面再做与原地面配合比、颜色相同的材料,铺平、拍实、抹光。

2)如裂缝宽不大于3 mm,可扫刷干净缝隙中的灰尘,用压力水冲洗后晾干,用配合比为1:4:8的108胶:水:水泥的水泥浆,沿板端裂缝处灌注,随用木槌沿缝边轻轻敲击,使水泥浆渗透缝隙,收水初凝时用钢抹子刮平抹平抹光,保持湿润养护7 d以上。

3)有防水要求的楼面裂缝处理,先扫刷干净所在缝隙内的灰尘,再用压力水冲洗晾干,然后用氰凝或环氧树脂浆液沿地面裂缝灌注,用木槌沿缝边轻敲,使浆液渗透到缝隙中封闭更牢固,使裂缝凝固成不漏水的整体。

3. 地面的不规则裂缝

(1)原因分析。

1)基层质量差。如有的基层面的灰疙瘩没有先刮除,基层面上灰泥没有认真冲洗扫刷干净,有的结构层的板面高低差大于15 mm,有的预埋管线高于基层面等原因,造成地面面层产生收缩不匀的不规则裂缝。

2)大面积地面没有留设伸缩缝。当水泥砂浆、细石混凝土等面层,在收缩和温差变形作用下,拉应力大于面层砂浆和混凝土的抗拉强度时,则产生不规则裂缝。

3)材料使用不当。如水泥的安定性差,使用细砂,有的砂、石含泥量超过3%。搅拌砂浆时无配合比,有的有配合比又不计量。有的使用已拌好3 h以上的过时砂浆,成品又不保护,地面上随意堆放重物。有的地面施工后不养护等原因,造成地面干缩、收缩的不规则裂缝和龟裂纹。

(2)处理方法。

1)地面有不规则的龟裂,缝细不贯穿、不脱壳者,先将地面扫刷冲洗干净,晾干无积水,随将配合比为1:4:6的108胶:水:水泥的水泥浆浇在地面上,用抹子反复刮,使浆液刮入缝隙中,当收水初凝时将地面上的余浆刮除,使缝隙中都嵌满水泥浆。

2)地面面层的不规则裂缝,缝宽大于0.25 mm,且贯穿和脱壳。要查明脱壳范围,弹好外围直角线,用混凝土切割机沿线切割断面层,凿除起壳、裂缝部分,也可凿除一个分仓块。扫刷冲洗洁净晾干。先刷纯水泥浆一遍,随后用按规定配合比计量准确、搅拌均匀的水泥砂浆、石渣浆或混凝土铺满、刮平,每块中不留施工缝。初凝前拍实抹平,终凝前抹平抹光,湿养护不少于7 d,并做好成品保护,防止过早踩踏和振动损坏。

3)地面裂缝少,宽度大于1 mm,且不脱壳。扫刷缝隙中的灰尘,再用吹风机吹尽粉尘后,可灌注水泥浆、氰凝浆液、丙凝浆液、环氧树脂浆液等,将缝隙灌满刮平。

(三)室外的散水坡、明沟、台阶等裂缝

1. 原因分析

(1)沿外墙的回填土,没有分层填土夯实;

(2)没有按设计规定铺垫层夯实;

(3)靠外墙面、沿长度方向、转角处没有留设分隔缝、伸缩缝;

(4)混凝土浇筑振捣拍实抹平不当等原因。

2. 处理方法

(1)当散水坡、明沟已开裂,且基土已下沉,有的散水坡、明沟已局部吊空时,宜返工重做。查清原因:有的要挖除下面的淤泥,有的要重行夯实后回填土再夯实。经检查基土密实度合格后,按原设计要求铺好碎石垫层夯实找平。当再浇混凝土散水坡、明沟、台阶时,靠外墙面留设一条宽为 15~20 m 的隔离缝,长度方向每隔 12 m 左右设一条分格缝,转角处留对角分格缝。缝内嵌沥青砂浆或胶泥。

(2)散水坡、名沟有裂缝和断裂但下面不空。先扫刷冲洗干净缝隙中的垃圾。缝隙宽度小于 2 mm,可用 108 胶水泥浆灌注后刮平;缝隙宽度大于 2 mm 时,可用 1∶1~1∶2 的水泥砂浆填嵌密实刮平,湿养护 7 d。也可把裂缝处凿开 20 mm 宽,扫刷干净,灌 PVC(PVC 是聚氯乙烯的代号)胶泥。

(3)局部破损严重,采取局部返工重浇混凝土。先将旧混凝土的端头割平留分格缝,当新混凝土浇好后,在缝中灌沥青砂浆或胶泥。

二、地面空鼓

1. 原因分析

(1)垫层(或基层)表面清理不干净,有浮灰、浆膜或其他污物。

(2)面层施工时,垫层(或基层)表面不浇水湿润或浇水不足,过于干燥。铺设砂浆后,由于垫层迅速吸收水分,致使砂浆失水过快而强度不高,面层与垫层粘结不牢;另外,干燥的垫层(或基层)未经冲洗,表面的粉尘难于扫除,对面层砂浆起到一定的隔离作用。

(3)垫层(或基层)表面有积水,在铺设面层后,积水部分水胶比突然增大,影响面层与垫层之间的粘结,易使面层空鼓。

(4)为了增强面层与垫层(或垫层与基层)之间的粘结力,需涂刷水泥浆结合层。操作中存在的问题是,如刷浆过早,铺设面层时,所刷的水泥浆已风干硬结,不但没有粘结力,反而起了隔离层的作用。或采用先撒干水泥面后浇水(或先浇水后撒干水泥面)的扫浆方法。由于干水泥面不易撒匀,浇水也有多有少,容易造成干灰层、积水坑,成为日后面层出现空鼓的潜在隐患。

2. 处理措施

(1)大面积起鼓和脱壳,应全面凿除,按施工方法重做面层并达到规定要求。

(2)用小锤敲击检查空鼓、脱壳的范围,用粉笔画清界限,用切割机沿线割开,并掌握切割深度。凿除空鼓层,从凿开的空鼓处检查、分析空鼓原因,刮除基层面的积灰层或基面的酥松层,扫刷、冲洗、晾干。在面层施工前,先涂刷一遍水泥浆,随即用搅拌均匀的与原面层相同的砂浆或混凝土,一次铺足,用刮尺来回刮平。如为混凝土面层,需用平板振动器振实。新、旧面层接合处细致拍实抹平,在收水后抹光,初凝时压抹第二次,终凝前以全面压光、无抹痕为标准。隔 24 h 喷洒水养护 7 d,或在终凝压光后喷涂养护液养护。

3. 事故实例

【例8-3】 某自行车厂的链条车间,多层框架结构,二层楼面面积为1 080 m²,预制槽型楼板,用双向配筋C20细石混凝土作找平层,厚度为50 mm,面层用20 mm厚的1∶2.5的水泥砂浆。楼面在6月12日到6月23日之间施工,7月18日发现局部空壳和裂缝,到9月17日检查已有80%空壳和裂缝现象。

(1)调查现场所用的原材料和施工工艺。水泥是用的矿渣硅酸盐32.5级;碎石子是用粒径为15 mm以内的级配良好的细石子,含泥量大于3%;中细砂含泥量达5%,浙江义乌产。

混凝土和砂浆为现场搅拌,按配合比计量,但计量不严格。结构层面没有认真刮除灰疙瘩,没有用水冲洗,也没有刷水泥浆粘结层,整个楼面地面没有留分格伸缩缝。

(2)地面脱壳与裂缝的调查和原因分析。对脱壳的面层凿开检查,发现面层砂浆底与基层面之间都有一层石灰和泥灰粉状物质的隔离层,有的是基层细石混凝土中的泥灰或水泥中的游离物质,如粉煤灰、未熟化的粉尘等,浮结在基层面上,还有没有清理干净的灰浆泥污等有害物质,形成一层泥灰粉尘的隔离层,是造成壳裂的原因之一。另外,大面积的水泥砂浆面层没有留设伸缩缝,收缩应力大于砂浆抗拉强度,产生了不规则裂缝和空鼓脱壳。

(3)处理方法与施工要点。

1)基层处理。铲除原地面的全部水泥砂浆层,用水冲并配以钢丝刷子刷洗基层面,洗刷后,由工长、质检员共同检查、验收、签证合格后,方可进行下一道工序的施工。

2)材料质量控制。水泥选用普通硅酸盐42.5级,用洁净中砂,含泥量小于2%。搅拌砂浆严格按配合比计量,水泥砂浆必须搅拌均匀,随拌随用,拌好的砂浆超过3 h后不准再用。水泥砂浆坍落度控制在30 mm左右。

3)伸缩缝设置。横向留在柱中,纵向居中留一条,缝宽为20 mm。

4)刷聚合物水泥浆结合层。配合比为1∶4∶8的108胶∶水∶水泥的水泥浆,掌握在铺面层水泥砂浆前1 h左右涂刷。

5)铺面层水泥砂浆。每一分格块中一次铺足水泥砂浆,用长刮尺来回刮平拍实,设专人沿伸缩缝边拍平拍实。当砂浆收水后,用木抹子由周边向中间搓平、压实;用力均匀,后退操作,随将砂眼、脚印等消除后,再用靠尺检查地面的平整度,发现凹凸及时纠正。

6)抹平、压光待砂浆初凝前,即用钢抹子抹压出浆后,抹平。当砂浆初凝后进行第二遍压光,由边角到大面用力压实抹光,把洼坑、砂眼填满压平。终凝前进行第三遍压光,全面压实抹光,抹成无抹痕的光滑表面。轻轻起出伸缩缝木条,缝内灌注沥青砂浆。

7)湿养护。面层压光后隔24 h,洒水养护7 d,最好铺设10 mm以上厚的锯木屑覆盖,保持湿润。

该地面已经使用多年,没有发现脱壳、裂缝、起砂等问题。

三、水泥地面起砂与麻面

1. 原因分析

(1)水泥砂浆拌合物的水胶比过大,即砂浆稠度过大。

(2)压光工序安排不适当,以及底层过干或过湿等,造成地面压光时间过早或过迟。

(3) 养护不当。

(4) 水泥地面在尚未达到足够强度时就上人走动或进行下道工序施工，使地表面遭受摩擦等作用，容易导致地面起砂。这种情况在气温低时尤为显著。

2. 处理措施

(1) 使用劣质水泥等造成大面积酥松，必须返工，铲除后扫刷干净，用水冲洗湿润。

(2) 表面局部脱皮、露砂、酥松的处理方法：用钢丝板刷刷除楼地面酥松层，扫刷干净灰砂，用水冲洗，保持清洁、湿润。当起砂层厚度小于 2 mm 时，用聚合物水泥浆 (108 胶：水：水泥＝1：4：8) 满涂一遍，然后用水泥砂浆 (水泥：细砂＝1：1) 铺满刮平，收水后用木抹子拍实搓平。初凝后，用木抹子用力均匀地抹平，终凝前用钢抹子抹光，养护 28 d 后方可使用。

3. 事故实例

【例 8-4】 某蚕种场的催青室对保温、隔热性能要求很高，因此，需将其分隔成 16 m^2 的小间，且门窗的密封性要好。由于催青室的作用是将蚕种放在室中，用温度控制蚕种在规定时间内使小蚕破壳而出。所以，该工程的交工时间性很强。在冬期施工好的水泥砂浆地面，用煤炉生火保暖，将门窗全部关闭。当二氧化碳气体与地面水泥中的游离质氢氧化碳、硅酸盐和铝酸钙互相作用下，使刚粉好的水泥砂浆面，形成一层呈白色柔软的酥松层，造成面层起砂，影响使用。

处理方法：用钢丝刷刷除表面酥松层，扫刷干净，用水冲洗干净晾干，涂刷水泥浆一遍，在 1 h 后，将稠度 (以标准圆锥体沉入度计) 不大于 35 mm 的 1：2 的水泥砂浆，搅拌均匀，一次铺足一个小间，用长刮尺搓平拍实，掌握好平整度。待收水后，用木抹子由内向外抹平，后退操作，随将砂眼、脚印都要抹平，再用靠尺检查平整度，初凝前抹第二遍；终凝前压光，把表面全部压光，成为无抹痕光滑的面层。隔 24 h 后用草帘覆盖，洒水保持湿润 7 d。后经多次回访，没有发现酥松和起砂现象。

四、水泥地面返潮

1. 原因分析

(1) 地面季节性潮湿一般发生在我国南方的梅雨季节，雨水多，温度高，湿度大。温度较高的潮湿空气 (相对湿度在 90% 左右) 遇到温度较低的地面时，易在地表面产生冷凝水。地面表面温度越低 (一般温差在 2 ℃ 左右)、地面越光滑，返潮现象越严重。有时除地面返潮外，光滑的墙面也会结露、淌水。这种返潮现象带有明显的季节性，一旦天气转晴，返潮现象即可消除。

(2) 地面常年性潮湿主要是由于地面的垫层、面层不密实，又未设置防水层，地面下地基土中的水通过毛细管作用上升以及气态水向上渗透，使地面面层材料受潮所致。

2. 处理措施

(1) 地面标高低的处理方法。可沿建筑外墙面周围挖一条沟，深度低于地面 500 mm 以上，使积水及时排除，保持室内地面干燥。

(2) 在地面上铺一层塑料薄膜，薄膜与薄膜的搭接不少于 80 mm，上面再浇 40 mm 厚、强度等级大于 C20 的细石混凝土面层，辊压密实，表面加 1：2 水泥砂浆，抹压平整、光洁。

(3) 在返潮的地面上铺设一层有保湿、吸水作用的块料面层。

五、地面倒泛水或积水

1. 原因分析

(1)阳台(外走廊)、浴厕间的地面一般应比室内地面低 20～50 mm,但有时因图纸设计成一样平,施工时又疏忽,造成地面积水外流。

(2)施工前,地面标高抄平弹线不准确,施工时未按规定的泛水坡度冲筋、刮平。

(3)浴厕间地漏安装过高,以致形成地漏四周积水。

(4)土建施工与管道安装施工不协调,或中途变更管线走向,使土建施工时预留的地漏位置不符合安装要求,管道安装时另行凿洞,造成泛水方向不对。

2. 处理措施

(1)厨房、厕所、浴室地面倒泛水时,要凿除原有地面面层,从地漏的上表面标高高出 5 mm 拉线找规矩,确保地面水都流向地漏。基层面必须扫刷冲洗干净并晾干,刷一遍水泥浆,然后用搅拌均匀的水泥砂浆(水泥:砂=1:2.5)铺设地面,每间都要一次铺足,按标准刮平,收水后拍实抹平,初凝后用木抹子拍实搓光。隔 24 h 后浇水养护。检查找平层、找坡层,不得有积水的凹坑、脱壳裂缝和起砂等缺陷。施工中要保护好一切排水孔,防止水泥浆流入孔中,堵塞管道。

(2)外走廊、阳台的排水孔高于排水面而积水,或排水管的内径小,容易堵塞时,可凿除原排水管扩孔和降低标高。更换排水管的内径要大于 50 mm,排水管要向外倾斜 5 mm,最好接入雨水管。

六、楼梯踏步缺棱掉角

1. 原因分析

楼梯踏步抹灰以后,成品保护不善,常被行人踏坏或工具等碰掉棱角。

2. 处理方法

(1)用乳胶灰浆修补。踏步破损处扫刷干净,用水冲洗并用钢丝板刷刷洗掉酥松部分。先涂刷基层处理液一遍,基层处理液乳胶液:水的配合比为 1:4,搅拌均匀后再用配合比为 1:4:12 的乳胶液:水:水泥的乳胶浆修补,抹压平服;再用排笔蘸水涂刷后压光。隔 24 h 后湿养护不少于 7 d。并保护好成品,防止碰坏。

(2)用环氧砂浆修补法。配合比按表 8-1 备料。

表 8-1 环氧树脂砂浆配合比(质量比)

材料名称	环氧树脂 E—44	乙二胺(95%)	邻苯二甲酸二丁酯	水泥:砂 1:2
质量/kg	100	10	40	400

1)将踏步破损处全面扫刷干净,随用钢丝板刷刷除酥松部分,保持干燥,不要用水冲洗。用喷灯或太阳灯烘烤加热,使修补处的温度达 80 ℃左右。

2)将拌好的环氧树脂砂浆抹压到破损缺角处,用∟30×30 的角钢做成阴角器,阴角器在使用前应预热到 80 ℃左右,反复压光,达到各接合处无缝隙,确保粘结牢固。压光后,可用和踏步颜色相同的水泥浆涂刷。自然硬化要认真保护,一般保持 24 h,不要碰撞。加热硬化,保持修补处的温度小于 70 ℃,养护 2 h 左右即可硬化。

第二节　水磨石地面工程事故分析与处理

一、地面空鼓

(一)原因分析

基层施工粗糙,找平层的强度低,有的表面酥松。铺石渣浆前,基层没有清理洁净,有的基层再有积水和泥浆没有清除干净,形成隔离层;也有涂刷的水泥浆已干硬,不能起到粘结作用,导致面层空鼓。

(二)处理方法

1. 大面积磨石子面层空鼓的处理

(1)查明空鼓的范围。如为大面积空鼓和分格块中的空鼓,必须凿除后重做磨石子面层,凿除基层面的砂浆残渣和凸出部分,洗刷干净,纠正碰坏的嵌条。

(2)刷一遍聚合物水泥浆粘结层。水泥浆107胶∶水∶水泥配合比为1∶4∶10,搅拌均匀,随用随拌。刷浆后在1 h左右就要铺石渣浆。

(3)水泥石渣浆。石渣粒径按设计要求,如设计无规定时,宜采用3~4号石渣,必须先淘洗洁净晾干。选用42.5级普通硅酸盐水泥,无结块。配合比为水泥∶石渣=1∶(1.2~1.3)。

配制彩色石渣浆,配色要先做试配比,经优选后作施工配合比。在配料时要有专人负责配料计量,确保颜色均匀。要先铺设有颜色的水泥石渣浆,后做普通石渣浆。

水泥石渣浆铺在已刷水泥浆的粘结层的方格中,用铁抹子将石渣浆沿嵌条边铲铺后,再用刮尺搓平拍实,随即撒一层石渣,要均匀密铺,用滚筒滚压出水泥浆。保持石渣面高出嵌条1~2 mm,确保表面的平整度。用铁抹子再次拍实抹平后养护。

(4)磨石子面层。须掌握气温和水泥品种,确定开磨时间,如气温在20 ℃以上,24 h后即可磨渣,试磨时以不掉石子为标准。磨石渣的遍数和各遍的要求,见表8-2。

表8-2　水磨石地面各遍磨石渣要求

遍数	砂轮号	各遍质量要求及说明
一	60~90号粗金刚石砂轮	1. 磨匀、磨平、磨出嵌线条 2. 磨好冲洗后晾干,浆补砂眼和掉石子的孔隙 3. 不同颜色的磨面,应先涂擦深色浆,后涂擦浅色浆,经检查没有遗漏后,养护2~3 d
二	90~120号金刚石	磨至表面光滑为止,其他同第一遍2、3条要求
三	200号细金刚石	1. 磨至表面石子粒粒显露、平整光滑、无砂眼细孔 2. 用水冲洗后涂草酸溶液(热水∶草酸=1∶0.35,质量比,溶化冷却后)满涂刷一遍

续表

遍数	砂轮号	各遍质量要求及说明
四	240~300号油石	经研磨至出石浆、表面光滑为止，用水冲洗晾干，随即检查平整度，光滑度，无砂眼、细孔和磨痕

(5)打蜡上蜡要在地面以上其他工序全部完成后进行。将蜡包在薄布内，在面层上薄涂一层，待干后，用木块上包两层麻布或帆布层，将木块在磨石渣机上代砂轮，研磨到光洁滑亮为合格。

2. 局部空鼓的处理

(1)原因分析基层表面局部酥松，也有基层面局部低洼处凝结的泥浆浮灰层，没有清除干净，导致局部空鼓。

(2)处理方法虽有局部空鼓但不裂缝时，可用电锤，用 $\phi 6 \sim \phi 8$ 直径的钻头打孔，位置选在空鼓处的四角，距边 20 mm 处，深入基层约 60 mm 深，将孔中的灰粉吹刷干净，不能用水洗。在干净的孔中灌环氧树脂浆液，配合比见表 8-3。边灌边用锤轻轻敲击，使浆液流入空鼓的空隙，灌好后用重物压在加固的水磨石上，保养 24 h，用相同颜色的水泥石渣浆补好孔洞。

表 8-3 环氧树脂浆液配合比

材料名称	环氧树脂 E-44	乙二胺	邻苯二甲酸二丁酯	二甲苯或丙酮
质量/kg	100	8	10~15	10

局部空鼓又有裂缝的处理方法是将空鼓沿裂缝部分凿除；用小口尖头钢錾沿边缘剔除松动的石子，要求边缘上口小，下口大，有凹有凸。将基层清扫洗刷干净。其施工工艺过程是：清理基层→刷水泥浆→铺水泥石渣浆→磨面层→打蜡。

二、地面裂缝

1. 原因分析

(1)底层地面裂缝是基土没有夯实，有局部松软层、基土不均匀沉降造成的。

(2)沿预制板缝的裂缝，有的板缝没有灌筑好，也有预制板的质量低劣，如沿预制板端头的横向裂缝。

(3)楼地面断裂，主要是结构变形、温差变形和干缩变形所造成的。

(4)大面积磨石子地面没有设伸缩缝，在温差作用下拉裂和起鼓。

2. 处理方法

(1)底层地面裂缝与空鼓同时存在，经检查如确属基土松软所造成，处理工艺是：凿除磨石子面层→垫层→挖除松软土层→回填土夯实→铺垫层→重铺面层水泥石渣浆。

(2)有裂缝但不空鼓的处理方法。若该裂缝基本稳定，裂缝数量不多时，可先将缝隙清扫刷洗干净后晾干。如比较潮湿，可用氰凝浆液灌注，待缝隙灌满后，及时刮除擦净磨石子面层上多余的氰凝浆液，当凝固后，根据原有磨石子地面的色泽，配制水泥石渣浆嵌补拍平，硬化后用金刚石磨平。

如为楼地面裂缝,将缝隙扫刷干净,用环氧树脂浆液灌注,不要浇水湿润。在灌缝前用喷灯将缝隙内均匀加热到60 ℃左右。灌好缝后,用丙酮擦净粘在面层的浆液。隔24 h后嵌补色彩相同的水泥石渣浆。待硬化后磨平。

(3)大面积磨石子面层向上隆起裂缝的处理。如为预制楼板,宜在板的端头加设分格缝。如为现浇结构层,则按柱距加设分格缝。沿加设分格缝位置弹线,再用切割机割开,深度割到结构层面,缝宽为15 mm左右。凿除缝中的面层和找平层,扫刷干净缝隙,用柔性密封防水材料灌注。表面可根据原有磨石子面层补嵌水泥石渣浆,磨平、磨光、打蜡。

【例 8-5】 某市绝缘材料厂,有部分封闭车间的地面标高低于车间地面800 mm,车间为6 m×10 m的磨石子地面。其四周是现浇的钢筋混凝土墙体封闭。在封闭车间试车时,室内温度升高到60 ℃左右,试车到3 h,即听见地面的爆裂响声。经停车检查,发现磨石子地面隆起而从中间断裂。分析隆起的原因,磨石子地面受热膨胀,四周受混凝土墙体的挤压,下面是密实的地基,地面热胀向上隆起并产生破裂。

处理方法:清除原有磨石子地面。沿混凝土墙体四周和长度方向居中位置,切割开伸缩缝,深度到垫层底、缝宽20 mm。扫刷干净,缝内填嵌聚氯乙烯胶泥。扫刷洁净、冲洗后晾干,贴嵌分格条,沿垫层缝的边嵌分格铜条,使面层缝的位置和垫层缝相同。磨石子的具体做法见本节。

该车间投产后再没有发生隆起和裂缝。

三、磨石子面层质量缺陷

(一)漏磨、孔眼多、表面不光滑

1. 原因分析

(1)磨石子机磨不到边,又没有用手工补磨,造成沿墙体、柱周表面粗糙。
(2)磨石子机的砂轮没有按有关要求,磨不同遍数更换不同细度的砂轮。
(3)没有按规定每磨一遍后,要用原色水泥浆擦补孔隙和砂眼。
(4)磨地三遍时没有换200号金刚石细砂轮磨光,打草酸后,又没有再用240号细油石研磨光滑。

2. 处理方法

漏磨和表面粗糙等的处理,先洗刷洁净晾干。用原色水泥浆全面擦涂一遍,补好孔眼,略大的孔眼嵌小石子,保护2 d。用200号金刚石砂轮磨光,一边磨一面冲水检查光滑度,用靠尺检查平整度,用人工磨光阴角。磨好后冲洗晾干,全面检查达到标准后,涂草酸溶液,再用240号油石砂轮磨出石浆,冲洗晾干并打蜡。用木块外包麻布或帆布,装在磨石子机上研磨直到光亮洁净为止。

(二)分格条不顺直,显露不全、不清晰

玻璃分格条断缺、偏歪,地面颜色不匀,石子分布不均匀,彩色污染等。

1. 原因分析

主要是施工管理不善,没有认真交底;操作工人没有掌握磨石子操作技巧,又不熟悉操作规程,没有认真对每道工序做交接检查。

2. 处理方法

(1)以上缺陷如不明显,可以不纠正和不处理。

(2)当缺陷比较明显,影响观感和使用时,沿缺陷处用小口或尖头钢錾,轻轻剔除,要求边缘上口小、下口大,可凹可凸,不要一条直线。清扫洗刷洁净;纠正处理好缺陷。均按要求补嵌好分格条,刷水泥浆、铺同颜色的水泥石渣浆、拍实抹平、养护、磨平、擦补水泥浆、磨光、擦草酸、打蜡。

第三节　块料面层工程事故分析与处理

一、预制水磨石、大理石、花岗岩地面

(一)地面板块空鼓

1. 原因分析

(1)底层的基土没有夯实,产生不均匀沉降。

(2)基层面没有扫刷洁净,残留的泥浆、浮灰和积水成为隔离层。

(3)预制板块背面的隔离剂、粉尘和泥浆等杂物没有洗刷洁净。

(4)基层质量差。有的基层面酥松,强度不足 M5,有的基层干燥,施工前没有先浇水湿润,也有的水泥浆刷得过早,已干硬。铺板块的水泥砂浆配合不准确,时干、时湿,操作不认真,铺压不均匀,局部不密实。

(5)成品养护和保护不善,面层铺好后,没有及时湿养护,过早上去操作或加载。

2. 处理方法

(1)由于基土不密实,造成地面板块空鼓、动摇、裂缝等,要查明原因后再处理。

(2)将空鼓的板块返工,挖除松软土层,换合格的土分层回填夯实平整,铺垫层。

(3)清除基层面前泥灰、砂浆等杂物,并冲洗干净。

(4)拉好控制水平线,先试拼、试排。应确定相应尺寸,以便切割。

(5)砂浆应采用干硬性的,配合比为 1:2 的水泥砂浆。砂浆稠度掌握在 30 mm 以内。

(6)铺贴板块。铺浆由内向外铺刮赶平。将洗净晾干的板块反面薄刮一层水泥浆,就位后用木槌或橡皮锤垫木块敲击,使砂浆振实、全部平整、纵横缝隙标准、无高低差为合格。

(7)灌缝、擦缝板块铺后,养护 2 d。在缝内灌水泥浆,要求颜色和板块同。待水泥浆初凝时,用棉纱蘸色浆擦缝后,养护和保护成品,要求在 7 d 内不准在内操作和堆放重物。

(二)局部松动的处理

查明松动、空鼓的位置,划好标记,逐块揭开。凿除结合层,扫刷冲洗洁净。按本节"一"的处理方法中的各款做法,施工工艺是:做找平层→刷水泥浆→铺干硬性水泥砂浆→铺板块→灌缝与擦缝→养护。

(三)接缝高低差大、拼缝宽窄不一

1. 原因分析

(1)板块的几何尺寸误差大。预制水磨石、大理石、花岗岩板块的平面没有磨平,存在明显的凹凸与挠曲。

(2)铺板时接缝高低差大,拼缝宽窄不一,又不及时纠正,也有粘结层不密实,受力后局部下沉,造成高低差。

2. 处理方法

(1)严格控制板块质量,正确掌握好接缝的高低差和缝宽,发现不符合标准的,要及时调换和纠正。

(2)查已铺好后局部沉降的板块接缝高低差,要将沉降板块掀起,凿除粘结层。扫刷冲洗干净晾干,刷水泥浆一遍,铺1:2干硬性水泥砂浆粘结层,要掌握厚度和密实度,铺板块须用锤垫木块敲打密实和平整,要和周边板块标高齐平,四周缝要均匀,用原色水泥浆灌缝和擦缝。成品养护和保护7 d后使用。

二、地面砖

地砖是指缸砖、各种陶瓷地砖等。

(一)地砖空鼓脱落

1. 原因分析

(1)基层面没有冲洗扫刷洁净,泥浆、浮灰、积水等形成隔离层。

(2)基层干燥,铺贴地砖前没有浇水湿润,水泥浆刷得过早已干硬,水泥砂浆计量不准确,用水量控制不严,拌和的砂浆时干时稀,地砖铺贴不密实。

(3)地面砖在施工前没有浸水,没有洗净砖背面的浮灰,或一边施工一边浸水,砖上的明水没有晾干就铺贴,明水就成了隔离剂。

(4)地面砖铺贴后,粘结层尚未硬化,过早地被踩踏。

2. 处理方法

查清松动、空鼓、破碎地面砖的位置,画好范围标记,逐排逐块掀开,凿除结合层,扫刷冲洗洁净后晾干,刷水泥浆一遍,108胶:水:水泥配合比为1:4:10,刷浆后1 h左右,铺1:2水泥砂浆的粘结层。稠度控制在30 mm左右,掌握粘结层的平整度、均匀度、厚度。地面砖必须先浸水后晾干,背面刮一薄层胶粘剂或JCTA陶瓷砖胶粘剂,压实拍平,和周围的地面砖相平,拼缝均匀。经检查合格后,再用水泥色浆灌缝并擦平擦匀,擦净粘在地面砖上的灰浆,湿养护和成品保护不少于7 d后使用。

(二)地面砖裂缝、隆起

1. 原因分析

(1)选用釉面陶瓷砖质量低劣、规格大、制作压力小、烧成的温度差异大。

(2)结合层是用纯水泥浆。

(3)铺贴前地面砖没有浸水,有的一边浸水一面铺贴,砖背面的明水没有晾干或擦干。

(4)有的大面积地面,没有留设伸缩缝,因结构层、结合层、地面砖各层之间在干缩、温差和结构的变形作用下,其应力和应变差异,常造成地面砖裂缝和起鼓。

【例 8-6】 某市银行大楼的三楼营业大厅,是现浇钢筋混凝土框架结构和楼板,地面采用 10 mm×300 mm×300 mm 的彩色陶瓷地面砖,大厅长为 48 m、宽为 18 m,没有留设伸缩缝。该工程交付使用不到一年,当室外气温低于 0 ℃时,地面有响声,发现地面砖有裂缝和隆起。经现场调研:裂缝的位置在北檐框架梁到次梁的 6 000 mm 之间的楼板上,每隔 1 500 mm 左右就有一条垂直裂缝,裂缝的宽度两端小、中间大。掀起脱壳的地砖,发现背面无水泥浆粘结的痕迹,结合层为纯水泥浆,结合层与结构层也有脱壳和裂缝现象。

【例 8-7】 多层住宅楼中的彩釉陶瓷地面砖发生裂缝、起鼓者多起。经调研发现,有卧室、起居室中的地面砖裂缝和隆起。掀起脱壳的地面检查,砖背面也没有水泥浆粘结的痕迹。从调查资料分析地面砖裂缝和隆起的共同点是:结合层厚度在 20 mm 以上的纯水泥浆;地面砖的规格 10 mm×300 mm×300 mm;地面砖壳裂的环境气温在 0 ℃以下。

主要原因是:钢筋混凝土结构层、纯水泥浆结合层、陶瓷地面砖三者的干缩变形、温差变形的系数差异较大。如结合层的收缩应力大于地面砖粘结强度时,迫使地面砖裂缝和起鼓。

2. 处理方法

将脱壳起鼓的地面砖掀起,沿已裂缝的找平层拉线,用混凝土切割机切缝作伸缩缝,缝宽控制在 10~15 mm,将缝内扫刷干净,灌注柔性密封胶。凿除水泥浆结合层,用水冲洗扫刷洁净、晾干。将完整添补的陶瓷地面砖浸水,并洗净背面的泥灰,晾干,结合层应用 1∶2.5 干硬性水泥砂浆铺刮平整;铺贴地面砖,粘结层可用水泥浆或 JCAT 陶瓷砖胶粘剂。铺贴地面砖要控制好对缝,将砖缝留在伸缩缝上面,该条砖缝控制在 10 mm 左右。应确保面砖的粘结密实和平整度,相邻两块砖的高度差不得大于 1 mm。表面平整度用 2 m 直尺检查,不得大于 2 mm。面砖铺贴后应在 24 h 内进行擦缝、勾缝工作,缝的深度宜为砖厚的 1/3,擦缝和勾缝应采用同品种、同强度等级、同颜色的水泥,随做随清理砖面的水泥浆液,并做好养护和保护工作。

(三)砖的接缝高低差、缝宽不均匀

1. 原因分析

(1)地面砖质量低劣,砖面挠曲。

(2)操作不良,没有控制好平整度,造成接缝高低差大于 1 mm,接缝宽度大于 2 mm 或一端大、一端小。

(3)粘结层的砂浆不均匀,局部不密实。受力后产生沉降差,造成高低差。

2. 处理方法

当接缝高低差大于 1 mm,应查明地砖是高差还是低差,或是砖面不平。如是高差返修高的,如是低差返修低的,砖质量差的换砖。

(四)面层不平,积水、倒泛水

1. 原因分析

(1)所测的水平线误差大,拉线不紧,造成两边高、中间低。

(2)底层地面的基土没有夯实,局部沉陷,造成地面低洼而积水。

(3)铺贴地面砖前没有检查作业条件,如厕浴间的地漏面高于地面、排水坡度误差等,常造成积水和倒泛水现象。

2. 处理方法

(1)查明倒泛水和积水洼坑的面积范围大小和积水的原因。

(2)如确是地漏面高于地面时，则必须纠正地漏，把地漏周围凿开，拆开割短排水管，重新安装，确保地漏面低于地面 10 mm。板底及管周托好模板，在结构楼板孔周涂刷水泥浆后，将配合比为水泥∶砂∶石子＝1∶2∶2 的细石混凝土搅拌均匀，铺在管周，插捣密实，表面低于基层面 10 mm，隔天浇水养护，并检查板底以不漏水为合格。干硬后灌防水柔性密封膏。经试水不漏，修补好地面砖。

(3)如因找坡层误差，必须返工纠正找坡层。经流水试验水都流向地漏，无积水的洼坑后，修补好地面砖。

(4)底层地面沉陷低洼积水，要铲除已沉降处的地砖，凿开基层，挖除松软土层，换土重夯实、重铺夯垫层后修补好地面砖。

三、陶瓷马赛克地面

(一)空鼓脱落

1. 原因分析

(1)粘结层砂浆摊铺后，没有及时铺贴马赛克地面。也有的使用存放时间过长的砂浆。

(2)在浇水揭纸时浇水过多，使没有粘牢的马赛克浮起而导致空鼓。

(3)粘结层砂浆稠度大，刮铺时将砂浆中的游离物质刮到低处，形成表面酥松层，也有使用矿渣水泥拌砂浆粘结层，表面有泌水层，没有处理干净，就铺贴马赛克面层，因粘结层面的明水造成隔离层。

(4)马赛克地面铺贴完工后，没有及时按规定养护，没有做好成品保护工作。

2. 处理方法

(1)局部脱落的处理。将脱落的马赛克揭开，用小型快口的錾子将粘结层凿低 2～3 mm，用 JCAT 陶瓷砖胶粘剂补贴，养护。

(2)大面积空鼓脱落。需要查明脱落原因，然后针对事故原因，采取有效的措施，返工重贴。应按下列要求进行操作和管理：凿除不合格部分，扫刷冲洗干净并晾干；刷浆和粘结水泥浆，分段、分块铺设，用刮尺刮平；马赛克背面先抹水泥浆一层，根据控制线的位置铺贴，拍平拍实，贴好一间或一块，用靠尺检查平整度和坡度；洒水湿润后揭纸。当纸皮胶溶化后即可揭掉纸皮。修整不标准的马赛克，拨正缝隙；接着用水泥灌满缝隙，适量喷水，垫木板锤打拍平，达到平整度和观感标准；检查接缝高低差不大于 0.5 mm，缝隙宽度不大于 2 mm，表面平整度不大于 2 mm。如有超过部分，及时纠正达到标准；养护和成品保护。隔 24 h 后用湿润的锯木屑铺盖保护，7 d 内不准人行走和在上面操作。

(二)出现斜楞

1. 原因分析

(1)房间地面不方正；没有排列好铺贴位置。

(2)操作时不拉控制线，将马赛克贴成歪斜。

2. 处理方法

(1)施工前要认真检查铺贴地面是否方正。弹控制线时，要计算好靠墙边的尺寸。

(2)施工后确有斜楂，斜楂又靠在墙边，可不处理。但擦缝的水泥浆色泽，必须和地面马赛克颜色相同。

(3)施工踢脚线时，应适当纠正墙的斜度。

(三)马赛克面污染

1. 原因分析

(1)施工擦缝时，没有及时将砖面擦洁净，水泥浆粘在砖面上。

(2)其他工种操作时将水泥浆、涂料、油漆等污染到马赛克面，严重影响观感。

2. 处理方法

(1)小面积污染，用棉丝蘸稀盐酸擦洗干净。如为涂料和油漆，用苯溶液先润湿后，再擦洗干净，待擦洗干净后，随用清水冲洗干净。

(2)大面积污染，用稀盐酸全面涂刷一遍，要戴防护手套和穿耐酸套鞋操作擦洗。局部污渍，可用0号水砂纸轻轻磨除，随用清水冲洗扫刷洁净。如尚有油漆污点没有清除，再用苯涂擦，溶解后及时擦洗干净。

本章小结

地面是建筑室内六面体中使用率最高的一面，常见的地面包括水泥地面和细石混凝土地面、水磨石地面及块料面层地面。地面在施工和使用过程中常常出现裂缝、空鼓及其他面层缺陷等事故，学习过程中应重点掌握各类地面事故的发生原因和处理方法。

思考与练习

问答题

1. 水泥和细石混凝土地面为什么会产生不规则裂缝？
2. 如何处理水泥和细石混凝土地面产生的空鼓？
3. 如何处理水泥地面返潮？
4. 水磨石地面为什么会产生裂缝？
5. 如何处理陶瓷砖地面的斜楂？

参考答案

第九章　建筑工程灾害事故及倒塌事故

知识目标

(1) 熟悉火灾高温对建筑结构性能的影响，掌握建筑工程火灾事故的发生原因和防范措施；

(2) 了解地震震级与烈度，掌握建筑物抗震加固措施；

(3) 了解雷电对建筑的破坏作用，掌握建筑物的防雷措施；

(4) 了解建筑工程燃爆灾害的特点及其对建筑物的破坏作用，掌握建筑物燃爆灾害的预防及灾后的调查与处理；

(5) 掌握建筑工程倒塌事故的发生原因。

能力目标

通过本章内容的学习，能够对建筑工程的火灾事故、地震灾害事故、雷电灾害事故、燃爆灾害事故及建筑工程倒塌事故的发生原因进行分析，掌握各类建筑灾害的防范措施。

第一节　建筑工程火灾

火灾是一种在事件和空间上失去控制的燃烧现象。从我国多年来发生火灾的情况来看，随着经济建设的发展，城镇数量和规模的扩大，人民物质文化水平的提高，在生产和生活中用火、用电、用易燃物、可燃物以及采用具有火灾危险性的设备、工艺逐渐增多，因而发生火灾的危险性也相应地增多，火灾发生的次数以及造成的财产损失、人员伤亡呈现上升的趋势。

一、火灾高温对建筑结构性能的影响

在火灾（高温）作用下，建筑材料的性能会发生重大的变化，从而导致构件变形和结构内力重分布，大大降低了结构的承载力。因此，总结与完善火灾对钢筋及混凝土材料物理力学性能的退化规律，是开展混凝土结构抗火性能及火灾后损伤评估与修复研究的基础。

1. 高温对混凝土性能的影响

(1)强度。随着混凝土温度的升高，混凝土抗压强度逐渐降低。高温下混凝土强度的降低系数可按表 9-1 取值。混凝土强度的降低系数是指在温度 T 时抗压强度 $f_{cu,T}$ 与常温下的抗压强度 f_{cu} 之比。

表 9-1　高温下混凝土强度的降低系数

温度/℃	100	200	300	400	500	600	700
降低系数 γ_n	1.00	1.00	0.85	0.70	0.53	0.36	0.20

在高温作用下，混凝土的抗压强度和抗拉强度的下降规律不同，抗拉强度损失高于抗压强度。随着温度的升高，拉压比强度减小。常温下的拉压比关系不再适合于高温情形。

(2)混凝土的弹性模量。试验研究表明，随着温度升高，混凝土的弹性模量一般迅速线性下降。因为在高温条件下，混凝土会出现裂缝，组织松弛，空隙失水，造成变形过大，弹性模量降低。研究还表明，混凝土加热并冷却到室温时测定的弹性模量比热态时的弹性模量要小。

2. 高温对钢筋性能的影响

(1)强度。

1)常用的普通低碳钢筋，当温度低于 200 ℃时，钢筋的屈服强度没有显著下降，屈服台阶随温度的升高而逐渐减小；当温度约为 300 ℃时，屈服台阶消失，此时其屈服强度可按 0.2% 的残余变形确定；当钢筋在 400 ℃以下时，由于钢材在 200 ℃～350 ℃时的蓝脆现象，其强度还比常温时略高，但塑性降低；当温度超过 400 ℃时，强度随温度升高而降低，但是其塑性增加；温度超过 500 ℃时钢筋强度降低 50% 左右；约 700 ℃时，钢筋强度要降低 80% 以上。

2)低合金钢在 300 ℃以下时，其强度略有提高，但塑性降低；超过 300 ℃时，其强度降低而塑性增加。低合金钢强度降低幅度比普通低碳钢筋小。

(2)钢筋的弹性模量。试验研究表明，钢筋弹性模量是一个比较稳定的物理量，虽然随着温度的升高而降低，但与钢材的种类及钢筋的级别关系不大。高温下钢筋弹性模量的降低系数见表 9-2。该降低系数是指在温度 T 时的钢筋弹性模量与常温下钢筋弹性模量之比值。已有研究表明，钢筋在火灾后的弹性模量无明显变化，可取常温时的值。

表 9-2　高温下钢筋弹性模量的降低系数

温度/℃	100	200	300	400	500	600	700
降低系数 β_y	1.00	0.95	0.90	0.85	0.80	0.75	0.70

二、建筑工程火灾事故原因分析

凡是事故皆有原因，火灾也不例外。导致建筑起火的原因归纳起来大致有以下几类。

1. 人为火灾

人为火灾主要包括电器事故、违反操作规程、生活和生产用火不慎、纵火等。

(1)电气设备引起火灾的原因,有电气设备过负荷、电气线路接头接触不良、电气线路短路;照明灯具设置使用不当;在易燃易爆的车间内使用非防爆型的电动机、灯具、开关等。

(2)违反操作规程引起火灾的情况很多。如将性质相抵触的物品混存在一起,引起燃烧爆炸;在焊接和切割时,会飞迸出火星和熔渣,焊接切割部位温度很高,如果没有采取防火措施,则很容易酿成火灾;在机器运转过程中,不按时加油润滑,或没有清除附在机器轴承上面的杂质、废物,使机器这些部位摩擦发热,引起附着物燃烧起火;化工生产设备失修,发生可燃气体、可燃液体跑、冒、滴、漏现象,遇到明火燃烧或爆炸。

(3)生活和生产用火不慎引起的火灾原因,有吸烟不慎、炊事不慎、取暖用火不慎、燃放烟花爆竹、宗教活动用火;明火融化沥青,在烘烤木板、烟叶等可燃物时,因温度过高,引起烘烤的可燃物起火成灾等。

(4)纵火。分刑事犯罪纵火及精神病人纵火。

2. 自然火灾

自然火灾主要包括雷电、静电、地震、自燃等引起的火灾。

(1)雷电引起的火灾原因大体上有三种:一是雷直接击在建筑物上发生的热效应、机械效应作用等;二是雷电产生的静电感应作用和电磁感应作用;三是高电位沿着电气线路或金属管道系统侵入建筑物内部。在雷击较多的地区,建筑物上如果没有设置可靠的防雷保护设施或其失效,便有可能发生雷击起火。

(2)静电引起的火灾原因,通常是因静电放电引起的火灾事故。如易燃、可燃液体在塑料管中流动,由于摩擦产生静电,引起爆炸;抽送易燃液体流速过大,无导除静电设施或者导除静电设施不良,产生火花引起爆炸。

(3)发生地震时,人们急于疏散,往往来不及切断电源、熄灭炉火以及处理好易燃易爆生产装置和危险物品,因而伴随着地震会有各种由此产生的火灾发生。

(4)自燃是指在没有明火的情况下,物质受空气氧化或受外界温度的影响,经过较长时间的发热或蓄热,逐渐达到自燃点而发生的现象。如堆载仓库的油布、油纸,因通风差,以至积热不散发生自燃。

3. 爆炸火灾

爆炸火灾主要包括燃气爆炸、化学爆炸、核爆炸等引起的火灾。

(1)燃气爆炸。燃气爆炸分析其原因主要有以下几个方面:

1)管道设备老化、腐蚀严重。部分管道使用几十年从未进行检测维修,其安全可靠性无法确定。许多城市的燃气管网随着城市建设的需要,局部管道位置发生了变化。由于道路拓宽等原因使燃气管道置于车道下面,极易造成管道受压损坏,发生燃气泄漏。另外,由于阀门、法兰连接不严也会导致介质泄漏。

2)载体设备上的泄压装置、防爆片、防爆膜等不起作用,危险区域的电气设备不防爆,无防雷、防静电或虽有但不起作用。

3)安全责任和管理措施不落实,安全组织和规章制度不落实,违反操作规程等。

4)瓶装燃气灌装超量。即超过气瓶体积的85%以上。此时瓶体如受外界因素作用,易发生破裂,以致液化气迅速泄漏扩散。

5)瓶体受热膨胀。由于液化气对温度作用较为敏感。当温度由10 ℃升至50 ℃时,蒸汽压由0.64 MPa增至1.8 MPa。若继续升高,将导致瓶体爆炸。

6)瓶体受腐蚀或撞击，导致瓶体破损漏气引起火灾爆炸事故；气瓶角阀及其安全附件密封不严引起漏气。

7)瓶内进入空气，如使用不留余气，导致空气进入气瓶。在下次充装使用时，可能引起气瓶爆炸。

8)人为因素。如粗心大意，在人员长时间离开厨房时忘记关闭阀门或关阀不严导致大量燃气泄漏；犯操作错误，习惯于"以气等火"，不遵守"以火等气"，导致在点火前漏出燃气；用户在更换液化气钢瓶时，不仔细检查调压器的 O 型胶圈是否老化脱落或将手轮丝扣连接错误；管理不严，违章储存，使用不当，尤其是一些火锅餐饮经营场所。

9)从事燃气经营的作业人员专业素质不高。有些人员没有经过培训就上岗或没有定期培训。燃气消防安全知识知之甚少，没有能力发现安全隐患甚至导致违章操作。

(2)化学爆炸。化学爆炸(物质的化学结构发生变化，如炸药爆炸等)是爆炸性环境污染事故中最多的一类。按爆炸物质的性质可分为混合气体爆炸、气体分解爆炸、粉尘爆炸、混合危险废物爆炸、爆炸性化合物爆炸及蒸汽爆炸等。

引起化学爆炸的原因比较复杂，如化学物品在运输过程中未采取有效措施引起爆炸；化学物品在储存中保管不善，引起燃烧爆炸；储存危险物品的建筑物通风设备差，温度升高时，化学反应产生的热量不能及时散发，导致爆炸；危险化学品外溢、泄漏、起火引起爆炸。

化学爆炸基本特征是反应在瞬间完成，产生大量能量和气体物质。爆炸的危害，一是爆炸所引起的直接破坏，二是爆炸引起火灾，三是如果爆炸中产生有毒有害物，或爆炸是由有毒有害物泄漏、燃烧所引起的，则将造成严重的环境污染。

(3)核爆炸。核爆炸能产生五种杀伤破坏因素，即冲击波、光辐射、早期核辐射、放射性和核电磁脉冲。这几种因素不仅杀伤破坏作用不同，而且作用时间长短不一，短的在爆炸瞬间的分、秒时间内，长的可达几天至几十天，甚至更长时间。上述多种杀伤破坏因素的复杂情况，使遭袭击地区瞬间即产生大量人员死伤、众多物体被破坏、使环境瞬间改观，出现非常恶劣的景况，使防护异常困难，处置非常复杂。

核爆炸后，几种杀伤破坏因索同时作用于人员和物体，常出现"防不胜防"的现象，不是被这种就是被那种因素直接或间接毁伤，造成环境瞬即改观，可形成各种不同范围和程度的破坏、堵塞、火灾、沾染区。

几乎所有的爆炸都伴随着火焰的产生与传播，许多火灾往往直接起源于爆炸。爆炸时由于建筑物内留存的大量余热，会把从破坏设备内部不断流出的可燃气体或可燃蒸气点燃，使建筑物内的可燃物全部起火，加重爆炸的破坏。

三、建筑工程火灾事故预防

1. 火灾预防是个系统工程

火灾预防是一个内容十分广泛的概念，应理解为关于防止火灾发生和蔓延而采取的多种精神方面和物质方面的措施。

火灾预防的主要内容包括以下几项：

(1)组织措施，组织专职消防部门和队伍进行防火检查演习。

(2)预防性防火。防止火灾的发生和蔓延。其包括建筑和管理两个方面。建筑防火是指建筑物符合防火规范的规定，设置排烟、排热及点全通道等。管理防火是指对储存、设备、导火源、室内电器、工地等制订各种防火规范制度。

(3)防御性防火。包括报警、灭火设施、救人和自救设施。

2. 建筑物发生火灾时的预防措施

(1)防止火灾发生(设计上使用不燃性或难燃性建筑材料,给出管理性防火规章制度和措施);

(2)防止火灾蔓延(保证足够的防火措施、设置防火墙、防火门);

(3)及时报警和灭火(安装火灾报警器,自动灭火装置);

(4)发生火灾时的扑救(为消防设置消火栓、消防车循环通道、救护通道、楼梯间、消防巷等)。

3. 建筑火灾与建筑防火设计

火灾是一个燃烧过程,要经过发生、蔓延和充分燃烧各个阶段,火灾的严重性主要取决于持续时间和温度,这两者又受建筑类型、燃烧荷载等诸多因素的影响。对于建筑火灾而言,室内燃烧荷载的多少和洞口的大小是两个最重要的因素。控制和改善影响燃烧的各个因素是建筑防火设计首先要考虑的问题,当然也包括一旦发生火灾时的灭火能力和及时扑救能力。

(1)总平面防火。它要求在总平面设计中,应根据建筑物的使用性质、火灾危险性、地形、地势和风向等因素,进行合理布局,尽量避免建筑物相互之间构成火灾威胁和发生火灾爆炸后可能造成严重后果。并且为消防车顺利扑救火灾提供条件。

(2)建筑物耐火等级。划分建筑耐火等级是《建筑设计防火规范》(GB 50016—2014)中规定的防火技术措施中最基本的措施。它要求建筑物在火灾高温的持续作用下,墙、柱、梁、楼板、屋盖、吊顶等基本建筑构件,能在一定的时间内不破坏、不传播火灾,从而起到延缓和阻止火灾蔓延的作用,并为人员疏散、抢救物资和扑灭火灾以及为火灾后结构修复创造条件。

1)建筑物的耐火等级的划分基准和依据 为了保证建筑物的安全,必须采取必要的防火措施,使之具有一定的耐火性,即使发生了火灾也不至于造成太大的损失,通常用耐火等级来表示建筑物所具有的耐火性。一座建筑物的耐火等级不是由一两个构件的耐火性决定的,是由组成建筑物的所有构件的耐火性决定的,即是由组成建筑物的墙、柱、梁、楼板等主要构件的燃烧性能和耐火极限决定的。所谓耐火极限,即按所规定的火灾升温曲线,对建筑构件进行耐火试验,从受到火的作用时起,到失掉支撑能力或发生穿透裂缝或背火一面温度升高到220 ℃为止的时间,这段时间称为耐火极限,用小时(h)表示。

我国现行规范选择楼板作为确定耐火极限等级的基准,因为对建筑物来说楼板是最具代表性的一种至关重要的构件。在制定分级标准时首先确定各耐火等级建筑物中楼板的耐火极限,然后将其他建筑构件与楼板相比较,在建筑结构中所占的地位比楼板重要的,可适当提高其耐火极限要求,否则反之。根据我国国情,《建筑设计防火规范》(GB 50016—2014)将民用建筑的耐火等级分为一、二、三、四级,一级最高,四级最低。

各耐火等级的建筑物除规定了建筑构件最低耐火极限外,对其燃烧性能也有具体要求,因为具有相同耐火极限的构件若其燃烧性能不同,其在火灾中的情况是不同的。

2)建筑物耐火等级的选定条件 确定建筑物耐火等级的目的,主要是使不同用途的建筑物具有与之相适应的耐火性能,从而实现安全与经济的统一。

确定建筑物的耐火等级主要考虑建筑物的重要性、建筑物的火灾危险性、建筑物的高度、建筑物的火灾荷载等几个方面的因素。

4. 防火分区和防火分隔

在建筑物中采用耐火性较好的分隔构件将建筑物空间分隔成若干区域，一旦某一区域起火，则会将火灾控制在这一局部区域之中，防止火灾扩大蔓延。

确定防火分区的面积大小应考虑建筑物的使用性质、重要性、火灾危险性、建筑物的高度、消防扑救能力以及火灾蔓延的速度等因素。我国现行《建筑设计防火规范》（GB 50016—2014）对建筑物防火分区的面积做了规定，在建筑防火分区划分时必须结合工程实际，严格执行。划分防火分区时，要根据规定的防火分区面积，结合建筑的平面形状、使用功能、便于平时管理、人员交通和疏散要求、层间联系等情况，综合确定其划分的具体部位。这一划分原则对单、多层建筑以外的其他建筑划分防火分区都是适应的。

（1）厂房的防火分区面积 厂房的防火分区面积的最大允许占地面积应符合表9-3的要求。

表9-3 厂房耐火等级、层数和占地面积

生产类别	耐火等级	最多允许层数	防火分区最大允许占地面积/m²			
			单层厂房	多层厂房	高层厂房	厂房的地下室和半地下室
甲	一级	宜采用单层	4 000	3 000	—	—
	二级		3 000	2 000	—	—
乙	一级	不限	5 000	4 000	2 000	—
	二级	6	4 000	3 000	1 500	—
丙	一级	不限	不限	6 000	3 000	500
	二级	不限	8 000	4 000	2 000	500
	三级	2	3 000	2 000	—	—
丁	一级、二级	不限	不限	不限	4 000	1 000
	三级	3	4 000	2 000	—	—
	四级	1	1 000	—	—	—
戊	一级、二级	不限	不限	不限	6 000	1 000
	三级	3	5 000	3 000	—	—
	四级	1	1 500	—	—	—

注：①防火分区之间应采用防火墙分隔。除甲类厂房外的一、二级耐火等级厂房，当其防火分区的建筑面积大于本表规定，且设置防火墙确有困难时，可采用防火卷帘或防火分隔水幕分隔。
②除麻纺厂房外，一级耐火等级的多层纺织厂房和二级耐火等级的单、多层纺织厂房，其每个防火分区的最大允许建筑面积可按本表的规定增加0.5倍，但厂房内的原棉开包、清花车间与厂房内其他部位之间均应采用耐火极限不低于2.50 h的防火隔墙分隔，需要开设门、窗、洞口时，应设置甲级防火门、窗。
③一、二级耐火等级的单、多层造纸生产联合厂房，其每个防火分区的最大允许建筑面积可按本表的规定增加1.5倍。一、二级耐火等级的湿式造纸联合厂房，当纸机烘缸罩内设置自动灭火系统，完成工段设置有效灭火设施保护时，其每个防火分区的最大允许建筑面积可按工艺要求确定。
④一、二级耐火等级的谷物筒仓工作塔，当每层工作人数不超过2人时，其层数不限。
⑤一、二级耐火等级卷烟生产联合厂房内的原料、备料及成组配方、制丝、储丝和卷接包、辅料周转、成品暂存、二氧化碳膨胀烟丝等生产用房应划分独立的防火分隔单元，当工艺条件许可时，应采用防火墙进行分隔。其中制丝、储丝和卷接包车间可划分为一个防火分区，且每个防火分区的最大允许建筑面积可按工艺要求确定，但制丝、储丝及卷接包车间之间应采用耐火极限不低于2.00 h的防火隔墙和1.00 h的楼板进行分隔。厂房内各水平和竖向防火分隔之间的开口应采取防止火灾蔓延的措施。
⑥厂房内的操作平台、检修平台，当使用人数少于10人时，平台的面积可不计入所在防火分区的建筑面积内。

例如，甲、乙类生产应采用一、二级耐火等级的建筑物；丙类生产厂房的耐火等级不应低于三级；丁、戊类生产，一房的耐火等级不应低于四级。在层数方面，如果采用的是一、二级耐火等级，因其防火条件较好，可对不同火灾危险性类别的厂房提出不同的要求。对甲乙类生产厂房来说，除生产上必须采用多层建筑外，最好采用单层建筑，但严禁将甲乙类生产设在地下室或半地下室内。丙类生产的火灾危险性还是比较大的。虽可采用三级耐火等级的建筑物，但其层数，按照疏散和灭火的要求，不应超过二层。丁、戊类生产厂房在选用三级耐火等级的建筑物时，可以建到三层，以适应当前中、小城市消防设备的灭火能力。

从减少火灾损失出发，对各类生产的各级耐火等级建筑物防火墙之间的占地面积也要有不同的限制，根据火场经验，甲类生产在采用一级耐火等级单层建筑物时，防火墙间的占地面积为 4 000 m²；多层可为 3 000 m²，甲类生产在采用二级耐火等级单层建筑物时，防火墙间的占地面积为 3 000 m²；多层可为 2 000 m²。

（2）仓库的防火分区面积应符合表 9-4 的规定。

（3）民用建筑防火分区面积。民用建筑防火分区面积是以建筑面积计算的。每个防火分区的最大允许建筑面积应符合表 9-5 的要求。

表 9-4　仓库的耐火等级、层数和建筑面积

储存物品分类	仓库的耐火等级	最多允许层数	每座仓库的最大允许占地面积和每个防火分区最大允许建筑面积/m²					
			单层库房		多层库房		库房的地下室、半地下室	
			每座库房	防火分区	每层库房	防火分区	防火分区	
甲	一级	1	180	60	—	—	—	
	一级、二级	1	750	250	—	—	—	
乙	一级、二级	3	2 000	500	900	300	—	
	三级	1	500	250	—	—	—	
	一级、二级	5	2 800	700	1 500	500	—	
	三级	1	900	300	—	—	—	
丙	一级、二级	5	4 000	1 000	2 800	700	150	
	三级	1	1 200	400	—	—	—	
	一级、二级	不限	6 000	1 500	4 800	1 200	300	
	三级	3	2 100	700	1 200	400	—	
丁	一级、二级	不限	不限	3 000	不限	1 500	500	
	三级	3	3 000	1 000	1 500	500	—	
	四级	1	2 100	700	—	—	—	
戊	一级、二级	不限	不限	不限	不限	2 000	1 000	
	三级	3	3 000	1 000	2 100	700	—	
	四级	1	2 100	700	—	—	—	

续表

储存物品分类	仓库的耐火等级	最多允许层数	每座仓库的最大允许占地面积和每个防火分区最大允许建筑面积/m²				
			单层库房		多层库房		库房的地下室、半地下室
			每座库房	防火分区	每层库房	防火分区	防火分区

注：①仓库内的防火分区之间必须采用防火墙分隔，甲、乙类仓库内防火分区之间的防火墙不应开设门、窗、洞口；地下或半地下仓库（包括地下或半地下室）的最大允许占地面积，不应大于相应类别地上仓库的最大允许占地面积。
②石油库区内的桶装油品仓库应符合现行国家标准《石油库设计规范》(GB 50074—2014)的规定。
③二级耐火等级的煤均化库，每个防火分区的最大允许建筑面积不应大于12 000 m²。
④独立建造的硝酸按仓库、电石仓库、聚乙烯等高分子制品仓库、尿素仓库、配煤仓库、造纸厂的独立成品仓库，当建筑的耐火等级不低于二级时，每座仓库的最大允许占地面积和每个防火分区的最大允许建筑面积可按本表的规定增加1.0倍。
⑤一、二级耐火等级粮食平房仓的最大允许占地面积不应大于12 000 m²，每个防火分区的最大允许建筑面积不应大于3 000 m²；三级耐火等级粮食平房仓的最大允许占地面积不应大于3 000 m²，每个防火分区的最大允许建筑面积不应大于1 000 m²。
⑥一、二级耐火等级且占地面积不大于2 000 m² 的单层棉花库房，其防火分区的最大允许建筑面积不应大于2 000 m²。
⑦一、二级耐火等级冷库的最大允许占地面积和防火分区的最大允许建筑面积，应符合现行国家标准《冷库设计规范》(GB 50072—2010)的规定。

表 9-5　民用建筑防火分区的最大允许建筑面积

名称	耐火等级	允许建筑高度或层数	防火分共的最大允许建筑面积/m²	备注
高层民用建筑	一、二级	按《建筑设计防火规范》(GB 50016—2014)第5.1.1条确定	1 500	对于体育馆、剧场的观众厅，防火分区的最大允许建筑面积可适当增加
单、多层民用建筑	一、二级	按《建筑设计防火规范》(GB 50016—2014)第5.1.1条确定	2 500	—
	三级	5层	1 200	—
	四级	2层	600	—
地下或半地下建筑(室)	一级	—	500	设备用房的防火分区最大允许建筑面积不应大于1 000 m²

注：①表中规定的防火分区最大允许建筑面积，当建筑内设置自动灭火系统时，可按本表的规定增加1.0倍；局部设置时，防火分区的增加面积可按该局部面积的1.0倍计算。
②裙房与高层建筑主体之间设置防火墙时，裙房的防火分区可按单、多层建筑的要求确定。

5. 防烟分区

对于某些建筑物需用挡烟构件（挡烟梁、挡烟垂壁、隔墙）划分防烟分区将烟气控制在一定范围内，以便用排烟设施将其排出，保证人员安全疏散和便于消防扑救工作顺利进行。

(1)防烟分区的作用 大量资料表明,火灾现场人员伤亡的主要原因是烟害所致。发生火灾时首要任务是将火场上产生的高温烟气控制在一定的区域之内,并迅速排出室外。为此,在设定条件下必须划分防烟分区。设置防烟分区主要是保证在一定时间内,使火场上产生的高温烟气不致随意扩散,并进而加以排除,从而达到有利人员安全疏散,控制火势蔓延和减小火灾损失的目的。

(2)防烟分区的设置原则。设置防烟分区时,如果面积过大,会使烟气波及面积扩大,增加受灾面,不利安全疏散和扑救;如果面积过小,不仅影响使用,还会提高工程造价。

1)不设排烟设施的房间(包括地下室)和走道,不划分防烟分区;

2)防烟分区不应跨越防火分区;

3)对有特殊用途的场所,如地下室、防烟楼梯间、消防电梯、避难层间等,应单独划分防烟分区;

4)防烟分区一般不跨越楼层,某些情况下,如 1 层面积过小,允许包括 1 个以上的楼层,但以不超过 3 层为宜。

5)每个防烟分区的面积,对于高层民用建筑和其他建筑(含地下建筑和人防工程),其建筑面积不宜大于 500 m^2;当顶棚(或顶板)高度在 6 m 以上时,可不受此限。另外,需设排烟设施的走道、净高不超过 6 m 的房间应采用挡烟垂壁、隔墙或从顶棚突出不小于 0.5 m 的梁划分防烟分区,梁或垂壁至室内地面的高度不应小于 1.8 m。

(3)防烟分区的划分方法 防烟分区一般根据建筑物的种类和要求不同,可按其用途、面积、楼层划分。

1)按用途划分。对于建筑物的各个部分,按其不同的用途,如厨房、卫生间、起居室、客房及办公室等,来划分防烟分区比较合适,也较方便。国外常将高层建筑的各部分划分为居住或办公用房、疏散通道、楼梯、电梯及其前室、停车库等防烟分区。但使用此种方法划分防烟分区时,应注意对通风空调管道、电气配管、给水排水管道等穿墙和楼板处,应用不燃烧材料填塞密实。

2)按面积划分。在建筑物内按面积将其划分为若干个基准防烟分区。这些防烟分区在各个楼层,一般形状相同,尺寸相同,用途相同。不同形状的用途的防烟分区,其面积也宜一致。每个楼层的防烟分区可采用同一套防排烟设施。如所有防烟分区共用一套排烟设备时,排烟风机的容量应按最大防烟分区的面积计算。

3)按楼层划分 在高层建筑中,底层部分和上层部分的用途往往不太相同,如高层旅馆建筑,底层布置餐厅、接待室、商店、会计室、多功能厅等,上层部分多为客房。火灾统计资料表明,底层发生火灾的机会较多,火灾概率大,上部主体发生火灾的机会较小。因此,应尽可能根据房间的不同用途沿垂直方向按楼层划分防烟分区。

6. 室内装修防火

在防火设计中应根据建筑物性质、规模,对建筑物的不同装修部位,采用燃烧性能符合要求的装修材料,要求室内装修材料尽量做到不燃或难燃化,减少火灾的发生和降低蔓延速度。

(1)建筑内部装修防火问题。

1)内部装修防火问题的严重性。内部装修设计涉及的范围很广,包括装修的部位段使用的装修材料与制品,如顶棚、墙面、地面、隔断等装修部位是最基本的部位;而木材、棉纺织物则是基本的常用装修材料。许多火灾都是起因于装修材料的燃烧,有的是烟头点燃了床上织物；有的是窗帘、帷幕着火后引起了火灾；还有的是由于吊顶、隔断采用木制品，着火后很快就被烧穿，因此，要求正确处理装修效果和使用安全的矛盾，积极选用不燃材料和难燃材料，做到安全适用、技术先进、经济合理。

近年来，人们逐渐认识到火灾中烟雾和毒气的危害性，而烟雾和毒气又主要来自装修材料，有关部门已进行了一些模拟试验研究。在火灾中产生烟雾和毒气的室内装修材料主要是有机高分子材料和木材。常见的有毒有害气体包括一氧化碳、二氧化氮、二氧化硫、硫化氢、氯化氢、氰化氢、光气等。由于内部装修材料品种繁多，它们燃烧时产生的烟雾毒气数量种类各不相同。目前要对烟的密度、能见度和毒性进行定量控制还有一定的困难。为了就引起设计人员和消防监督部门对烟雾毒气危害的重视，在规范中明文规定对产生大量浓烟或有毒气体的内部装修材料提出尽量"避免使用"这一基本原则。

2）装修材料的分类和分级。我国将装修材料的燃烧性能分为四级，即不然性（A）、难燃性（B1）、可燃性（B2）和易燃性（B3）。常用建筑内部装修材料燃烧性能等级划分及举例，见表 9-6。

表 9-6　常用建筑内部装修材料燃烧性能等级划分举例

材料类别	级别	材料举例
各部位材料	A	花岗岩、大理石、水磨石、水泥制品、混凝土制品、石膏板、石灰制品、黏土制品、玻璃、瓷砖、陶瓷马赛克、钢铁、铝、铜合金等
顶棚材料	B1	纸面石膏板、纤维石膏板、水泥刨花板、矿棉装饰吸声板、玻璃棉装饰吸声板、珍珠岩装饰吸声板、难燃胶合板、难燃中密度纤维板、岩棉装饰板、难燃木材、铝箔复合材料、难燃酚醛胶合板、铝箔玻璃钢复合材料等
墙面材料	B1	纸面石膏板、纤维石膏板、水泥刨花板、矿棉板、玻璃棉板、珍珠岩板、难燃胶合板、难燃中密度纤维板、防火塑料装饰板、难燃双面刨花板、多彩涂料、难燃墙纸、难燃墙布、难燃仿花岗岩装饰板、氯氧镁水泥装配式墙板、难燃玻璃钢平板、PVC塑料护墙板、轻质高强复合墙板、阻燃模压木质复合板材、彩色阻燃人造板、难燃玻璃钢等。
墙面材料	B2	各类天然木材、木质人造板、竹材、纸质装饰板、装饰微薄木贴面板、印刷木纹人造板、塑料贴面装饰板、聚酯装饰板、覆塑装饰板、塑纤板、胶合板、塑料壁纸、无妨贴墙布、墙布、复合壁纸、天然材料壁纸、人造革等
地面材料	B1 B2	硬 PVC 塑料地板、水泥刨花板、水泥木丝板、氯丁橡胶地板等 半硬质 PVC 塑料地板、PVC 卷材地板、木地板、氯纶地毯等
装饰织物	B1 B2	经阻燃处理的各类难燃织物等 纯毛装饰布、纯麻装饰布、经阻燃处理的其他织物等
其他装饰材料	B1 B2	聚氯乙烯塑料、酚醛塑料、聚碳酸酯塑料、聚四氯乙烯塑料。三聚氰胺、脲醛塑料、硅树脂塑料装饰型材、经阻燃处理的各类织物的。另见顶棚材料和墙面材料内的有关材料 经阻燃处理的聚乙烯、聚丙烯、聚氨酯、聚苯乙烯、玻璃钢、化纤织物、木制品等

3）内部装修的几个特殊问题。

①无窗房间。近代大型建筑乃至民用住宅，无窗房间越来越多，一旦发生火灾，这种房间有以下几个明显的特点：

a. 火灾初起阶段不易被发觉,发生时火势已比较大了;
　　b. 室内烟雾和毒气不能及时排出;
　　c. 消防人员进行火情侦察和施救比较困难,因此,相关规范中对无窗房间的装修防火要求提高一级。
　　②高层和地下建筑。近 20 年来我国高层建筑大发展,而高层建筑大多有地下室,为了节省城市用地,一些具有特殊功能的地下空间,近期有了很大发展,如地下商场,地下旅馆、地下车库等。无论高层建筑还是地下建筑,一旦发生火灾都是特别难以疏散和扑救的,因此,对高层建筑和地下建筑内装修的防火要求应十分慎重。相关规范中对这两类建筑各部位装修材料的燃烧性能等级均做了专门的规定。
　　③电气设备。由电气设备引发的火灾占各类火灾的比例,始终占各种火灾起因之首。电气火灾日益严重的原因是多方面的:电线陈旧老化;违反用电安全规定;电器设计或安装不当;家用电器设备大幅度增加。
　　另外,由于室内装修采用的可燃材料越来越多,增加了电气设备引发火灾的危险性。为防止配电箱产生的火花或高温熔珠引燃周围的可燃物,避免箱体传热引燃墙面装修材料,相关规范中规定配电箱不应直接安装在低于 B1 级的装修材料上。
　　④灯具、灯饰。由于室内装修逐渐向高档化发展,各种类型的灯具应运而生,灯饰更是花样繁多。制作灯饰的材料包括金属、玻璃等不燃材料,但更多的是硬质塑料、塑料薄膜、棉织品、丝织品、竹木、纸类等可燃材料。导致,由照明灯具引发火灾的事故日益增多。因此,相关规范规定对 B2 级和 B3 级材料加以限制。如果由于装饰效果的要求必须使用 B2、B3 级材料,应进行阻燃处理使其达到 B1 级。

　7. 安全疏散
　　建筑物发生火灾时,为避免建筑物内人员由于火烧、烟熏中毒和房屋倒塌而遭到伤害,必须尽快撤离;室内的物资财富也要尽快抢救出去,以减少火灾损失为此要求建筑物应有完善的安全疏散设施,为安全疏散创造良好的条件。

　8. 工业建筑防爆
　　在一些工业建筑中,使用和产生的可燃气体、可燃蒸气、可燃粉尘等物质能够与空气形成爆炸危险性的混合物,遇到火源就能引起爆炸。这种爆炸能够在瞬间以机械功的形式释放出巨大的能量,使建筑物、生产设备遭到毁坏,造成人员伤亡。对于上述有爆炸危险的工业建筑,为了防止爆炸事故的发生,减少爆炸事故造成的损失。要从建筑平面与空间布置、建筑构造和建筑设施方面采取防火防爆措施。

　9. 防火设计的两个基本要求
　　在防火设计中,最重要的原则或者说是两个基本要求,就是分隔和疏散。分隔以杜绝火势蔓延;疏散以减少伤亡和损失。火势的蔓延和传播,一般是通过可燃构件的直接燃烧、热传导、热辐射和热对流几种途径,减少火势的蔓延自然应设法阻断这些途径。最常用也是最有效的手段之一,就是分隔。
　　(1)分隔用于分隔的构件。有防火墙、防火门、防火卷帘等,视建筑的不同等级和部位进择不同的分隔构件。
　　1)防火墙。这是最常用的防火分隔构件,不同的建筑防火等级,均有着在一定长度内设置防火墙的规定,如一、二级耐火建筑则规定为 100 m;防火墙设置除与长度有关外,还与两防火墙之间包含的面积有关，一、二级建筑规定为 2 500 m²，三级建筑则为 1 200 m²。另外，防火墙是防火的重要隔断构件，其耐火极限要求最高，规定为 4 h，要选用良好的耐火材料，必要时外包阻燃材料，以保证足以承受 4 h 的持续燃烧时间。

2）防火门。为了保证防火墙的功能，在防火墙上最好不开门，但由于建筑功能的需要，有时又不得不开门，因而需要在开门处加设防火门，防火门扇既要防火，又要便于开启和使用。其耐火极限如像防火墙那样规定为 4 h 势必做得十分笨重，不便使用，故一般规定为 1.2 h。如用于楼梯间及单元住宅的防火门，其耐火极限还可放宽至(0.6～0.9)h。通常双层木板外包镀锌铁皮；总厚度为 41 mm 的防火门，其耐火极限即可达到(1～1.2)h。

3）防火卷帘采用扣环或铰接的办法，将一特殊的异形钢板条连接起来，形同竹帘，可以卷起，设置在需要隔断的位置上，起火时把它垂落，以阻断火势，按所用钢板条的厚度不同，卷帘又可分为轻重两种。轻型卷帘钢板厚度为 0.5～0.6 mm；重型卷帘钢板厚度为 1.5～1.6 mm，用于防火墙的卷帘多采用重型，一般楼梯间等处则可采用轻型。

(2)疏散。一旦发生火灾，合理而迅速的疏散，是减少人员伤亡，降低损失的重要措施之一，特别对公共建筑物，尤其重要。

建筑物发生火灾后。人员能否安全疏散主要取决于两个时间：一是火灾发展到对人构成危险所需的时间；二是人员疏散到安全场所需要的时间。如果人员能在火灾达到危险状态之前全部疏散到安全区域，便可认为该建筑对于火灾中人员疏散是安全的。

1）允许时间。人员疏散并不是伴随着火灾的发生而进行的，一般来说它要经过以下三个时间段：

①意识到有火情发生。火灾发生后，产生的烟气、火光或温度自动启动火灾探测报警，使人知道有异常情况发生。这段时间用 t_d 表示。

②火灾确认与制定。行动决策人员意识到有火情时，一般并不急于疏散，而是首先通过获取信息进一步确定是否真的发生了火灾，然后采取相应的行动，如火灾扑救、等待求救、疏散等。这段时间用 t_r 表示。

③开始疏散直到结束。人员从疏散开始走出房间、通过走道、楼梯间、安全出口到达安全区域。这段时间用 t_l 表示。

从火灾发生到人员全部疏散位置，总的疏散时间用 t_e 表示。

$$t_e = t_d + t_r + t_l$$

人员安全疏散的评价标准：$t_{fire} > t_e = t_d + t_r + t_l$

在建筑物中每个可能受到火灾威胁的区域都应满足该式。且从此式可以看出 t_{fire} 越大，则人员安全性越大；反之安全性越小，甚至不能安全疏散。因此，为了提高安全度，就要通过疏散设计和消防管理来缩短疏散开始时间和疏散行动所需时间。同时延长危险状态发生的时间。

起火后要提供人员疏散的时间，这个时间是很短的，它是根据起火后足以导致人员无法自由行动来大致推定的，如烟气中毒、高热、缺氧等均可使人员丧失意识而不能逃离现场，据统计资料分析，我国规定对一、二级耐火等级的公共建筑，允许疏散时间为 5 min，三、四级耐火等级的建筑物，则为 2～4 min。

2）安全出口。安全出口在设计上最重要的两项指标，一个是距离；另一个是数量和宽度。这两个指标均应服从允许疏散时间的要求，也即人员逃向安全出口和从安全出口挤出火灾建筑，必须在允许时间完成。

①距离。我国《建筑设计防火规范》(GB 50016—2014)中给出了不同类型建筑的安全疏散距离见表9-7。

表 9-7 安全疏散距离

名称			位于两个安全出口之间的疏散门			位于袋形走道两侧或尽端的疏散门		
			一、二级	三级	四级	一、二级	三级	四级
托儿所、幼儿园、老年人建筑			25	20	15	20	15	10
歌舞娱乐放映游艺场所			25	20	15	9	—	—
医疗建筑	单、多层		35	30	25	20	15	10
	高层	病房部分	24	—	—	12	—	—
		其他部分	30	—	—	15	—	—
教学建筑	单、多层		35	30	25	22	20	10
	高层		30	—	—	15	—	—
高层旅馆、公寓、展览建筑			30	—	—	15	—	—
其他建筑	单、多层		40	35	25	22	20	15
	高层		40	—	—	20	—	—

注：①建筑内开向敞开式外廊的房间疏散门至最近安全出口的直线距离可按本表的规定增加 5 m。
②直通疏散走道的房间疏散门至最近敞开楼梯间的直线距离，当房间位于两个楼梯间之间时，应按本表的规定减少 5 m；当房间位于袋形走道两侧或尽端时，应按本表的规定减少 2 m。

②数量和宽度。一般建筑物，特别是公共建筑物，其安全出口数量不得少于两个。

宽度的确定方法，不同功能，不同耐火等级的建筑，其百人指标有不同要求，具体设计时刻参照《建筑设计防火规范》(GB 50016—2014)。

③为顺利疏散创造条件。起火后人员疏散都是在很紧张、很拥挤的甚至和混乱的情况下进行的，必须有一些列引导保证措施，如楼梯和楼梯间要有保护墙，楼梯不宜过窄，也不宜过宽，过宽则中间应加设扶手栏杆，出入口及拐角处要设置指示灯及疏散标志等。

第二节 建筑工程地震灾害

多少年来，人们一直都在孜孜不倦的研究地震，地震造成的灾害是灾难性和毁灭性的，在地震灾害面前，人类显得那么软弱无力。目前，人类也只能加强地震的预报和研究地震灾后建筑物的各种表现，提高建筑物的抗震能力，避免和减少地震灾害的程度和损失。因此，从设计和施工方面做好地震的预防和抗震是很重要的工作。

一、地震震级与烈度

地震震级是表示地震本身强度或大小的一种度量，它的大小以震源释放出的能量多少老衡量，其级别是根据地震仪记录到的地震波图确定的。

地震烈度是对地震引起的地震动及其对人、人工结构、自然环境影响的强弱程度的描述，不是一个物理量；它直接由地震造成的影响评定，但也间接反映了地震动本身的强烈程度。

一次地震只有一个量度地震大小的震级，但一次地震的不同地点有不同的烈度值。地震烈度受震级、距离、震源深度、地质构造、场地条件等多种因素的影响。一般情况下，震源附近的震中地区烈度最高，称为震中烈度；震中烈度随震级增加而增大，震级相同时则震源深度越浅震中烈度越大。距震源越远烈度越低。

抗震设防烈度是按国家批准权限审定作为一个地区抗震设防依据的地震烈度，除经专门审批的情况外，一般采用中国地震烈度区划图标明的地震烈度。

二、地震对建筑的破坏情况

(1)各类房屋倒塌破坏；

(2)纵横墙连接破坏；

(3)各类墙体裂缝破坏；

(4)钢结构房屋：钢柱发生外弯曲失稳破坏造成整体倒塌，塔式钢结构在强震下发生支撑整体失稳、局部失稳的情况。

三、建筑物的抗震加固

地震是一种不可抗拒的自然现象，其严重影响人们的生活和生产，给人类带来重大损失。总结地震对建筑的破坏经验，对于地震区的新建房屋必须搞好抗震设计，对于未考虑抗震设防的已有房屋则应进行抗震鉴定，并采取有效的抗震加固措施。实践证明，抗震鉴定加固是减轻地震灾害的有效措施。

(一)抗震加固原则

1. 确定设防烈度

设防烈度的确定，是已有建筑抗震鉴定与加固程序中的第一项重要工作。进行抗震鉴定和加固时所采用的设防烈度，应按原建筑物所处的地理位置、结构类别、建筑物现状、重要程度、加固的可能性，以及使用价值和经济上的合理性等综合考虑确定。

2. 抗震鉴定确定重点

对已有建筑的抗震鉴定与加固，要逐级筛选，确定轻重缓急突出重点。首先根据地震危险性(主要按地震基本烈度区划图和中期地震预报确定)、城市政治经济的重要性、人口数量以及加固资金情况确定重点抗震城市和地区。然后在这些重点抗震城市和地区内，根据政治、经济和历史的重要性，震时产生次生灾害的危险性和震后抗震救灾急需程度(如供水供电生命线工程、消防、救死扶伤的重要医院)确定重点单位和重点建筑物。

3. 抗震加固方案应优化

加固方案的制定必须建立在上部结构及地基基础鉴定的基础上。加固方案中宜减少地基基础的加固工程量。因为地基处理耗费巨大，且比较困难。多采取提高上部结构整体性措施等抵抗不均匀沉降能力的措施。

4. 具体分析、因地制宜、提高整体抗震能力

由于已有建筑物的设计、施工及材料质量各不相同，很难有统一的加固方法。因此，一定要针对已有建筑物的具体情况进行具体分析、因地制宜，做到加固后能提高房屋的整体抗震能力

和结构的变形能力及重点部位的抗震能力。因此,所采用的各项加固措施均应与原有结构可靠联结。加固的总体布局,应优先采用增强结构整体抗震性能的方案,避免加固后反而出现薄弱层、薄弱区等对抗震不利的情况。例如,抗震加固时,应注意防止结构的脆性破坏,避免结构的局部加强使结构承载力和刚度发生突然变化;加固或新增构件的布置,宜使加固后结构质量或刚度分布均匀、对称,减少扭转效应,应避免局部的加强,导致结构刚度或强度突变。

5. 加固措施切实可靠、方便可行

抗震加固的目标是提高房屋的抗震承载能力,变形能力和整体抗震性能。确定加固方案时,应根据房屋种类、结构、施工、材料以及使用要求等综合考虑。加固方案应从实际出发,合理选取,便于施工,讲求经济实效。加固措施要切实可靠,方便可行。

6. 采用新技术

已有建筑物抗震加固时,应尽可能采用高效率、多功能的新技术,提高加固效果。

7. 抗震加固的施工效果好

抗震加固的施工应遵守现行国家标准和各项施工及验收的规定,并应符合抗震加固设计的要求,还应确保设计时所确定的加固效果,并且要确保施工人员和建筑使用者的安全。

(二) 抗震加固方法

根据我国近 30 年的试验研究和抗震加固实践经验,常用的抗震加固方法如下。

1. 增强自身加固法

增强自身加固法是为了加强结构构件自身,使其恢复或提高构件的承载能力和抗震能力,主要用于修补震后结构裂缝缺陷和震后出现裂缝的结构构件的修复加固。

(1) 压力灌注水泥浆加固法。可以用来灌注砖墙裂缝和混凝土构件的裂缝,也可以用来提高砌筑砂浆强度等级 $\leqslant M_1$ 以下砖墙的抗震承载力。

(2) 铁把据加固法。此法用来加固有裂缝的砖墙。

(3) 压力灌注环氧树脂浆加固法。此法可以用于加固有裂缝的钢筋混凝土构件,最小缝宽可为 0.1 mm,最大可达 6 mm。

2. 外包加固法

外包加固法是指在结构构件外面增设加强层,以提高结构构件的抗震能力、变形能力和整体性。此法适用于加固结构构件破坏严重或要求较多地提高抗震承载力。

(1) 钢筋网水泥砂浆面层加固法。钢筋网水泥砂浆面层加固法主要用于加固砖柱、砖墙与砖筒壁。

(2) 水泥砂浆面层加固法。水泥砂浆面层加固法适用于不要过多地提高抗震强度的砖墙加固。

(3) 外包钢筋混凝土面层加固法。外包钢筋混凝土面层加固法主要用于加固钢筋混凝土梁、柱和砖柱、砖墙及筒壁。

(4) 钢构件网笼加固法。钢构件网笼加固法适用于加固砖柱、砖烟囱和钢筋混凝土梁柱及桁架杆件。

此法施工方便,但须采取防锈措施,在有害气体侵蚀和温度高的环境中不宜采用。

3. 增设构件加固法

增设构件加固法是指在原有结构构件以外增设构件,以提高结构抗震承载力、变形能力和整体性。

(1)增设墙体加固法。当抗震墙体抗震承载力严重不足或抗震横墙间距超过规定值时，宜采用增设钢筋混凝土或砌体墙的方法加固。

(2)增设柱子加固法。增设柱子可以增加结构的抗倾覆能力。

(3)增设拉杆加固法。此法多用于受弯构件的加固和纵横墙连接部位的加固。

(4)增设圈梁加固法。当抗震圈梁设置不符合规定时，可采用钢筋混凝土外加圈梁或板底钢筋混凝土夹内墙圈梁进行加固。

(5)增设支撑加固法。增设屋盖支撑、天窗架支撑和柱间支撑，可以提高结构的抗震强度和整体性，而且可增加结构受力的赘余度，起二道防线的作用。

(6)增设支托加固法。当屋盖构件(如檩条、屋盖板)的支撑长度不够时，宜加支托，以防构件在地震时塌落。

(7)增设门窗架加固法。当承重窗间墙宽过小或能力不满足要求时，可增设钢筋混凝土门框或窗框来加固。

4. 增强连接加固法

震害调查表明，构件的连接是薄弱环节。结构构件之间的连接应采用相应的方法进行加固。此法适用于结构构件承载能力能够满足，但构件间连接差。其他各种加固方法也必须采取措施增强其连接。

(1)拉结钢筋加固法。砖墙与钢筋混凝土柱、梁间的连接可增设拉筋加强，一端弯折后锚入墙体的灰缝内，另一端用环氧树脂砂浆锚入柱、梁的斜孔中或与锚入柱、梁内的膨胀螺栓焊接。

(2)压浆锚杆加固法。压浆锚杆加固法适用于纵横墙之间没有咬槎砌筑，连接很差的部位。

(3)钢夹套加固法。钢夹套加固法适用于隔墙与顶板和梁连接不良时，可采用镶边型钢夹套上与板底连接并夹住砖墙或在砖墙顶与梁间增设钢夹套，以防止砖墙平面外倒塌。

5. 替换构件加固法

对原有强度低、韧性差的构件用强度高、韧性好的材料替换。替换后需做好与原构件的连接。如钢筋混凝土替换砖；钢构件替换木构件等。

(三)建筑物地基基础抗震加固

1. 确定地基基础是否抗震加固的原则

基础与地基的抗震加固工程属于已建结构的地下加固工程。其难度、造价、施工持续时间等往往比新建筑物更多更大，可能涉及停产或居民动迁等问题。在抗震加固时宜尽可能考虑周详，根据结构特点、土质情况选择合理的加固方案，在确定是否加固及何种加固方案时应考虑以下原则：

(1)尽量发挥地基的潜力。当现有建筑地基基础状态良好，地质条件较好时，应尽量发挥地基与基础的潜力。如考虑建筑物对地基土的长期压密使原地基的承载力提高；考虑地基承载力的深宽修正；考虑抗震时的承载力调整系数等有利因素。

(2)确实地计算作用于地基的荷载。已有建筑在进行抗震加固时，原设计资料、计算书等未必齐全，地基的承载力也不一定用足，上部结构的抗震加固或改建与扩建均会使地基上的荷载发生变更，通常均会增加。如果增加后超出地基容许承载力的 5%~10%，则一般不考虑地基基础的加固，而考虑出调整或加强上部结构的刚度来解决。

(3)尽量采用改善结构整体刚度的措施。如加强墙体刚度(夹板墙、构造柱与圈梁体系),加强纵横墙的连接等,可使结构的空间工作能力加强,从而有助于减轻不均匀沉降或减少绝对沉降,在地基与基础的计算理论中并未考虑上部结构空间工作的影响。

(4)尽量采取简易的结构构造措施。为防地震中基础失稳或不均匀沉降问题,宜优先考虑简易的措施。如在基础抗滑能力不足时增设基础下的防滑齿;在基础旁设置坚固的刚性地坪;在与相邻基础之间设置地基梁,将水平剪力分担到相邻基础上等。

总之,在考虑地基基础问题时,不应孤立地仅考虑地基与基础本身,还应着眼于结构与地基的共同作用;可用加强上部结构的办法来弥补地基方面的不足;可用较简单的地下浅层操作来代替深层或水下操作。

2. 抗震鉴定要求

进行地基基础抗震鉴定时,应仔细观察建筑物的地上和地下部分的现状,分析已有的地质资料,如有必要应作地质补充勘察或挖坑查看基础现状。

对位于抗震不利地段的建筑物,除考虑建筑本身的抗震性能外,还应特别注意岩土的地震稳定性。对产生滑坡、泥石流、地陷、溃堤等灾害的危险性应进行鉴定并采取必要的防护措施。

对于一般工业与民用建筑(如砌体房屋、多层内框架砖房、底层框架砖房及地基主要受力层范围内不存在软弱黏性土层的一般单层厂房、单层空旷房屋和多层民用框架房屋等),如在正常荷载下的沉降已趋稳定且现状良好,或沉降虽未稳定,但肯定能满足其静力设计要求者,可不进行天然地基及基础的抗震承载力验算。

对于鉴定地震设防烈度为8、9度时的8层以上多层房屋,或按《建筑地基基础设计规范》(GB 50007—2011)确定的地基持力层的承载力标准值,并应验算地基土的抗震承载力。

一些软弱地基或严重不均匀地基,在地震时易产生小均匀沉降,引起建筑物开裂。当建筑物建造在软土地基上或因地基处理不当,致使建筑物发生倾斜或墙身歪斜,以及由于地基不均匀沉降,建筑物的底部结构出现裂缝时,应考虑加固建筑物的地基和基础。

3. 加固技术措施

当抗震鉴定结论认为地基基础方面不满足鉴定要求需采取措施时,应在采取结构构造措施、基础加固与地基加固方面选择最经济的解决方法。

基础抗震加固技术措施主要有以下几种:

(1)注浆法加固基础;

(2)扩大基础底面积;

(3)坑式托换;

(4)坑式静压桩托换;

(5)锚杆静压桩托换;

(6)灌注柱托换;

(7)树根桩托换。

地基的抗震加固技术措施主要有以下几种:

(1)水泥注浆法加固地基;

(2)硅化注浆法加固地基;

(3)双灰桩加固地基;

(4)覆盖法抗液化；

(5)压盖法抗液化；

(6)高压喷射注浆法；

(7)裙墙法等。

4. 建筑物主体的抗震加固

建筑物主体在抗震加固前，首先进行抗震鉴定。建筑结构类型不同的结构，其检查的重点项目内容和要求不同，应采用不同的鉴定方法。然后根据抗震鉴定结果综合分析，因地制宜，确定具体的抗震加固方法，建筑物主体的抗震加固方法前面已讲述。

第三节 建筑工程雷电灾害

雷电灾害是"联合国国际减灾十年"公布的最严重的十种自然灾害之一。最新统计资料表明，雷电造成的损失已经上升到自然灾害的第三位。全球每年因雷击造成人员伤亡、财产损失不计其数。雷电灾害所涉及的范围几乎遍布各行各业。

一、雷电的破坏作用

雷电的主要特点如下：

(1)冲击电流大。其电流高达几万到几十万安培；

(2)时间短。一般雷击分三个阶段，即先导放电、主放电和余光放电，整个过程一般不会超过60微秒；

(3)雷电流变化梯度大，有的可达 10^{10} A/s；

(4)冲击电压高。强大的电流产生的交变磁场，其感应电压可高达上亿伏。

雷电的破坏主要是由于云层间或云和大地之间以及云和空气间的电位差达到一定程度($25\sim30$ kV/cm)时，所发生的猛烈放电现象。通常雷击有直击雷、雷电感应、雷电波侵入三种形式。

1. 直击雷

雷云直接对建筑物或地面上的其他物体放电的现象称为直击雷。雷云放电时，引起很大的雷电流，可达几百千安，从而产生极大的破坏作用。雷电流通过被雷击物体时，产生大量的热量，使物体燃烧。被击物体内的水分由于突然受热，急骤膨胀，还可能使被击物劈裂。所以，当雷云向地面放电时，常常发生房屋倒塌、损坏或者引起火灾，发生人畜伤亡。

2. 雷电感应

雷电感应是雷电的第二次作用，即雷电流产生的电磁效应和静电效应作用。雷云在建筑物和架空线路上空形成很强的电场，在建筑物和架空线路上便会感应出与雷云电荷相反的电荷(称为束缚电荷)。在雷云向其他地方放电后，云与大地之间的电场突然消失，但聚集在建筑物的顶部或架空线路上的电荷不能很快全部泄入大地，残留下来的大量电荷，相互排斥而产生强大的能量使建筑物震裂。同时，残留电荷形成的高电位，往往造成屋内电线、金属管道和大型金属设备放电，击穿电气绝缘层或引起火灾、爆炸。

3. 雷电波侵入

当架空线路或架空金属管道遭受雷击，或者与遭受雷击的物体相碰，以及由于雷云在附近放电，在导线上感应出很高的电动势，沿线路或管路将高电位引进建筑物内部，称为雷电波侵入，又称高电位引入。出现雷电波侵入时，可能发生火灾及触电事故。

雷电的形成与气象条件（即空气湿度、空气流动速度）及地形（山岳、高原、平原）有关。湿度大、气温高的季节（尤其是夏季）以及地面的空出部分较易形成闪电。在夏季，突出的高建筑物、树木、山顶容易遭受雷击就是这个道理。如何防止雷电的危害，保证人身、建筑物及设备的安全，是十分重要的问题。

二、避雷原理

所谓雷击防护就是通过合理、有效的手段将雷电流的能量尽可能地引入到大地，是疏导，而不是堵雷或消雷。一个完整的防雷系统包括直接雷击的防护和感应雷击的防护两个方面。缺少任何一面都是不完整的、有缺陷的和有潜在危险的。一般可将其分为外部避雷和内部避雷两部分。

由接闪器、引下线和接地系统构成外部防雷系统，主要是为了保护建筑物免受雷击引起火灾事故及人身安全事故；而内部防雷系统则是防止雷电和其他形式的过电压侵入设备中造成损坏，这是外部防雷系统无法保证的，为了实现内部避雷，需对建筑物进出各保护区的电缆、金属管道等安装过电压保护器进行保护并良好接地。

(1) 多级分级（类）保护原则。根据电气、微电子设备的不同功能、受保护的程序和所属保护区域确定防护要点作分类保护；根据雷电和操作瞬间过电压危害的可能通道，对电源线和数据、通信线路都应做多级层保护。

(2) 外部无源保护主要依靠避雷针（网、线、带）和接地装置。保护原理：当雷云放电接近地面时，它使地面电场发生畸变。在避雷针（线）顶部，形成局部电场强度畸变，以影响雷电先导放电的发展方向，引导雷电向避雷针（线）放电，再通过接地引下线，接地装置将雷电流引入大地，从而使被保护物免受雷击。这是人们长期实践证明的有效的防直击雷的方法，建筑物的所有外露金属构件（管道），都应与防雷网（带、线）良好连接。

(3) 内部防护。

1) 电源部分防护。雷电侵害主要是通过线路侵入。对高压部分电力局有专用高压避雷装置，电力传输线把对地的电力限制到小于 6 000 V（IEC62、41），而线对线则无法控制。在建筑总配电盘至各楼层分配电箱间的电缆内芯线两端应对地加装电涌保护器，作为二级保护；在所有重要的、精密的设备以及 UPS 的前端应对地加装电涌保护器，作为三级保护。目的是用分流（限幅）技术即采用高吸收能量的分流设备（电涌保护器）将雷电过电压（脉冲）的能量分流泄入大地，达到保护目的。所以，分流、等电位技术中采用防护器的品质、性能的好坏是直接关系网络防护的关键。因此，选择合格优良的电涌保护器至关重要。

2) 信号部分保护对于信息系统，应分为粗保护和精细保护。粗保护量级根据所属保护区的级别确定，精细保护要根据电子设备的敏感度来进行确定。其主要考虑的，如卫星接收系统、电话系统、网络专线系统、监控系统等。建议在所有信息系统进入楼宁的电缆内芯线端，应对地加装电涌保护器，电缆中的空线对应接地，并做好屏蔽接地，其中应注意系统设备的在线电压、传输速率等，以确保系统正常的工作。

3）接地处理在计算机机房的建设中，一定要求有一个良好的接地系统，因所有防雷系统都需要通过接地系统把雷电流泄入大地，从而保护设备和人身安全。如果机房接地系统做得不好，不但会引起设备故障，烧坏元器件，严重的还将危害工作人员的生命安全。另外，还有防干扰的屏蔽问题，防静电的问题都需要通过建立良好的接地系统来解决。一般整个建筑物的接地系统有：建筑物地网、电源地（要求地阻小于 10 Ω）、防雷地等，有的（如 IBM）公司要求另设专用独立地，要求地阻小于 4 Ω（根据实际情况可能也会要求小于 1 Ω）。然而，各接地必须独立时，如果相互之间距离达不到规范要求的话，则容易出现地电位反击事故，因此，各接地系统之间的距离达不到规范的要求时，应尽可能连接在一起，如实际情况不允许直接连接的，可通过地电位均衡器实现等电位连接。为确保系统正常工作，应每年定期用精密地阻仪，检测地阻值。接地装置由接地极及一些附件、辅助材料组成。接地装置的选材和施工主要决定于土质结构，即土壤的地阻率 ρ。不同层土质结构不同，因而地阻率 ρ 也不同。为增加接地装置使用效率，可使用长效降阻剂。

（4）有外部防雷措施同时更需要完善内部防雷措施我们知道外部防雷措施中避雷设施的引下线在接闪以后，会有很大的瞬变电流通过，也就是说在周围会产生很大的瞬变电磁场（LEMP）。因此，安装了外部避雷措施不能代替内部防雷措施。再者，我们都知道，避雷针的工作原理是引雷，所以在概率上来说，安装了避雷针以后，建筑物的避雷系统遭受雷击的可能性会增大，也就是说 LEMP 发生的概率会变太，过电压产生点的距离会缩短（引下线处），所以安装了外部避雷措施的含有电脑网络等系统的大厦更加需要内部防雷措施。

三、建筑物防雷措施

1. 建筑防雷的目的与分类

建筑防雷的目的是不使建筑物或构筑物受雷击遭到破坏受损。

建筑物防雷的分类应根据其重要性、使用性质、发生雷电事故的可能性和后果，按防雷要求分为以下三类：

（1）防雷建筑物。凡制造、使用或贮存炸药、火药、起爆药、火工品等大量爆炸物质的建筑物，因电火花而引起爆炸，会造成巨大破坏和人身伤亡者。

（2）防雷建筑物。

1）国家级重点文物保护的建筑物；

2）国家级的会堂、办公建筑物、大型展览和博览建筑物、大型火车站、国宾馆、国家级档案馆、大型城市的重要给水水泵房等特别重要的建筑物；

3）国家级计算中心、国际通信枢纽等对国民经济有重要意义且装有大量电子设备的建筑物；

4）制造、使用或贮存爆炸物质的建筑物，且电火花不易引起爆炸或不致造成巨大破坏和人身伤亡者；

5）具有 1 区爆炸危险环境的建筑物，且电火花不易引起爆炸或不致造成巨大破坏和人身伤亡者；

6）具有 2 区或 11 区爆炸危险环境的建筑物；

7）工业企业内有爆炸危险的露天钢质封闭气罐；

8）预计雷击次数大于 0.06 次/年的部、省级办公建筑物及其他重要或人员密集的公共建筑物；

9）预计雷击次数大于 0.3 次/年的住宅、办公楼等一般性民用建筑物。

（3）防雷建筑物。

1）省级重点文物保护的建筑物及省级档案馆；

2）预计雷击次数大于或等于 0.012 次/年，且小于或等于 0.06 次/年的部、省级办公建筑物及其重要或人员密集的公共建筑物；

3）预计雷击次数大于或等于 0.06 次/年，且小于或等于 0.3 次/年的住宅、办公楼等一般性民用建筑物；

4）预计雷击次数大于或等于 0.06 次/年的一般性工业建筑物；

5）根据雷击后对工业生产的影响及产生的后果，并结合当地气象、地形、地质及周围环境等因素，确定需要防雷的 21 区、22 区、23 区火灾危险环境；

6）在平均雷暴日大于 15 d/a 的地区，高度在 15 m 及以上的烟囱、水塔等孤立的高耸建筑物；在平均雷暴日小于或等于 15 d/a 的地区，高度在 20 m 及以上的烟囱、水塔等孤立的高耸建筑物。

2. 建筑物和构筑物的防雷措施

（1）各类防雷建筑物应采取防直击雷和防雷电波侵入的措施。第一类防雷建筑物和第二类防雷建筑物应采取防雷电感应的措施。

（2）装有防雷装置的建筑物，在防雷装置与其他设施和建筑物内人员无法隔离的情况下，应采取等电位联结。

各类防雷建筑物的防雷措施，均应满足《建筑物防雷设计规范》（GB 50057—2010）的规定。

独立避雷针和架空避雷线（网）的支柱及其接地装置至被保护建筑物及与其有联系的管道、电缆等金属物之间的距离，以及和各种凸出屋面的风帽、放散管等物体之间的距离应符合相关规范的要求，一般不得小于 3 m（图 9-1）。

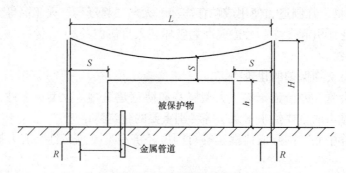

图 9-1　防雷建筑物规范距离

3. 其他防雷措施

（1）当一座防雷建筑物中兼有第一、二、三类防雷建筑物时，其防雷分类和防雷措施宜符合下列规定：

1) 当第一类防雷建筑物的面积占建筑物总面积的 30% 及以上时，该建筑物宜确定为第一类防雷建筑物。

2) 当第一类防雷建筑物的面积占建筑物总面积的 30% 以下，且第二类防雷建筑物的面积占建筑物总面积的 30% 及以上时，或当这两类防雷建筑物的面积均小于建筑物总面积的 30%，但其面积之和又大于 30% 时，该建筑物确定为第二类防雷建筑物。但对第一类防雷建筑物的防雷电感应和防雷电波侵入，应采取第一类雷建筑物的保护措施。

3) 当第一、二类防雷建筑物的面积之和小于建筑物总面积的 30%，且不可能遭直接雷击时，该建筑物可确定为第三类防雷建筑物；但对第一、二类防雷建筑物的防雷电感应和防雷电波侵入，应采取各自类别的保护措施；当可能遭直接雷击时，宜按各自类别采取防雷措施。

(2) 当一座建筑物中仅有一部分为第一、二、三类防雷建筑物时，其防雷措施宜符合下列规定。

1) 当防雷建筑物可能遭直接雷击时，宜按各自类别采取防雷措施。

2) 当防雷建筑物不可能遭直接雷击时，可不采取防直击雷措施，可仅按各自类别采取防雷电感应和防雷电波侵入的措施。

3) 当防雷建筑物的面积占建筑物总面积的 50% 以上时，该建筑物宜按"3. 其他防雷措施"第(1)条的规定采收防雷措施。

(3) 当采用接闪器保护建筑物、封闭气罐时，其外表面的爆炸危险环境可不在滚球法确定的保护范围内。

(4) 固定在建筑物上的节日彩灯、航空障碍信号灯及其他用电设备的线路，应根据建筑物的重要性采取相应的防止雷电波侵入的措施。并应符合下列规定：

1) 无金属外壳或保护网罩的用电设备宜处在接闪器的保护范围内。

2) 从配电箱引出的配电线路宜穿钢管。钢管的一端应与配电箱和 PE 线相连；另一端应与用电设备外壳、保护罩相连，并宜就近与屋顶防雷装置相连。当钢管因连接设备而中间断开时宜设跨接线。

3) 在配电箱内应在开关的电源侧装设 II 级试验的电涌保护器，其电压保护水平应不大于 2.5 kV，标称放电电流值应根据具体情况确定。

(5) 粮、棉及易燃物大量集中的露天堆场，当其年预计雷击次数大于或等于 0.05(原为 0.06)时，应采用独立接闪杆或架空接闪线防直击雷。独立接闪杆和架空接闪线保护范围的滚球半径可取 100 m。

在计算雷击次数时，建筑物的高度可按堆救物可能堆放的高度计算，其长度和宽度可按可能堆放面积的长度和宽度计算。

(6) 在独立避雷针、架空避雷线(网)的支柱上严禁悬挂电话线、广播线、电视接收天线及低压架空线等。

(7) 砖烟囱、钢筋混凝土烟囱，宜在烟囱上装设避雷针或避雷环保护。多支避雷针应连接在闭合环上。

当非金属烟囱无法采用单支或双支避雷针保护时，应在烟囱口装设环形避雷带，并应对称布置三支高出烟囱不低于 0.5 m 的避雷针。

钢筋混凝土烟囱的钢筋应在其顶部和底部与引下线贯通连接的金属爬梯相连。宜利用钢筋作为引下线和接地装置，可不另设专用引下线。

高度不超过 40 m 的烟囱，可只设一根引下线，超过 40 m 时应设两根引下线。可利用螺栓连接或焊接的一座金属梯作为两根引下线用。金属烟囱应作为接闪器和引下线。

避雷针有一定的保护范围，保护范围的大小与避雷针的长短有关。

4. 不同建筑物防雷构造及要求

(1)对于钢筋混凝土结构要尽量利用其中的钢筋作为防雷装置的一部分，如构成楼板内的暗装防雷网，通过柱子等引入地下，如图 9-2、图 9-3 所示。

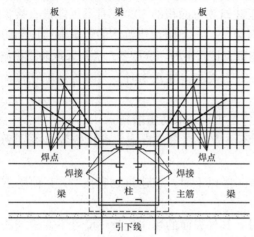

图 9-2 利用混凝土楼板
钢筋作暗装防雷网做法

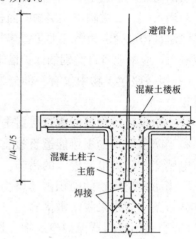

图 9-3 利用混凝土柱子
主筋作避雷针引下线做法

(2)大型建筑设有伸缩缝和沉降缝时，两端建筑之间要构成统一的防雷体系，并做好缝间防雷系统的跨越处理，如图 9-4 所示。

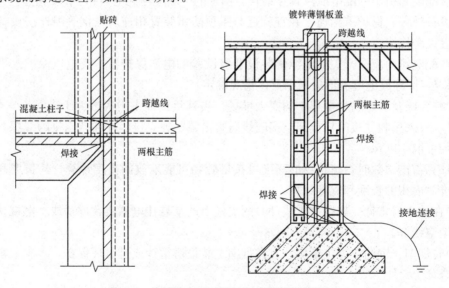

图 9-4 伸缩缝中跨越及柱子内钢筋焊接做法

(3)引下线的间距不宜大于 20 m，对于跨越度或长度超过 20 m 的房屋，则应设多根引下线。
(4)金属屋面、金属墙体、(金属烟囱)可直接利用其表面做接闪和引下装置。

第四节 建筑工程燃爆灾害

燃气爆炸的种类有多种，如煤矿的瓦斯，城市的民用燃气，农村的沼气，甚至化粪池里的气体都会爆炸，因而，燃气爆炸对建筑物的作用和影响也应高度重视。

一、燃爆灾害的特点及简单对策

燃爆作为一种灾害，相对于其他灾害如地震、飓风、洪水等具有如下特点：

(1) 频率高，偶然性大。千家万户都使用燃气，当空气中的燃气达到一定浓度时，一遇明火就会发生爆炸。燃气需要经过许多环节才能输送到千家万户，任何一个环节都有可能发生爆炸。

(2) 常与火灾伴生。燃爆既是火灾的引发源，也是火灾的次生、伴生灾害。由于燃爆的动力效应和可燃介质的传播、蔓延，因此，燃爆常常比一般单纯火灾严重得多。

(3) 燃爆灾害具有局部性。如局限于一个单体建筑。某一个小区，某一段管路等；燃爆对承载体(如结构)破坏的程度也比一般化学爆炸要低，并且多为封闭体(如室内)内的约束爆炸，因此，对泄爆特别敏感。泄爆可以作为减轻室内燃爆的重要手段之一。

(4) 燃爆灾害具有显著的人为特征。与其他灾害(地震及风暴潮)相比，少了"自然"特征，多了人为特征，因此，对其进行预防的可能性较强。

(5) 抗灾措施较易实施。根据燃爆灾害的特点，预防的措施在建筑结构设计上除要考虑防止连续倒塌外，还可以做一些普及教育方面的工作，概括如下：

1) 对城市贮罐区，主要燃气干管要进行危险性评估。

2) 积极开展燃气泄漏检测的研究，研制灵敏度高并能及时报警的装置，使泄漏的燃气达不到燃烧浓度就可以提醒人们注意并加以控制。

3) 加强对燃爆灾害的重视。既要注意预防燃爆引发的火灾，又要注意由火灾引发的燃爆。

4) 对居民要广为宣传，使人们了解一些预防燃爆的基本知识。

二、燃爆对建筑物的破坏及防护

(一) 爆炸灾害的性质

由爆炸特性可知，民用室内燃气爆炸的升压时间为 $100\sim300$ ms，而民用居住建筑墙板构件都在弹性范围内工作，根据我国民用建筑设计通则给定的尺度，有关学者经过计算。确认钢筋混凝土板及砖墙板的基本自振周期在 $20\sim50$ ms 范围内，即使板内存毒弹性压应变，其基本周期的变化也很小。

在爆炸荷载作用下，结构构件通常要产生加速度，由加速度定义的惯性力、结构上作用的荷载(如构件自重、活荷载等)以及构件的抗力处于动平衡状态，这就是所谓的牛顿动平衡方程。但对燃气爆炸来说，由于升压时间与结构构件的基本自振周期相比，作用时间很缓慢，以至于不产生惯性力或惯性力很小可以忽略不计,因此,可以认为室内燃气爆炸对结构构件的作用,基本上不产生动力效应,可以视作静载,破坏荷载就是燃爆压力波的峰值压力。

(二)防燃爆设计

1. 防爆设计的一般原则

(1)保持距离。保持距离也可称为防爆间距,如民用建筑要与具有爆炸危险性的库房、厂房以及液化石油气的储罐保持一定的距离,表9-8给出了液化石油气储罐区与建筑物的防火间距,这个防火间距实际已考虑了液化石油气储罐爆炸的影响,防爆间距在建筑设计上实际是一个规划和总平面布置问题。

表9-8 液化石油气储罐区与建筑物的防火间距

名称		液化石油气储罐(区)(总容积V/m^2)					
		$30<V\leqslant50$	$50<V\leqslant200$	$200<V\leqslant500$	$500<V\leqslant1000$	$1000<V\leqslant2500$	$2500<V\leqslant5000$	$5000<V\leqslant10000$
其他民用建筑、甲、乙类液体储罐,甲、乙类仓库,甲、乙类厂房,秸秆、芦苇、打包废纸等材料堆场		40	45	50	55	65	75	100
丙类液体储罐,可燃气体储罐,丙、丁类厂房,丙、丁类仓库		32	35	40	45	55	65	80
助燃气体储罐,木材等材料堆场		27	30	35	40	50	60	75
其他建筑	一、二级	18	20	22	25	30	40	50
	三级	22	25	27	30	40	50	60
	四级	27	30	35	40	50	60	75
公路(路边)	高速、Ⅰ、Ⅱ级	20			25			30
	Ⅲ、Ⅳ级	15			20			25
架空电力线(中心线)		应符合《建筑设计防火规范》(GB 50016—2014)第10.2.1条的规定						
架空通信线(中心线)	Ⅰ、Ⅱ级	30			40			
		1.5倍杆高						
铁路(中心线)	国家线	60		70		80		100
	企业专用线	25		30		35		40

注:①防火间距应按本表储罐区的总容积或单罐容积的较大者确定。
②当地下液化石油气储罐的单罐容积不大于 50 m³,总容积不大于 400 m³ 时,其防火间距可按本表的规定减少 50%。
③居住区、村镇指 1 000 人或 300 户及以上者;当少于 1 000 人或 300 户时,相应防火间距应按本表有关其他民用建筑的要求确定。

(2)泄爆。泄爆也称泄压,对于生产可燃气体的厂房必须考虑泄爆,不但窗设计要提供足够的泄爆面积,甚至厂房和车间的屋盖也应考虑设计成轻质屋盖,一旦发生爆炸使整个屋盖被掀翻,对于多、高层民用建筑,每户使用燃气的厨房,只有靠开设较大的窗口来满足泄爆的要求。因此,必须明确规定多、高层民用建筑可以有暗厕所,但却不能有暗厨房,至少有一面墙是外墙,并且要开设较大的窗户。同时,玻璃厚度不宜大于 3 mm,以利于在不太大的压力下即可鼓破泄压。

(3)隔断。隔断一般是靠防爆墙来实现的,如需要观察或通行,常在防爆墙上安装防爆门和防爆窗,这些构件都是为隔断爆炸波而设置的。在化工厂房及储存易爆物品的库房设计中也是常用防爆墙,在民用建筑中较少使用,仅在公共建筑如大型宾馆、饭店设置防爆墙,用于隔断厨房和就餐间或厅堂之间爆炸波的传播。在住宅建筑中一般很少使用。

(4)防止连续倒塌从结构形式上看,钢筋混凝土框架结构可以防止连续倒塌,砌体结构以及墙体承重的大板结构则需采取必要的构造措施。如增设防止连续倒塌的构造柱、圈梁并加强节点的连接性能等。

2. 防爆构件的一般要求

(1)防爆墙。设置防爆墙是为了达到隔断的目的,易爆空间一旦发生爆炸,能够有效地阻挡爆炸波向其他空间传播,因此,对防爆墙要求如下:

1)选用不燃烧材料;

2)材料强度高,有足够的能力承受爆炸压力和气浪冲击;

3)稳定。

(2)防爆门。需要通行时,则在防爆墙上设置防爆门,防爆门要具有开启和密闭功能,因此,对防爆门要求如下:

1)材料多采用钢材,门板钢材的厚度不宜小于 6 mm;

2)具有密闭性。常采用橡皮垫圈或橡皮条压紧密封。

(3)防爆窗。需要观察时,则在防爆墙上设置防爆窗,对防爆窗要求如下:

1)窗框和玻璃选用抗爆强度高的材料。例如,窗框采用钢材,玻璃采用夹丝玻璃或夹层玻璃(层间夹有聚乙烯类的塑性材料);

2)窗口在满足使用要求的情况下越小越好。

(4)泄压轻质屋盖泄压轻质屋盖是为满足泄压要求而设置的,因此,对泄压轻质屋盖要求如下:

1)材料要轻、耐水、不燃烧,并且要求爆裂后的碎块不易伤人者;

2)质量不宜大于 100 kg/m^2。

3. 民用防燃爆设计

燃气爆炸荷载是民用建筑中的意外荷载,常常会引起结构的局部破坏,有时也会造成严重的连续倒塌。预防连续倒塌的方法有事故控制、直接设计和间接设计三种方法。这种考虑方法的框图如图 9-5 所示。

(1)事故控制。控制燃气爆炸的方法很多,如避免燃气泄漏扩散,防止达到爆炸浓度范围之内,杜绝引起爆炸的明火等。应当从工艺和使用管理方面入手,采取措施。

(2)直接设计。在设计过程中,考虑抵抗连续倒塌。可用两种思路:第一种为替代路径,即某一支撑发生破坏,存在有替代路径,把原属于已破坏部分承担的正常荷载沿此路径传递,避免结构发生连续倒塌;第二种是在设计过程中,提高构件承担意外荷载的抗力,避免主要结构构件在爆炸荷载作用下失效。

(3)间接设计。间接设计是指制订专门的规范,在规范中规定构件以及结点的强度、刚度和稳定性的最小值和构造要求。它是基于直接设计,方便工程技术人员遵循,但却限制了设计人员的主观能动性,易于忽视连续倒塌的概念。

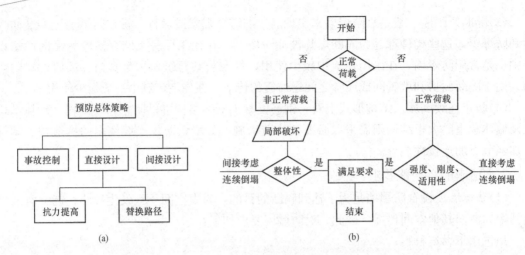

图 9-5　预防连续倒塌的方法示意

直接设计要求设计人员有较多的经验，而且认识上因人而异，采取的措施也会有所差异，它是用于某一具体工程的方法和措施，因此，针对性强，效果可能会好些；间接设计是权威部门汇总归纳各种可能的破坏情况，制定规程和规范，对于无充分经验的设计人员，只要遵照规程和规范执行就可以了。但其对具体工程的针对性差，有时采取的措施不是过分保守，就是偏于危险，效果和效益可能相对差些。

针对我国的情况，一些学者建议可以采用抗震规范的一般构造方法及国内外的有关资料，结合燃气爆炸的特点，从结构选型、结构布置、细部构造等各方面对结构提出防止连续倒塌的措施。

防止连续倒塌的结构设计原则如下：

(1)结构选型。在建筑或结构设计中，要考虑结构材料的选择、结构布置以及施工方法等。

1)应选择抗爆性能良好的结构形式。如现浇钢筋混凝土框架、剪力墙、筒体结构或钢框架结构，它们具有良好的延性，结构上不需要再采取特殊措施。由于它们整体性能较好，发生局部破坏时，未破坏部位可以分批塌落荷载和部分正常荷载被迫改变传力路径所带来的额外荷载。从而防止连续倒塌。从许多事故调查中发现，现浇钢筋混凝土结构具有良好的抗爆能力。应避免采用混合结构、装配式壁板结构，这种类型结构的结点延性较差，在发生局部破坏时，易于出现连续倒塌。

2)选择有较好的抗竖向冲击荷载的结构形式。防止因大量爆炸碎片下落冲击引起的连续倒塌。应该避免采用装配式结构、混合结构和无梁楼盖。

(2)民用居住建筑的结构布置原则。我国民用居住建筑中，混合结构和钢筋混凝土大板最多，针对这种结构进行分析，具有较强的典型性和实用性。当选定这些结构形式时，如何有效地减少连续倒塌，成为设计人员必须考虑的问题。无论是水平还是竖向连续倒塌，都是局部破坏引起了另一些局部的破坏，使原本合理的传力路径中断，导致整体倒塌，因此，我们要加强些局部，即把材料合理分布；或构造一些新的传力路径，即合理设计结构，从两方面加以研究。为简化问题，并结合实际，这里把混合结构分解成：砌体墙+楼板(分预应力空心板、预制大板、现浇板等)+圈梁+构造柱等构件与结点组成；而将大板结构视为板通过结点(线)联结而成。

1)墙体布置原则避免出现薄弱墙体；避免出现孤立的直墙，即墙尽量有连续的转折，如图 9-6 所示的黑实体墙。

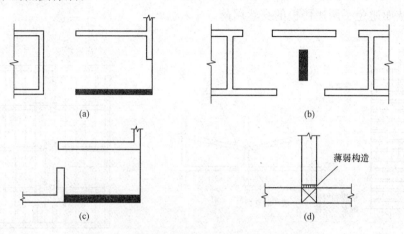

图 9-6　墙体布置时应当避免的结构布置方式

2)楼板布置原则。楼板的刚度和整体性的好坏与其形式有关。按传力方式划分，双向传力的板最好，一边或两边支撑失去后，可由其余边继续承担正常荷载，而不致完全丧失支撑，发生倒塌。按施工方式分，现浇板最好，它具有较好的整体性；其次为大板预制楼板、叠合楼板等与结构连接而成的装配整体式，也具有较好的整体性；最不利的情况为预应力空心板。如果空心板承重端破坏，失去支撑，垂直方向的连续倒塌是不可避免的。

3)整体薄弱环节的构造。当结构的某局部出现破坏之后，是否会引起整幢建筑物的倒塌，与材料特性、材料的分布和整个结构的机动特性有关。如图 9-7(a)所示的结构中，当某些支撑失去之后，就会出现如图 9-7(b)所示的机构。在这个机构中，某些地方的内力或变形过大，超过材料的抗力，导致房屋的倒塌。因此，必须加强某些位置的强度和延性性能，以防止结构的连续倒塌。

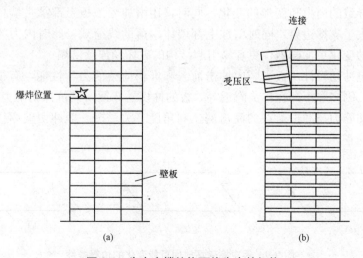

图 9-7　失去支撑结构可能失去的机构

如图 9-8 所示，通过增设水平连接和垂直连接，可在一定程度上达到防止连续倒塌的目的。图 9-8(b)形象地表示了由于增加了水平连接，中间支撑破坏退出工作之后形成"悬吊"状态，从而避免了两边楼板的突然塌落。

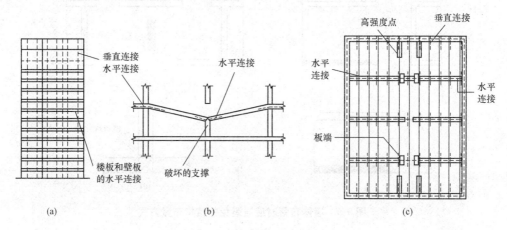

图 9-8　结构整体需要加强的部位

(3)设计校核。按图 9-6 所示的情况，假设图中黑实体墙的上部仍有墙体，这些孤立的墙体因爆炸坍塌以后，上部墙体传来的正常集中荷载(线荷载)分布于楼板(或楼板的边缘)上，使板的支撑情况(边界条件)和荷载都发生变化，因此，必须进行两种情况的内力校核。

1)变化了的边界条件如图 9-9 所示，边界条件由四边支撑变为三边支撑或两相邻边支撑。有关专家研究表明，爆炸发生后，由于边界条件的变化，板的内力由图 9-9(a)变为图 9-9(b)(三边固定)和图 9-9(c)(两相邻边固定)。图 9-9(b)中失去支撑的板，边缘跨中弯矩发生反转，而图 9-9(c)中失去支撑的板，边缘角部也发生大面积的内力反转。图 9-10 给出了它们的变形。

2)变化了的荷载条件如果楼板是以承重墙为支撑，承重墙坍塌以后，楼板不仅发生因边界条件变化导致的内力和变形的变化，同时，还增加了该板上部承重墙传来的荷载。迎面一侧不仅失去了支撑边界，同时增加上部墙体塌落的线荷载，此时内力的变化将比仅失去支撑边界时的变化更加剧烈，更容易引起结构的破坏和连续倒塌。

3)楼板的抗冲切设计。板受竖向冲击荷载和堆积荷载的力学性能，有很多论述。一般民用居住建筑，因多数不存在柱头附近等处板的冲切易坏面，其抗冲切能力很难定量估计。这时板的抗冲切能力与冲击荷载的撞击部位和角度有关，按一般冲切破坏估计公式则过于保守，应加以修正。

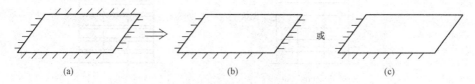

图 9-9　板支撑破坏时间可能变化的边界条件

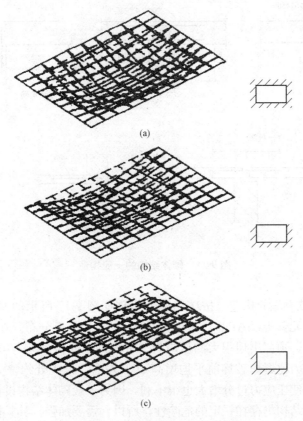

图 9-10 变化边界条件后板的变形
(a)四边固定；(b)三边固定(一长边自由)；(c)两相邻边固定

砌体结构抗连续倒塌的构造要求如下：

(1)墙体的布置与构造。砌体墙结构无论水平方向或垂直方向都会发生连续倒塌。从整体上看，应当加强构造做法，严格按要求进行施工。从结构的观点来看，砖混结构中墙体的布置是很重要的。墙体可以给房屋提供侧向强度和刚度。稳固的墙体，可使结构坚固，即使在燃气爆炸之后，造成局部破坏，残余结构仍然可以承担起尚存的荷载，避免引起结构的连续倒塌。燃气爆炸荷载下结构构造要求，可以参照《建筑抗震设计规范(2016 年版)》(GB 50011—2010)中有关规定。

《建筑抗震设计规范(2016 年版)》(GB 50011—2010)对墙体的构造要求有：承重墙体布置要均匀对称，最好能贯通整个房屋的宽度和高度。增加承重墙体之间的连接，除需咬槎砌筑外，还应在交接处布置适当数量的连接钢筋或增设构造柱。有抗震设防要求的房屋按抗震要求进行设计。在非地震区的房屋按图 9-11 进行设计，在外墙转角及内外墙交接处，均应沿墙高 500 mm 配置 2ϕ6 的拉结钢筋，且每边伸入墙体不应少于 1 m，如图 9-11(a)、(b)所示。

承重墙与同时砌筑的非承重墙的连接，按承重墙之间的连接方法进行；承重墙与后砌的非承重墙之间的连接，按非承重墙在其余承重墙(柱)的交接处，延墙高每 500 mm，设 2ϕ6 的钢筋与墙(柱)预留的钢筋拉结，伸入非承重墙内的长度应不小于 500 mm，如图 9-11(c)所示。制衡在墙上的板，也应采用伸入板内不少于 1/4 板跨的 ϕ6 钢筋加以拉结，如图 9-11(d)、(e)所示。

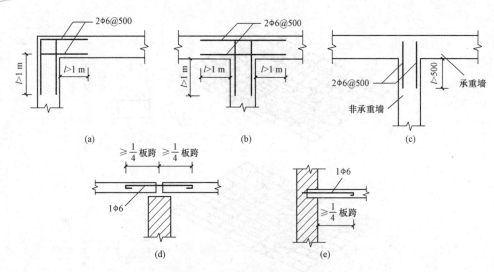

图 9-11 砌体结构的一般构造

(2) 防止垂直连续倒塌的构造。按砖墙爆炸出现如图 9-12 所示的洞口，有关专家按线弹性材料，应用有限元分析（SAP90），得出相应的应力和变形分布。在左上角出现强烈的拉应力，而在右上角，顶部出现很大的压应力，下部则呈受拉状态。类似于梁截面呈三角形的应力分布。压应力比爆炸破坏前平均增高 20% 左右，最大处约增大 100%。而砌体结构是不宜受拉的，即使压应力过分增大也很不利，因为一般砌体结构设计安全系数为 1.55，过大的压应力对砌体结构仍存在一定的危险性，所以，需要加强。其具体做法如下：

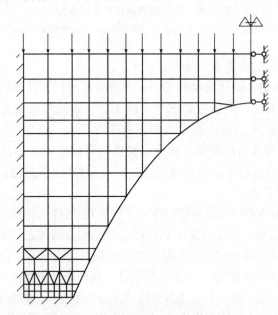

图 9-12 砌体墙爆炸出现洞口形状假设

1) 右上角部受到很大的拉应力，需做好抗拉的一般构造，可参照图 9-11 所示的一些做法。

2)右侧边支座实际结构为一构造柱,配筋只需按抗震最低要求即可,不必另作处理。
3)防止水平连续倒塌的构造。
①圈梁构造:为防止发生局部破坏和抵抗挤压推力,在每道承重横墙设置混凝土后浇带,其混凝土强度不低于预制板的混凝土强度,此后浇带要与圈梁做在一起。
②结构布置纵向现浇带。在实际工程中可结合阳台、走廊等处的处理,设置现浇带以提高整体性。
③每隔一定距离将一块预制板改为现浇板带。如图9-13所示,现浇板带要与横向承重墙做好拉结。

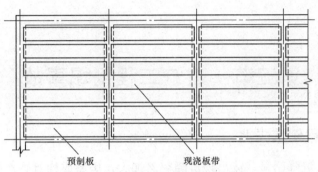

图9-13　防止水平连续倒塌的构造措施

④每隔一段距离(单元),纵向加设止推构造,将可能的水平连续倒塌局限在一个较小的范围内。其做法是在房间平面布置时,视具体情况增加纵向墙体的抗剪能力。
大板结构的抗连续倒塌的设计原理如下:
(1)支撑改变的楼板设计。如果边界的形式不变,则可按砌体墙与现浇、预制大板、叠合楼板等结构抗连续倒塌设计相同的方法来处理。如果边界的形式与原来相同,但板尺寸随破坏构件退出工作而增大,原板之间的连接应当做好拉结。
(2)楼板的抗冲切设计。与砌体结构中楼板的抗冲切问题相同。
(3)我国大板结构的构造。在保证结构整体性方面由于考虑了建筑抗震,因此,有较大的安全储备。只要正确执行我国现行的抗震规范,一般情况下,都可以抵抗中、小燃气爆炸。必要时在整体上加强拉结构造。除某些特殊的建筑外,不必再作另行规定,调查近年来发生过燃气爆炸的大板结构也证明了这一点。

三、燃爆灾害后的调查与处理

发生燃气爆炸后,尤其是使结构发生较为严重的破坏或损坏后。首先要进入现场调查,获取第一手材料,然后加以分析和总结。

1. 现场调查
(1)拍摄照片或录像,尽可能全面录制现场情况,并做好现场记录;
(2)尽量使破坏现场的碎片、废墟保持原状;
(3)量测结构破坏和损坏的程度,并写出文字材料和绘出图纸等;
(4)搞清散落或坍塌构件、物品的原始位置并绘制抛散物的抛掷图,标明位置、尺寸材料、重量等特征;

(5)获取该地区的平面图及破损结构的建筑、结构施工图纸等技术文件;
(6)取得目击者的证词等材料;
(7)取得事故发生前后的当地气象资料。

2. 分析和总结

(1)分析确定事故的全程、爆炸前后现象、爆源的类型与位置、现象出现的顺序等;
(2)分析爆炸性质和作出超压估计;
(3)分析事故原因,写出完整结论。

第五节　建筑工程倒塌事故

一、建筑工程倒塌先兆

(1)地基不均匀沉降明显,或出现沉降突然加大,房屋或构筑物产生明显的倾斜、变形,地基土失稳,甚至涌出破坏。

(2)混凝土结构构件出现严重裂缝,并且继续发展。其中较常见的有悬挑结构构件根部(固定端)附近的裂缝,受压构件与压力方向平行的裂缝,框架梁与柱连接处附近的明显裂缝。梁支座附近的斜裂缝,梁受压区的压碎裂缝等。

(3)砖、石砌体裂缝。其中较常见的有柱表面出现竖向裂缝。大梁下砌体内出现斜向或竖向裂缝,柱或墙的细长比(高厚比)过大而产生的水平裂缝等。

(4)掉皮或落灰。砖或混凝土表面层状剥落,抹灰层脱落(注意与抹灰质量差的区别),建筑碎屑下落,吊顶脱落等。

(5)承重构件产生过大的变形,如梁、板、屋架挠度过大。砖柱、墙倾斜;墙面弯曲、外鼓、开裂;屋架倾斜、旁弯;钢屋架压杆弯曲失稳变形等。

(6)现浇钢筋混凝土结构构件拆除顶撑时困难,但应注意与支模方法不当造成拆支撑困难相区别。

(7)其他。建筑构件或建筑材料破坏发出的声音,如"噼啪声""喳喳声"、爆裂声等。动物反常现象,如老鼠逃窜等。

二、地基事故造成建筑物倒塌事故

地基事故造成建筑物倒塌的特点和原因如下:

(1)地基承载能力不足。较多见的是地基应力超过极限承载力,主体往往出现剪切破坏,地基基础旁侧土面隆起,建筑倾斜或倒塌。

(2)整体失稳。整体失稳主要是指建造在古老滑坡区或施工引起新的滑坡,造成建筑物整体滑塌事故。

(3)地基变形过大。地基变形过大主要是指不均匀沉降在上部结构中产生附加应力,而造成建筑结构损坏,甚至倒塌。

上述这三类原因造成的倒塌事故颇多。其中最常见的是由于不进行地质勘测就进行建筑工程的设计与施工。如湖南省某县建委杂物库建于淤泥层上，施工中，当砖墙砌至3.2 m高时，突然倒塌四间，其主要原因是地基承载能力不足。又如广东省某县七层框架旅馆大楼，建筑面积为4 190 m^2，地基为淤泥层，基础只埋深80 cm，又是独立柱基，地基的允许承载力只有实际荷重的32.7%。加上梁、柱断面太小，梁、柱接头处含筋量较少。这种薄弱结构，在基础下沉时产生的附加力作用下，各层均沿柱、梁接头处断裂而一塌到底。

三、柱、墙等垂直结构构件倒塌事故

柱、墙等垂直结构构件倒塌有下列主要原因：

(1)砖柱、墙设计截面太小、施工质量差。砖柱、砖垛、承重空斗墙、窗间墙首先破坏，造成建筑物整体倒塌。其中，有的由于设计错误，致使截面承载能力严重不足，安全系数太小，有的甚至小于1.0，个别竟低至0.29。有的由于施工质量低劣，砌筑砂浆强度太低，砂浆饱满度差，组砌方法不良造成上下通缝，包心砌筑，另外，在柱、墙上乱打洞或槽，致使过多地削弱截面面积。从不少倒塌现场看，大多数砖呈散状，砖柱、砖墙往往是沿着内外包心或通缝的地方破坏的。

从数十例砖混结构倒塌事故的分析中可见，门厅独立砖柱、窗间墙、空斗承重墙等部位都比较容易发生质量事故，应十分重视。

(2)砖石结构设计计算方案错误。有些建筑物跨度较大，层高较高，隔墙间距较大，甚至没有间隔墙，这类空旷建筑中的砖柱、砖墙的设计应根据设计规范，严格区分刚性方案或弹性方案，然后进行内力分析和强度、稳定性计算。同时应注意结构构造，保证各构件之间连接可靠，并符合计算简图要求。否则砖柱、砖墙可能因设计错误、承载力严重不足而倒塌，或因连接构造错误，产生较大的次应力而倒塌。一些农村的礼堂倒塌多数属于这类情况。

(3)梁垫设计施工不当。支撑大梁的砖柱、窗间墙，由于承受较大的集中荷载，往往需要设置梁垫，但是有的工程设计未考虑设梁垫，有的在施工时未按设计要求做梁垫或做法不对，因而使有的柱、墙、顶面局部承压能力不够而被压碎，有的梁垫做法使梁柱连接刚性过大，产生固端弯矩，使墙、柱压弯破坏。

(4)钢筋混凝土质量低劣。钢筋混凝土柱破坏的事故时有发生，其主要原因有的是设计不按规范，配筋不足，构造不合理；有的是施工质量低劣。例如，吉林省某市百货大楼的倒塌，就是因混凝土柱振捣不实，施工质量低劣而造成，经检查在二层楼的两根柱子上，竟分别有50 cm和100 cm高的"米花糖"区段，混凝土几乎像没有水泥浆的"石子堆"。因而，柱在此薄弱区段破坏，而引起建筑整体倒塌。

(5)柱、墙失稳。柱、墙在施工中失稳倒塌的事故较多，有的是一再重复发生，其主要原因是施工过程中，房屋结构尚未形成整体时，有些柱、墙是处于悬臂或单独受力状态，当在施工中未采取可靠的防风、防倾倒的措施时，就会造成失稳倒塌。

四、梁板结构倒塌事故

梁板结构倒塌事故的重要原因如下：

(1)不懂结构知识的人乱"设计"，无证却出施工图。梁、板倒塌后验算，结构安全度远小于设计规范的规定，有的甚至仅在结构自重作用下就垮塌。

(2)构件质量差。尤其是预制楼板质量差引起垮塌的实例最多。

(3)楼、屋面超载。这类事故在全国各地、不同资质的施工企业发生过多次。

(4)乱改设计。有的施工人员不懂结构基本知识、不按结构规律施工,甚至乱改设计,盲目蛮干造成倒塌。

(5)施工质量低劣。常见的问题有:钢筋严重错位;混凝土强度严重不足;模板支架失稳等。

五、悬挑结构倒塌事故

悬挑结构倒塌的实例较多,基本类型有两种:一种是悬挑结构整体倾覆倒塌;另一种是沿悬臂梁或板的根部断塌。其主要原因有以下几种:

(1)设计和施工人员未做结构抗倾覆力矩的验算。悬挑结构的受力特点是大多数靠固定端(根部)的压重或外加拉力来维持其稳定而不致倾覆。因此,当设计或施工过程中实际的抗倾覆安全系数太小,势必造成整体倾覆而倒塌。如江苏省徐州市某中学餐厅的长 16 m、宽 1.8 m 的雨篷倒塌,事后验算其抗倾覆安全系数仅 1.1(相关规范要求不小于 1.5)。又如浙江省某厂成品库雨篷和过梁拆模时倒塌并折断。经检查并验算原设计抗倾覆安全系数大于 1.5,但是施工中过梁上的砖尚未砌完,就拆除雨篷模板,而造成雨篷和过梁连同砖墙一起倾覆倒塌。雨篷板着地后,又使板反向受力,造成板折断,经验算施工中的抗倾覆安全系数小于 1.0。这类整体倾覆倒塌的实例较多,江西、云南等省也多次发生。

(2)模板及支架方案不当。悬挑结构的另一特点是从外挑端向固定端内力逐渐加大,不少设计将悬挑梁、板沿跨度方向做成变截面,施工中若不注意将模板做成等截面外形而造成固定端断面减小。例如,某钢筋混凝土建筑物有 900 mm 宽挑檐,挑檐板厚度:外挑端 100 mm,固定端 150 mm。施工中模板做成 1.0 mm,再加上配筋不良,结果拆模后断塌。有的悬挑结构所处位置较高,支模较困难,支模不当而倒塌的实例时有发生。例如。重庆市某制药厂成品库,屋顶挑檐用斜撑支模,斜撑与水平面之间的夹角太小,同时,又无可靠的拉结固定措施。在浇灌混凝土时,整体倒塌。

(3)钢筋漏放、错位或产生过大的变形。悬挑结构的又一特点是固定端处负弯矩大,主筋都配在梁或板的上部。但有的工程漏放或错放这些钢筋而造成悬挑结构断塌。例如,上海市某宿舍工程,六层上的 7 个双阳台上的遮阳板,因漏放伸入圈梁的钢筋,在拆模时全部倒塌;又如贵州省遵义某公司楼梯挑板钢筋配反,受力筋伸入墙内长度不够,在拆模时倒塌;有的工程钢筋绑扎时的位置是准确的,但是固定方法不牢固或浇混凝土时不注意,而把钢筋踩下;有的悬挑部分长度较大的钢筋固定不牢,发生严重下垂,钢筋实际位置下移较多,这些都可能造成悬挑结构断塌。例如,湖南省某厂化纤楼,四层阳台施工时,钢筋严重错位,同时根部混凝土厚度减薄,在开会时有 14 人在阳台上,阳台突然倒塌,导致死亡 3 人、重伤 9 人。又如,湖南省某市机修车间及宿舍工程走廊的 7 根挑梁为变截面梁,根部梁高为 250 mm,主筋保护层厚度为 25 mm,施工中钢筋严重错位,主筋保护层厚度加大至 80 mm,加上混凝土强度不足和拆模时间过早等原因,7 根挑梁在根部处全部倒塌。

(4)施工超载。挑檐雨篷类构件,设计荷载较小,如均布荷载值仅为 50 kgf/m²(490 N/m²),施工荷载远比这些数值大,如果支模不牢固或模板拆除后出现超载,往往造成悬挑结构断塌。例如，江苏省某研究所图书馆，有一个雨篷在浇灌一年后突然倒塌，经检查，雨篷上堆积的建筑垃圾平均高达15 cm，折合均布荷重约为225 kgf/m²(2 205 N/m²)，而且雨篷板上部钢筋被踩下，据验算，结构破坏安全系数小于1。

六、屋架结构倒塌事故

1. 钢屋架倒塌事故

钢屋架倒塌的主要原因有以下几种：

(1)压杆失稳倒塌。钢屋架特点之一是杆件强度高，截面小，但受荷后容易发生压杆失稳而倒塌。例如，1984年4月河北省某橡胶厂的双肢钢屋架破坏就是因为端部压杆失稳而破坏。

(2)屋架整体失稳倒塌。钢屋架的另一个特点是整体刚度差。为保证结构可靠地工作，必须设置支撑系统，否则就易发生屋架整体失稳而倒塌。例如，1981年5月山东省淄博市某棉纺厂由于设计支撑系统不完善，在施工屋面时正榀屋架倒塌了6榀；又如，1984年4月湖南省某县影剧院19 m跨度的钢屋架倒塌，就是没有设置必要的支撑系统，同时，上弦压杆的实际应力超过允许应力的3.9倍。

(3)材质不良、材料脆断而造成的倒塌。这类实例国内也发生过多次，但是比较典型的是1960年11月倒塌的前苏联某原料仓库钢结构廊道。倒塌最主要的原因是桁架钢材质量差，碳和硫偏析显著。这种钢材脆性大，特别是在负温条件下更严重，倒塌时气温为-19 ℃。

(4)施工顺序错误而造成的倒塌。例如，1962年前苏联某冷轧车间局部屋盖倒塌，其主要原因是违反设计规定的安装顺序，使屋架上弦平面失稳而倒塌；又如，1983年宁夏陶乐县某影剧院的钢屋架，由于单坡铺瓦，造成屋架失稳倒塌。

(5)屋盖严重超载而造成的倒塌。如辽宁北票县某小学教室，采用双肢轻型钢屋架，屋面采用泥灰和黏土瓦，屋架线荷载达19.6 kN/m，在施工中倒塌；又如1973年某厂30 m钢屋架，在安装行车时将滑轮挂在屋架上，把屋架拉弯造成倒塌。

(6)钢屋架制作质量差而造成的倒塌。如1980年浙江省海宁某育蚕室，采用钢屋架标准图，因焊接质量差造成倒塌；又如黑龙江省牡丹江市某厂钢屋架因焊接质量差，加上施工荷重超过设计荷重60%，又遇大雪而倒塌。

2. 木屋架倒塌事故

木屋架倒塌的主要原因有以下几种：

(1)屋架杆件设计截面太小造成的倒塌。如福建省漳浦县某影剧院14.6 m跨钢木屋架在放映电影时倒塌。经验算，上弦及腹杆的实际应力已分别超出容许应力的3~4倍；又如内蒙古赤峰某饭店，由于木屋架下弦设计截面过小，当架设天窗时屋架发生倒塌。

(2)施工中选材不当，把腐朽、虫蛀严重及木节太多的材料用在屋架上。例如，贵州省某小学教室木屋架，把榫眼开在木节断面上，使截面面积减少30%而折断倒塌。

(3)乱改设计造成倒塌。例如，四川省绵阳市某饭店，将端节点的下弦杆外伸段锯掉，大大降低了其抗剪能力而倒塌。

(4)屋架支撑系统不良造成的倒塌。例如，1980年山西省晋中某纺织品仓库在施工时由于屋架无支撑体系，木屋架失稳倒塌；又如，浙江省宁海某辅机间，木屋架设计用料过小，又未设剪刀撑，造成倒塌。

3. 钢筋混凝土屋架倒塌

钢筋混凝土屋架倒塌的常见原因有以下几种：

(1) 组合屋架破坏而倒塌。这类屋架当节点构造处理不当时，节点会首先破坏，导致整个屋架破坏而倒塌。例如，杭州市某厂第一炼铁车间就是这样倒塌的。山西、辽宁、新疆、河南等地也发生过类似事故。又如，河南省某县毛呢厂主厂房用跨度 15 m 组合屋架，由于屋盖系统没有纵向传力杆件，造成中跨 1 080 m² 厂房全部倒塌。

(2) 吊装中屋架失稳而倒塌。例如，山西省大同某厂在屋架施工时，天窗架支撑尚未安装就安装屋面板，从而造成 3 个节间屋盖结构全部倒塌。

(3) 焊接质量不良造成倒塌。例如，新疆巴楚县某厂 612 m 屋架，下弦接头错误地采用单面绑条焊接，因绑条应力集中，下弦被拉断造成屋架倒塌；又如，哈尔滨某厂 12 m 薄腹梁倒塌，原因是错用 45 号中碳钢作焊接钢筋，造成在低温下脆断。

(4) 屋面严重超载造成倒塌。1958 年河北省邯郸某厂房屋盖，原设计为 4 cm 厚泡沫混凝土，后改为 10 cm 石灰炉渣，下雨后屋面湿度加大，倒塌时的实际荷载早已达设计荷载的 193%。

七、砖拱结构倒塌事故

(1) 没有抵抗水平力的结构构件造成倒塌。例如，吉林省一个水果仓库，采用砖拱屋面的标准设计，但施工中擅自去掉拉筋，造成倒塌。这类事故在云南、山西、河南等地都有发生。

(2) 没有正式设计或设计不良造成倒塌。例如，1981 年 9 月河南省南阳市某县乒乓球房 15 m 跨拱倒塌，也是由于没有正式设计图纸，在砖拱施工完成 80% 时就塌落。

(3) 施工质量低劣造成倒塌。例如，1980 年新疆某仓库砖拱结构，由于施工中违反操作规程造成倒塌。又如，山西省某县百货公司办公楼 1 000 m²砖拱结构因施工质量差，又在拱背上集中堆积炉渣，导致三孔拱顶塌落。

(4) 拆模时间过早或拆模方法不当造成倒塌。例如，1983 年 5 月山西省大同市某瓷厂倒焰窑在拱顶砌完 3～4 h 就拆模，造成倒塌。

八、构筑物倒塌事故

(1) 钢漏斗塌落。例如，1981 年 4 月河南省某县电厂锅炉转向室钢漏斗因设计节点构造不合理和焊接质量差，造成钢漏斗脱落。

(2) 水池倒塌。例如，1981 年 6 月湖南省某县印刷厂砖砌贮水池倒塌，其主要原因是无设计施工，基础埋深仅 20 cm。砖砌水池壁厚仅为 24 cm，因此，试水时就发生崩塌。

(3) 水塔倒塌。例如，1960 年江西省某地，1983 年湖南省、黑龙江省等地发生的水塔倒塌。其主要原因是砖砌筒体上开洞过多，或砂浆和砖的强度不足，或砌筑质量低劣，造成筒体破坏，水塔塌落。

(4) 烟囱倒塌。钢筋混凝土烟囱采用滑模施工时，若施工技术措施不当，可能造成滑模平台连同烟囱一起倒塌。例如，1979 年江苏省一座 120 m 高烟囱在滑到 60 m 高附近时，发生滑模平台倾翻和烟囱局部倒塌事故。1983 年天津一座 65 m 高烟囱也发生了类似的事故。两起事故的主要原因都是在气温较低条件下，混凝土出模强度控制不当，导致滑模平台支撑杆失稳而倒塌。砖烟囱倒塌的常见原因也是施工措施不当。例如，黑龙江省的一座 28 m 高的砖烟囱，采用冻结法施工，由于措施不当，并违反了烟囱工程施工验收规范关于冬季施工的一些规定，结果在三月解冻期间倒塌。

九、现浇框架倒塌事故

(1) 错估地基承载力。因地基产生明显的不均匀沉降，导致框架内产生较大的次应力，在上部结构也存在结构隐患的条件下发生垮塌。

(2) 结构方案错误。常见的有在淤泥土地基上无根据地采用浅埋深(80 cm)的独立基础；框架梁柱连接节点构造不符合要求等。

(3) 设计计算错误。常见的问题有荷载计算错误、内力计算错误以及荷载组合未按最不利原则进行等。其结果是导致结构构件截面太小，配筋量严重不足，框架的安全度大幅度下降。

(4) 乱改设计。常见的问题有任意改变建筑构造，滥用保温材料，乱改节点构造等，其结果是有的造成超载，有的导致结构构造违反规定，还有的造成构件之间的连接不牢固等。

(5) 材料、制品质量问题。常见问题有未经设计同意，任意代用结构材料，导致承载力大幅度下降。

(6) 混凝土施工质量低劣。常见问题有：混凝土配合比不良，浇筑成型方法不当，其结果是混凝土强度低下，构件成型后空洞、露筋严重，有的甚至出现像"米花糖"一样的混凝土构件。

(7) 施工超载。楼、屋面乱堆材料和施工周转材料或机具，造成严重超载。

(8) 监督管理失控。业主(建设单位)和政府监督部门不能有效地进行质量监督。

(9) 发现质量问题不及时分析处理，导致事态恶化，待到濒临倒塌状态时，无法挽救。

十、模板及支架倒塌事故

(1) 模板与支架的构造方案不良，传力路线不清，导致不能承受施工荷载和混凝土侧压力。

(2) 模板与支架的支撑结构不可靠。例如，将支柱支撑在松填土上或新砌的砖、石砌体上等。

(3) 模板支架系统整体失稳。具体的因素有支撑系统中缺少斜撑和剪刀撑，落地支撑的地面不坚实、不平整，支撑数量不够，布置不合理，杆件的支撑点和连接没有足够的支撑面积和可靠的连接措施，落地支撑下不设木垫板或木垫板太薄等。

(4) 模板支架的材料质量不符合要求。主要有模板太薄，支柱太细，支柱接头太多，而且连接处不牢固，钢材或配件锈蚀严重等。

本章小结

在火灾(高温)作用下，建筑材料的性能会发生重大的变化，从而导致构件变形和结构内力重分布，大大降低了结构的承载力而发生事故，导致建筑起火的原因包括人为火灾、自燃火灾及爆炸火灾；地震灾害常常造成建筑物的倒塌、裂缝、失稳等事故；雷电灾害、燃爆灾害及建筑工程的倒塌也是常见的建筑物事故。学习过程中应重点掌握不同灾害的防范措施。

思考与练习

一、填空题

1. 自燃火灾主要包括_____、_____、_____、_____等引起的火灾。
2. 民用建筑防火分区面积是以_____计算的。
3. 建筑物发生火灾后，人员能否安全疏散主要取决于两个时间，一是_____；二是_____。
4. _____是表示地震本身强度或大小的一种度量。
5. _____适于加固结构构件破坏严重或要求较多地提高抗震承载力。
6. 雷云直接对建筑物或地面上的其他物体放电的现象称为_____。
7. 雷电波侵入，又称_____。
8. 外部防雷系统由_____、_____和_____构成。

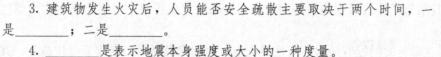

参考答案

二、问答题

1. 建筑防火包括哪些内容？
2. 什么是建筑构件的耐火极限？
3. 地震对建筑物的破坏有哪些？
4. 防爆墙应符合哪些要求？
5. 梁板结构倒塌的原因是什么？

参 考 文 献

[1] 岳建伟. 土木工程事故分析与处理[M]. 北京：中国建筑工业出版社，2016.
[2] 刘青，贺晓文. 建筑工程质量事故分析与处理[M]. 北京：人民邮电出版社，2015.
[3] 赵军，赵彬. 建筑工程质量事故分析与处理[M]. 广州：华南理工大学出版社，2015.
[4] 李栋，李伙穆. 建筑工程质量事故分析与处理[M]. 厦门：厦门大学出版社，2015.
[5] 王海军，刘勇. 土木工程事故分析与处理[M]. 北京：机械工业出版社，2015.
[6] 王枝胜，卢滔，崔彩萍. 建筑工程事故分析与处理[M]. 2版. 北京：北京理工大学出版社，2013.
[7] 姚谨英. 建筑工程质量检查与验收[M]. 北京：化学工业出版社，2010.
[8] 李云峰. 建筑工程质量与安全[M]. 北京：化学工业出版社，2009.
[9] 王先恕. 建筑工程质量控制[M]. 北京：化学工业出版社，2009.